Volker Heyse,
John Erpenbeck,
Stephan Coester,
Stefan Ortmann

Kompetenzmanagement mit System

Theorie und Anwendung der international bewährten KODE®-Verfahren

Mit einem Beitrag von Werner Sauter

Waxmann 2019
Münster · New York

Initiiert und gefördert durch die Heyse Stiftung
Menschenbilder – Menschenbildung.

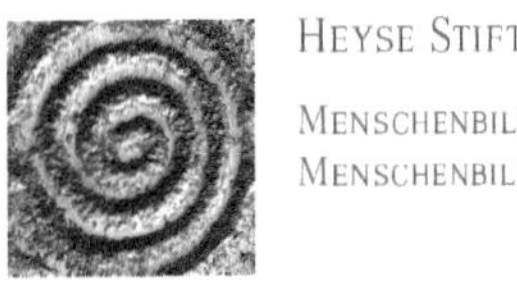

Sowie durch die KODE GmbH

Bibliografische Informationen der Deutschen Nationalbibliothek
Die Deutsche Nationalbibliothek verzeichnet diese Publikation in der Deutschen Nationalbibliografie; detaillierte bibliografische Daten sind im Internet über http://dnb.d-nb.de abrufbar.

Print-ISBN 978-3-8309-3972-6
E-Book-ISBN 978-3-8309-8972-1

Steinfurter Straße 555, 48159 Münster

www.waxmann.com
info@waxmann.com

Umschlaggestaltung: Anne Breitenbach, Münster, nach einem Entwurf der KODE GmbH
Umschlagbild: © Wavebreakmedia – istockphoto.com
Satz: Stoddart Satz- und Layoutservice, Münster
Druck: CPI Books GmbH, Leck

Gedruckt auf alterungsbeständigem Papier,
säurefrei gemäß ISO 9706

Printed in Germany

Inhalt

Vorwort

Vor Ihnen liegt Band 13 der Reihe Kompetenzmanagement in der Praxis. Mit diesem Band erweitert sich der Herausgeberkreis um einen ausgewiesenen Praktiker und erfahrenen Change-Manager. Auch zeigt sich die Buchreihe in einem neuen Design.

Der zweite Zyklus der Reihe Kompetenzmanagement in der Zukunft startet mit einem Grundlagenwerk. Dieser Band fasst aktualisiert die entscheidenden Grundlagen zu KODE®, KODE®X und dem unterstützenden KODE® System zusammen. Dieser Band greift die Beiträge zu KODE® und KODE®X aus den Bänden 1 und 5 der Reihe „Kompetenzmanagement in der Praxis" in einer aktualisierten Neuauflage auf. So widmet sich dieser Band systematisch und ausführlich den grundlegenden Fragestellungen zum systematischen Kompetenzmanagement und erläutert praxisnah, wie durch die konsequente Anwendung von Kompetenzmanagement die Entwicklung der Menschen in vielfältigen Umfeldern – von der Schule über die Hochschule bis in die obersten Führungsetagen – messbar und damit gestaltbar gemacht werden kann.

Kompetenzmanagement ist aktueller denn je

> „Wie bereiten wir die Mitarbeiter auf Jobs vor, die gegenwärtig noch gar nicht existieren, auf die Nutzung von Technologien, die noch gar nicht entwickelt sind, um Probleme zu lösen, von denen wir heute noch nicht wissen, dass sie entstehen werden?"
> ComputingDESS (2016)

Die Herausforderungen der globalen Transformationen werden uns in Zukunft vielfältige Kompetenzen abverlangen

Die globale Transformation können wir nicht mit „Vorratslernen" in wissensorientierten Seminaren bewältigen. Mitarbeiter benötigen vielmehr Kompetenzen, um diese Herausforderungen selbstorganisiert und kreativ lösen zu können.

Wir leben in exponentiellen Zeiten. Die Weizenkornlegende verdeutlicht die Auswirkung exponentieller Entwicklungen. Darin bittet Sissa ibn Dahir, der mutmaßliche Erfinder des Schachspiels, den indischen Herrscher Shihram auf das erste Feld eines Schachbretts ein Korn zu legen, auf das zweite Feld das Doppelte, also zwei, auf das dritte wiederum die doppelte Menge, also vier und so weiter. Die Zahl der Weizenkörner auf dem letzten Feld hat 20 Stellen! (Ifrah, 1998) Genauso entwickelt sich die globale Datenmenge. Diese wird von 33 Zettabyte im Jahr 2018 auf 175 Zettabyte im Jahr 2025 anwachsen. (https://www.seagate.com/files/www-content/our-story/trends/files/idc-seagate-dataage-whitepaper.pdf) Damit nimmt das Datenvolumen nie gekannte Größenordnungen an. Das gleiche gilt für die Leistung von Prozessoren, die sich in den vergangenen Jahrzehnten ebenfalls exponentiell entwickelt hat. Dies ist die Voraussetzung für maschinelles Lernen, was der Softwareentwicklung ebenfalls exponentiellen Charakter verleiht.

Disruption, die radikale Ablösung bestehender Geschäftsmodelle oder gar ganzer Märkte, ist die neue Normalität. Der Digitalisierungsstrudel hat schon viele Branchen erfasst.

Es werden nicht nur Unternehmen der freien Wirtschaft zu innovativem Handeln gezwungen. Die Veränderungen machen auch nicht vor sozialen Organisationen und Institutionen des öffentlichen Rechts halt. Selbst anspruchsvolle wissensbasierte Arbeiten werden perspektivisch durch künstliche Intelligenz ersetzt und automatisiert. Die ersten heute schon wahrnehmbaren Schritte in diese Richtung sind die Digitalisierung und Automatisierung von repetitiven Aufgaben.

So beschäftigte sich der 6. Zukunftskongress Staat und Verwaltung 2018 in Berlin damit, wie die öffentliche Verwaltung mit künstlicher Intelligenz produktiver werden kann und Standardprozesse schneller abgewickelt werden können: Steuererklärungen, Kindergeldanträge, Um- und Anmeldungen oder Ausweise erneuern. Die digitale Akte steht schon seit Jahren auf der Agenda der öffentlichen Verwaltungen und Versicherungsträger. Auch wenn es komplizierte Einzelfälle gibt, die noch eine Bearbeitung durch einen Menschen erfordern, gibt es eine große Anzahl an Standardanträgen, die digital erheblich schneller und kostengünstiger abgearbeitet werden können.

Die University of London hat in einer Studie festgestellt, dass sich 80% der repetitiven Aufgaben automatisieren lassen und damit die Produktivität von Organisationen um 300% verbessert werden kann. (https://www.gold.ac.uk/news/ai-to-end-boredom/)

Künstliche Intelligenz wird den Menschen mittelfristig nicht ersetzen, sondern ergänzen. Repetitive Aufgaben werden von der Maschine deutlich schneller übernommen, während der Mensch in absehbarer Zeit in kreativen Problemlösungsfeldern, für intuitive Lösungen und die strategische Planung benötigt wird. So titelt der Zukunftsforscher Gerd Leonhard „Die Zukunft gehört holistischen Geschäftsmodellen".

Die Treiber, welche die berufliche Umwelt beeinflussen und verändern, werden mit dem Akronym VUCA beschrieben. VUCA steht für Volatility (Volatilität oder Unbeständigkeit), Uncertainty (Unsicherheit oder Ungewissheit), Complexity (Komplexität) und Ambiguity (Ambivalenz oder Mehrdeutigkeit). Diese neue Realität ist mittlerweile bei allen Entscheidern und Führungskräften angekommen. Agile Arbeitsmethoden prägen zunehmend die Arbeits- und damit auch die Entwicklungsprozesse. Gefordert wird der „Homo Agilis", der auf Augenhöhe Lösungen selbstorganisiert erarbeitet und seine eigene Entwicklung eigenverantwortlich gestaltet (Sauter/Sauter/Wolfig, 2018).

Wie orientieren sich Unternehmen, Organisationen und Menschen in einer Normalität, in der man sich nicht mehr auf das Erlernte, das Bewährte stützen kann, in einer Normalität, in der Handlungsfähigkeit in einer Umwelt gefordert wird, die immer unsicherer wird. Wie kann es den Menschen ermöglicht werden, ihre eigene Werte- und Kompetenzentwicklung für diese Herausforderungen selbst zu organisieren? Wie stellen wir sicher, dass die Mitarbeiter in den Unternehmen auch zukünftig Erfüllung in der Arbeit finden können? Wie gewinnen auch die Baby Boomer und die Generation X die Fähigkeiten und die Sicherheit, um in dieser veränderten Welt wertvolle Beiträge leisten zu können? Wie grenzen wir Menschen uns zu intelligenten Maschinen ab und stellen unsere Arbeitsplätze sicher?

Ein guter Gedanke trägt weit

Die Antwort auf diese aktuellen und brennenden Fragen haben Volker Heyse und John Erpenbeck bereits vor zwanzig Jahren vorgelegt. Kompetenz ist nach Heyse und Erpenbeck „die Fähigkeit von Menschen, sich in neuen, offenen und unüberschaubaren, in komplexen und dynamischen Situationen selbstorganisiert zurecht zu finden und aktiv zu handeln." Genauer lässt sich nicht beschreiben, was Menschen in einer Welt jenseits des Wissens und der Qualifikationen erfolgreich macht.

Kompetenzen sind die Schlüsselkategorie in den Anforderungen an heutige und zukünftige Mitarbeiter auf allen Ebenen. Der Kompetenzbegriff nach Heyse und Erpenbeck bietet sowohl der Praxis als auch der Forschung und Lehre die Basis für die Systematisierung beruflichen Handelns, beruflicher Entwicklung sowie der Gestaltung der Organisation und sozialer Beziehungen.

Gleichzeitig ist aber eine inflationäre und unsaubere Benutzung des Kompetenzbegriffes wahrzunehmen, der häufig im eingrenzenden Sinne von Skills, Wissen, Qualifikationen oder Persönlichkeitseigenschaften benutzt wird. Immer wieder begegnen uns „Kompetenzmodelle", die ohne wissenschaftliche Grundlage als eine Aufzählung von Fähigkeiten, Fertigkeiten, Wissen und Eigenschaften formuliert werden, die notwendig sind, um auf einer Stelle gute Arbeit zu erbringen. Deshalb sind sie meist schon veraltet, bevor sie veröffentlicht werden. Hinzu kommt, dass die Einschätzung der Kompetenzen häufig durch die Führungskräfte in pauschaler Form erfolgt, ohne auf die konkreten Handlungsanker Bezug zu nehmen. Kompetenzmodelle und Kompetenzeinschätzungen, die keine soziale Validität aufweisen, also von den Mitarbeitern nicht akzeptiert werden, sind aber wertlos. Die Verfahren KODE® und KODE®X wurden auf wissenschaftlicher Basis entwickelt, über die letzten 20 Jahre hinweg laufend optimiert und den aktuellen Realitäten angepasst. So können die Nutzer auf praxiserprobte Verfahren zurückgreifen, die eine hohe soziale Validität aufweisen und heute aktueller denn je sind.

Dieses höchst instruktive Buch liefert wertvolle Beiträge zu den Grundlagen des Kompetenzmanagements und zur Orientierung der Personalverantwortlichen.

Stephan Coester
Geschäftsführender Gesellschafter KODE GmbH

1. Einleitung

Volker Heyse

Die einleitenden Überlegungen beziehen sich auf die Beziehungen „Organisationelle Kompetenzen“ sowie „Individuelle Kompetenzen“. Team-Kompetenzen können – je nach Betrachtung – sowohl bei Organisationen als auch bei Individuen diskutiert und entwickelt werden.

1.1 Organisationen und Kompetenzen

Was sind Kompetenzen?

Allgemeine Bedeutung von Kompetenzen

Je komplexer und dynamischer Markt, Wirtschaft und Politik werden, desto unsicherer sind alle Voraussagen. Die Menschen müssen mehr und mehr mit Ungewissheit entscheiden, ihr Handeln sowie das von Gruppen und Teams und Organisationen selbst organisieren. Dazu benötigen sie mehr und mehr besondere Fähigkeiten: Selbstorganisationsfähigkeiten. Kompetenzen sind die komplexen, zum Teil verdeckten, Potenziale – und somit das *Können* und *Könnte.* Sie umschließen die komplexen Erfahrungen, das Wissen, die Fähigkeiten, Werte und Ideale einer Person oder von Gruppen. Wer sie erkennen, erweitern und mit anderen kombinieren kann, hat die Zukunft auf seiner Seite. *Kompetenzen erschließen die Zukunft!*

In allen Organisationen spielen Kompetenzen eine zunehmende Rolle. Immer weniger ist der exzellente „Fachidiot“ gefragt. Die Beherrschung der fachlichen und methodischen Voraussetzungen der eigenen Arbeit nimmt in der Bedeutung natürlich nicht ab, gilt aber – beispielsweise bei Rekrutierungen und Beförderungen – als selbstverständlich. Erst wirkliche Einsatzbereitschaft, schöpferische Fähigkeit und ausgeprägte Zuverlässigkeit – also personale Kompetenzen –, erst Entscheidungsfähigkeit, Mobilität und Initiative – also aktivitätsbezogene Kompetenzen –, erst Teamfähigkeit, Kommunikationsfähigkeit und Pflichtgefühl – also sozial-kommunikative Kompetenzen – befähigen Mitarbeiter und Führungskräfte dazu, Leistungen zu erbringen und Produkte zu schaffen, die sich in echte, überdauernde Wettbewerbsvorteile ummünzen lassen. Mitarbeiterkompetenzen sichern letztlich Flexibilität und Innovationsfähigkeit und damit das Überleben des Unternehmens.

Kompetenzen sichern das Überleben einer Organisation

Es ist nur folgerichtig, dass die Ermittlung und Entwicklung von Kompetenzen gerade von den großen, oft global agierenden Unternehmen besonders stark intensiviert wurde. Enthielten schon früher betriebliche Assessments in der Regel Fragestellungen und Tests, die eher auf Kompetenzen als auf Qualifikationen gerichtet waren, sind sie heute zunehmend von der Kompetenzbestimmung her aufgebaut. In sich mehr oder weniger schlüssige Kompetenzmodelle sind mittlerweile in rund 90% der

Großunternehmen im deutschsprachigen Raum vorfindbar. Und es gibt eine ganze Reihe von Software- und Beratungsangeboten im Bereich der Entwicklung und des Managements von Kompetenzen.

Warum dieser Aufwand? Warum sind Kompetenzen für das Überleben des Unternehmens so wichtig? Die Antwort findet sich in Überlegungen zum modernen Wissensmanagement.

Der Marktwert vieler moderner Unternehmen wird kaum noch durch den Wert des materiellen und finanziellen Anlagevermögens und Eigenkapitals (Buchwert) bestimmt. Er wird vielmehr durch einen „unsichtbaren Wert" repräsentiert.

Woher kommt dieser „unsichtbare Wert", der beispielsweise den Marktwert der Softwaregiganten so sehr in die Höhe schnellen lässt? Wie lassen sich die Quellen des „unsichtbaren Werts" identifizieren, messen und bewerten?

Wissenskapital

Zur Erklärung wird oft das „Wissenskapital" (intellecrual capital) herangezogen. Es wird definiert als die Differenz zwischen dem Buchwert eines Unternehmens und dem Geldwert, den jemand für das Unternehmen zu zahlen bereit ist. Genauer: „Wissenskapital beinhaltet das Wissen aller Organisationsmitglieder und die Fähigkeit des Unternehmens, dieses Wissen für die nachhaltige Befriedigung der Kundenerwartungen einzusetzen. Wissenskapital beinhaltet somit alle Wertschöpfungskomponenten, die durch die Maschen klassischer Rechnungslegungs- und Buchführungsvorschriften fallen und somit – bislang – unsichtbar sind" (Reinhardt, 1998). Komponenten des Wissenskapitals sind das Strukturkapital (organisationale Strukturen, Beziehungen und Prozesse, intelligente, innovative Produkte) und das Humankapital. Letzteres wird durch Wissen, Erfahrungen und Fertigkeiten, durch Motivationen, Verhaltensbereitschaften und Werte sowie durch Anpassungs-, Innovations- und Umsetzungsfähigkeiten gekennzeichnet – also durch fachlich-methodische, personale und sozial kommunikative sowie durch aktivitäts- und umsetzungsbezogene Kompetenzen!

Dieser steigenden Bedeutung von Kompetenzen tragen moderne Ansätze zur Bewertung von Unternehmen zunehmend Rechnung. Dabei wird in kompetenten Mitarbeitern die entscheidende Quelle nichtimitierbarer Wettbewerbsvorteile am Markt gesehen, die als Humankapital einen immer größeren Anteil am Gesamtkapital der Unternehmen ausmachen. Kompetenzen werden gegenwärtig, laut Analysen der Europäischen Kommission und der CEDEFOP, in allen wichtigen Industriestaaten der Welt schnell zunehmend beachtet, gemessen und gefördert. Das International Accounting Standard Committee (IASC) ist bestrebt, einen die Kompetenzen berücksichtigenden „International Accounting Standard on Intangible Assets" für die Kapitalbewertung börsennotierter Unternehmen verbindlich zu machen. Ab 2005 übernahm die EU den IAS als verbindliche Form der Rechnungslegung für alle börsennotierten Unternehmen. Damit wurde dieser Standard auch für deutsche Unternehmen gültig. Folgerichtig prognostizierten führende amerikanische Ökonomen des Council of Competitiveness, dass die Entwicklung der Kompetenzen von Arbeitnehmern zum wichtigsten Wettbewerbsfaktor der nächsten Dekaden wird. Sie sagten ein „skills race" voraus (National Council of Competitiveness, 1998): *Der Konkurrenzkampf der Zukunft wird zunehmend als Kompetenzkampf geführt.*

Aus heutiger Sicht hat sich diese Voraussage voll bestätigt. Und der „Kompetenzkampf“ nimmt international im Rahmen disruptiver Veränderungen und der Umsetzung von Digitalisierungsstrategien in und zwischen den Organisationen zu (Heyse/Erpenbeck/Ortmann/Coester, 2018).

Dispositionen

Kompetenzen kennzeichnen die Fähigkeiten eines Menschen, eines Teams, eines Unternehmens, einer Organisation, in Situationen mit unsicherem Ausgang sicher zu handeln. Keiner sagt uns, wo es langgeht. Wir müssen uns zunehmend mit Ungewissheiten und schnellen Veränderungen auseinandersetzen und selbstorganisiert handeln. Der Einzelne im Team, das Team im Unternehmen, das Unternehmen im Dschungel globalisierter Märkte und sozialer und politischer Netze.

Kompetenzen lassen sich somit als *Dispositionen (Fähigkeiten, Möglichkeiten, Bereitschaften ...) zu einem solchen selbstorganisierten Handeln* definieren.

Kompetenzen sind Selbstorganisationsdispositionen. Die Entfaltung bereits vorhandener sowie die Entwicklung neuer Kompetenzen wird zu einer der dringlichsten Aufgaben fortschrittlichen Personalmanagements.

Wenn in Zukunft noch konsequenter dazu übergegangen wird, das firmenspezifische Wissen, das so genannte intellektuelle Kapital, in die Bestimmung des Ertragspotenzials einer Firma und in die Personalplanung einzubeziehen, ist es unumgänglich, vorhandene Kompetenzen und ihre Entwicklungsmöglichkeiten zu berücksichtigen. Denn es handelt sich beim firmenspezifischen Wissen nicht allein um abrufbares Fach- und Methodenwissen. Dieses ist in der Regel auch anderen bekannt oder zugänglich.

Es handelt sich vielmehr um Fähigkeiten, Möglichkeiten, Bereitschaften, kurz um Dispositionen, solches Wissen auf der Unternehmens-/Organisationsebene, auf der Teamebene und auf der Mitarbeiterebene in künftige Vorhaben kreativ einzubinden.

Unterschied Kompetenzen und Qualifikationen

Kompetenzen sind nicht direkt prüfbar, sondern nur aus der Realisierung der Fähigkeiten, aus der Handlungsausführung erschließbar und bewertbar. Kompetenzen umfassen immer auch notwendiges Wissen. Sie umfassen aber wesentlich mehr als dieses, schließen es in verfügungs- und handlungsentscheidende Beziehungen ein. Sie bringen eben im Unterschied zu anderen Konstrukten wie z.B. Qualifikation stets die Selbstorganisationsfähigkeiten konkreter Persönlichkeiten ins Spiel.

Das lässt sich gut belegen, wenn man einmal (nach Arnold, 2000) Qualifikationen, die Ziele traditioneller Bildungs- und Weiterbildungsanstrengungen, und Kompetenzen, die Ziele modernen Kompetenztrainings, einander gegenüberstellt:

Tab. 1: Qualifikation und Kompetenz im Vergleich (Arnold, 2000)

Qualifikation	Kompetenz
Q. ist immer auf die Erfüllung vorgegebener Zwecke gerichtet, also fremdorganisiert	K. beinhaltet Selbstorganisationsfähigkeit
Q. beschränkt sich auf die Erfüllung konkreter Nachfragen bzw. Anforderungen, ist also objektbezogen	K. ist subjektbezogen
Q. ist auf unmittelbare tätigkeitsbezogene Kenntnisse, Fähigkeiten und Fertigkeiten verengt	K. bezieht sich auf die ganze Person, verfolgt also einen ganzheitlichen Anspruch
Q. ist auf die Elemente individueller Fähigkeiten bezogen, die rechtsförmig zertifiziert werden können	K. *Lernen* öffnet das sachverhaltszentrierte Lernen gegenüber den Notwendigkeiten einer Wertevermittlung.
	K. umfasst die Vielfalt der prinzipiell unbegrenzten individuellen Handlungsdispositionen
Q. rückt mit seiner Orientierung auf verwertbare Fähigkeiten und Fertigkeiten vom klassischen Bildungsideal (Humboldts „proportionierlicher Ausbildung aller Kräfte") ab	K. nähert sich dem klassischen Bildungsideal auf eine neue, zeitgemäße Weise

Daraus wird sofort deutlich, dass es mit Betonung der Notwendigkeit eines Kompetenztrainings nicht um die Abschaffung der Qualifikationen und aller traditionsreichen Weiterbildungseinrichtungen geht. Deren Ziel ist und bleibt es, beispielsweise im Rahmen des dualen Systems, Arbeitnehmer zu qualifizieren, sie für den betrieblichen Alltag fit zu machen. Es geht also nicht darum, Kompetenz an Stelle der Qualifikation zu setzen und zu entwickeln. Vielmehr ist aus dieser Übersicht klar, dass es sehr wohl Qualifikation ohne Kompetenz, kaum aber Kompetenz ohne Qualifikation geben kann. Nur reicht Qualifikation im modernen Arbeits- und Wirtschaftsleben bei weitem nicht hin. Eine erlangte Qualifikation sagt noch nichts über die Fähigkeiten, in offenen, komplexen, problemhaltigen Situationen selbstorganisiert zu handeln.

Zwei Beispiele: Selbstorganisationsfähigkeiten

Beispiel 1:
Sie wollen zusammen mit Freunden und Mitstreitern Brasilien auf eigene Faust kennen lernen. Sie mieten sich einen Wagen und fahren aufs Geratewohl los. Ziellos (im Gegensatz zur Selbststeuerung *auf ein vorher gesetztes Ziel hin) – aber mit der Absicht, etwas von Land und Leuten zu verstehen. Sie wollen etwas für sich selbst, möglicherweise etwas für die Menschheit Neues entdecken: Indianische Relikte, Menschen, die noch nie mit unserer Zivilisation in Berührung kamen, unbekannte Tier- oder Pflanzenarten. So organisieren sie Ihre Fahrt von Anfang bis Ende selbst*

und meistern lauter chaotische Entscheidungssituationen, wo alles „um ein Haar" auch ganz anders hätte kommen können. Damit schreiben Sie eine einmalige, nur Ihnen gehörende, nicht zu wiederholende Geschichte. Und sie müssen sich auf etwas ganz anderes als auf ihre Qualifikationen verlassen – im Dschungel nützen keine Diplome und Zertifikate. Ihr Sach- und Methodenwissen bildet nur den Hintergrund, dass Sie sich zurechtfinden, wenn der Motor streikt, wenn Krankheiten drohen, wenn Sie die Orientierung verlieren; das Wissen muss in einen großen Schatz von Erfahrungen, Motiven und Hoffnungen eingebettet sein – also fachlich-methodische Kompetenzen *repräsentieren. Sie brauchen weiterhin eine gehörige Portion Selbstvertrauen, Mut, Kreativität – also* personale Kompetenzen. *Sie müssen mit den Menschen, die Ihnen unterwegs begegnen oder denen, die Sie mitgenommen haben, auf Gedeih und Verderb zusammenhalten oder zumindest auskommen können, Sie brauchen Überzeugungskraft, Verständigungsbereitschaft und Offenheit – also* sozial-kommunikative Kompetenzen. *Schließlich nützen Ihnen alle fachlichen, personalen und sozialen Kompetenzen nichts, wenn Sie Ihre Vorstellungen nicht mit eisernem Willen umsetzen, sich nicht durchsetzen können – Sie brauchen also* Aktivitäts- und Umsetzungskompetenzen.

Das alles gilt nicht nur für das Handeln und Lernen im brasilianischen Dschungel. Es gilt ganz genauso für jedes Lernen und Handeln unter den Bedingungen einer Risikogesellschaft – also einer Gesellschaft, in der viele politische, ökonomische und soziale Prozesse komplex und dynamisch sind. Gefragt sind heute meist nicht nur Befähigungen, sich von einem klar definierten Anfangszustand – der Aufgabe, dem Problem – zu einem klar definierten Endzustand zu bewegen – der Aufgabenerfüllung, der Problemlösung. Diese sind vielmehr Teil umfassenderer Fähigkeiten, nämlich innovativ, kreativ Neues zu entwickeln – Ergebnisse, die nicht nur die Nutzer, sondern auch die Entwickler überraschen.

Beispiel 2:
Eine gelernte Verkäuferin leitet viele Jahre lang erfolgreich das Hotel ihres Mannes. Es kommt zur Scheidung – und mit dem Gatten ist sie auch ihren Job los. Sie steht vor einer schweren Entscheidung: Wieder von vorne beginnen und im Supermarkt anfangen?

Die Ex-Verkäuferin geht einen anderen Weg: Sie weist ihre Berufserfahrungen in einer praktischen Kompetenzprüfung nach und schafft mit diesem Zertifikat schließlich den Sprung in die Geschäftsleitung eines Wellness-Centers. Dort sammelt sie berufsbegleitend über fünf Jahre hinweg so genannte Credit Points für ein Tourismus-Hochschuldiplom und steigt schließlich zur Managerin einer großen Hotelkette auf.

Diese selbstorganisierte Karriere, der starke personale und Aktivitätskompetenzen zu Grunde liegen, wird künftig häufiger und mit mehr öffentlicher Anerkennung stattfinden. Die OECD, die UNESCO und die Europäische Union haben die Anerkennung von informellem, selbstorganisiertem Lernen an oberste Stelle ihrer bildungspolitischen Agenda gesetzt. Das Ziel ist: Es soll nicht mehr zählen, wo überall und wie man gelernt hat, sondern allein was.

Die Lern- und Anpassungsfähigkeit an Neues (Selbstorganisationsdispositionen) werden zu entscheidenden Voraussetzungen für die Beschäftigungsfähigkeit von Menschen.

Es handelt sich also – verallgemeinert – um Fähigkeiten, selbstorganisiert zu denken und zu handeln: In Bezug auf sich selbst (P: personale Kompetenzen), mit mehr oder weniger Antrieb, Gewolltes in Handlungen umzusetzen (A: aktivitätsbezogene Kompetenzen), gestützt auf fachliches und methodisches Wissen, auf Erfahrungen und Expertise (F: fachlich-methodische Kompetenzen) und unter Einsatz der eigenen kommunikativen und kooperativen Möglichkeiten (**S**: sozial-kommunikative Kompetenzen).

1.2 Individuelle Kompetenzen

Kompetenzen charakterisieren die Fähigkeiten von Menschen, sich in neuen, offenen und unüberschaubaren, in komplexen und dynamischen Situationen selbstorganisiert (aus sich heraus) zurechtzufinden und aktiv zu handeln. Solche Situationen nehmen angesichts der heutigen wirtschaftlichen, politischen und globalen Komplexität und Dynamik und unvorhersehbarer Veränderungen rasant zu.

Kompetenzen sind Selbstorganisationsvoraussetzungen. Sie sind die komplexen, zum Teil versteckten, Potenziale und umfassen implizite Erfahrungen genauso wie Wissen, Fähigkeiten, Fertigkeiten, Werte und Ideale.

In internationalen Vergleichen gibt es unterschiedliche Kompetenz-Modelle. Grob verallgemeinert stehen sich jedoch zwei gegenüber:

1.) Im *angloamerikanischen Sprachraum* wird Kompetenz vorwiegend mit Wissen und Fertigkeiten gleichgesetzt. Der Kompetenzbegriff ist stark an Leistungen und Aufgabenlösungen jedweder Art gebunden, und Kompetenz wird mit „erfolgreicher Aufgabenerfüllung“, insbesondere auch von Routineaufgaben, gleichgesetzt. Diese Auffassungen stimmen mit früheren historischen Auffassungen von Kompetenz überein und beziehen sich vor allem auf Betrachtungen der Vergangenheit und Gegenwart, weniger auf die der Zukunft – so wie auch tiefere strategische Orientierungen dem US-amerikanischen Alltagsdenken eher fremd sind.

2.) Im *deutschsprachigen* Raum setzt sich immer mehr die wesentlich *erweiterte Auffassung von Kompetenz* durch: als Selbstorganisationsfähigkeit, als Fähigkeit, sich selbst und eigeninitiativ Ziele zu setzen, entsprechend zu handeln und aktiv in neuen Anforderungssituationen zu lernen.In Risikogesellschaften beschleunigt sich der Wandel und erhöhen sich die Anforderungen an die Anpassungsfähigkeit der Individuen, Teams und Unternehmen an neue Herausforderungen ungleich schneller als in anderen Gesellschaften. Dem entspricht die erweiterte Sichtweise von Kompetenzen im deutschsprachigen Raum.

Diese grundsätzlichen Unterschiede in den Kompetenzauffassungen müssen im Personalmanagement offen diskutiert werden, sonst kommt es zu Missverständnissen. In vielen Unternehmen, und insbesondere in solchen, in denen das Personalmanagement vorwiegend auf Personalverwaltungs- und Routineprozesse ausgerichtet ist, dominieren Kompetenzauffassungen der ersten Gruppe. Dort hingegen, wo strategisch weiträumiger gedacht wird und Personalentwicklungen deutlich über formale Weiterbildungsmaßnahmen hinaus geplant werden, dominieren Auffassungen der zweiten Gruppe.

Wenn in diesem Buch das Verhältnis Mensch und Organisation im Mittelpunkt der Darstellungen steht, dann ist es dem Umstand geschuldet, dass sich das Buch in erster Hinsicht berufstätigen oder in den Beruf eintretenden Menschen und ihrer Kompetenz- und Stärkenentwicklungen widmet, Menschen, die in Profit- und Non-Profitorganisationen oder als Selbständige tätig sind.

Prinzipiell gelten alle Kompetenzbetrachtungen und auch die vorgestellten Kompetenzverfahren zur Aufklärung vorhandener Kompetenzen und Entwicklung wichtiger Kompetenzen weit über den hervorgehobenen Personenkreis hinaus. Allerdings schränken sich die Autoren auf diesen Kreis ein, um das Buch schlank zu gestalten. Eine Veröffentlichung für andere Zielgruppen, einschließlich gesellschaftlich aktiver Personen im Rentenalter, ist sinnvoll.

I. Kapitel: Unser Kompetenzmodell, Grundlagen für die Verfahren KODE® und KODE®X

1 Kompetenzen – eine begriffliche Klärung

John Erpenbeck

„Wunder gibt es viele. Der Wunder größtes aber ist der Mensch" heißt es bei Aristoteles. Da ist es kein Wunder, dass der Mensch im Lauf der Geschichte und bis heute unendlich viele Begriffe und Theorien, Bilder und Beschreibungen fand, um sich diesem Wunder wenigstens zu nähern.

Charakter, Persönlichkeit, Wissen, Wert, Talent, Kompetenz, Potenzial sind Begriffe, hinter denen in der Regel umfangreiche Theorien stehen und die wir uns beschreibend und oft bildlich vergegenwärtigen. Unser Blick auf all diese Zuschreibungen hat sich heute aber weitgehend gewandelt. Neue Grundlagendisziplinen haben sich in den Vordergrund geschoben, so die Komplexitätstheorie und die Selbstorganisationstheorie. „Komplexitäten – warum wir erst anfangen, die Welt zu verstehen" hat die Philosophin Sandra Mitchell 2008 ein bahnbrechendes Buch genannt. Komplexität wird hier nicht einfach als große Vielfalt, als ein Durcheinander verstanden, sondern als eine neue Qualität, die Systeme aus vielfach zusammenwirkenden Teilchen hervorbringen.

Eine dieser neuen Qualitäten ist die Selbstorganisation. Sie wird von verschiedenen wissenschaftlichen Ansätzen beschrieben, für uns besonders praktikabel von der sogenannten Synergetik von Hermann Haken. (Haken, 2014) Die Synergetik begründet eine neue Forschungsrichtung „die sich mit Systemen, die aus sehr vielen Teilchen bestehen, befasst und die erklären sollte, wie durch das Zusammenwirken sehr vieler Teile Strukturen auf makroskopischer Ebene entstehen können. Praktisch alle in den Wissenschaften untersuchten Objekte können als Systeme aufgefasst werden, die aus sehr vielen Teilen, Elementen bzw. Untersystemen bestehen. Diese Teile können etwa Atome, Moleküle, biologische Zellen, Neuronen, Organe, aber auch ganze Tier- und Menschengruppen sein. Die Frage, die sich [...] stellte, war: Liegen dem Entstehen makroskopischer Strukturen immer die gleichen Gesetzmäßigkeiten zugrunde, unabhängig von der Natur der einzelnen Teile? Angesichts der Verschiedenartigkeit der Teile, etwa Atome oder Menschen, mag diese Fragestellung absurd erscheinen. Wie sich aber in den letzten Jahren deutlich zeigte, gibt es tatsächlich solche Gemeinsamkeiten. Diese treten dann zutage, wenn wir uns auf qualitative Änderungen auf makroskopischer Ebene beschränken. Das sind aber gerade die interessantesten Situationen, treten hier doch dann jeweilig erstmals die neuen Strukturen zutage. Wie sich darüber hinaus zeigte, lassen sich diese Gesetzmäßigkeiten durch ganz wenige Konzepte wie Instabilität, Ordner bzw. Ordnungsparameter, Versklavung erfassen und in eine präzise mathematische Form gießen.“ (Haken/Wunderlin, 1991)

Viele bekannte und anerkannte theoretische Ansätze in der Vergangenheit haben einerseits den Menschen und seine individuellen Ausprägungen feinfaserig zu beschreiben versucht, die inneren Strukturen seines Bewusstseins, seines Denkens, seiner Gefühle, seiner Persönlichkeit erfasst, andererseits sein Zusammenwirken mit anderen Menschen, in Familien, Gruppen, Organisationen, Unternehmen, Ländern, Nationen, Staaten und noch umgreifenderen sozialen Strukturen abgebildet. Aspekte der Selbstorganisation kamen dabei seltener ins Blickfeld. Tiefenpsychologische wie verhaltenspsychologische Beschreibungen des Individuums blieben oft mechanistischen Vorstellungen nahe. So lässt sich in Freuds Tiefenpsychologie zeigen, dass doch immer klassische Ursache-Wirkungsvorstellungen die Basis seiner Überlegungen bilden – am deutlichsten vielleicht in der „Traumdeutung“. Der klassische Behaviorismus beschränkte sich anfangs sogar vollkommen auf mechanistische Stimulus-Response-Erklärungen, die dann Schritt für Schritt aufgeweicht wurden und in verhaltenspsychologische Modelle münden. Erst gegen Ende des 20. Jahrhunderts wurden Gedanken psychischer Selbstorganisation wieder in ernsthafte Theorien aufgenommen, man denke an die willenspsychologischen und persönlichkeitspsychologischen Zugänge von Heckhausen (Heckhausen/Heckhausen, 2018) oder Kuhl (Kuhl, 2001), die unter anderem auch in das Zürcher Ressourcenmodell einflossen. (Krause/Storch, 2011; Storch/Kuhl, 2012) Verhaltenspsychologische Therapieansätze, die ganz zweifellos eine hohe Evidenz aufweisen, ließen sich überzeugend selbstorganisativem Vorgehen eingliedern. (Grawe, 2004) Im sozialen Bereich hat Luhmann (1987) mit seinem Werk „Soziale Systeme. Grundriss einer allgemeinen Theorie“ gezeigt, dass auch hier Gedankengänge der Selbstorganisation zu neuen Erkenntnissen führten.

Im modernen Kompetenzdenken sind beide Erklärungsstränge auf fruchtbare Weise verflochten. Versteht man Kompetenzen als Fähigkeiten, selbstorganisiert zu handeln, ergeben sich sofort Folgefragen, die alle eingangs genannten Begriffe berühren und den Blick auf sie verändern. Kognitionen, Wissen, Erfahrungen – wie werden sie so aufgenommen und verarbeitet, dass sie die Fähigkeiten selbstorganisierten Handelns begründen und erhöhen? Wie weit können Persönlichkeitsmodelle und Persönlichkeitseigenschaften Fähigkeiten selbstorganisierten Handelns verstehbar machen? Wie wirken Charaktereigenschaften auf diese Fähigkeiten ein? welche Rolle spielen Wertungen, Werte für die Fähigkeiten selbstorganisierten Handelns? Wie hängt das, was man gemeinhin als Talent bezeichnet, mit diesen Fähigkeiten zusammen? Wo verbergen sich hinter dem gemeinplätzigen „Potenzial“ solche Fähigkeiten?

Aus solchen Fragen wird sofort sichtbar, dass die hier in Rede stehenden Begriffe nicht voll die Fähigkeiten, selbstorganisiert zu handeln, erklären können, dass aber auch der Blick auf die Kompetenzen die Forschung nicht der Aufgabe enthebt, Kognitionen, Wissen und Wissensmanagement, Persönlichkeit und Persönlichkeitseigenschaften, Charakter und Talent, Werte und Potenziale immer tiefer lotend zu verstehen. Und dass es ganz unsinnig ist, Kompetenz mit einem oder mehreren dieser Begriffe zu konfrontieren: Kompetenz contra Wissen, Kompetenz contra Wert, Kompetenz contra Persönlichkeit, Kompetenz contra Talent, Kompetenz contra Potenzial ... Die aufgeführten Begriffe sollen deshalb nicht umfangreich dargestellt, sondern nur in Bezug auf diese Fähigkeiten, selbstorganisiert zu handeln – also in Bezug auf die Kompetenzen – umrissen werden.

Charakter ist eine ziemlich verwaschene Kategorie. Man kann unter Charakter die Ausprägung einer Persönlichkeit durch angeborene wie anerzogene Eigenschaften verstehen. In dieser Form bleiben Charaktervorstellungen und Charaktereigenschaften in hohem Maße willkürlich von der Persönlichkeit und Persönlichkeitseigenschaften, aber auch von Handlungsweisen und Kompetenzen geprägt. (Brooks, 2015) Eine evolutionär begründete Charakterlehre, die entstehungsgeschichtlich entstandene menschliche Potenziale beschreibt und begründet, kann hier Abhilfe schaffen und ein solides Fundament für Persönlichkeitsvorstellungen legen. So differenziert beispielsweise Jun (2006) ein Archisches (von der lebendigen Selbsterhaltung ausgehendes, personales), ein Dynamisches (von Neugier und Risikofreude geprägtes, aktivitätsbezogenes), ein Kontemplatives (systematisches Denken und Geistigkeit erfassendes, fachlich-methodisches) und ein Emotives (Mitgefühl und Freundschaft berücksichtigendes, sozial-kommunikatives) Potenzial. Diese Potenziale beschreiben nicht nur Eigenschaften, sondern vor allem Handlungsweisen auf generalisierende Weise. Deshalb stehen sie den vier Grundkompetenzen, der personalen, der aktivitätsbezogenen, der fachlich-methodischen und der sozial-kommunikativen Kompetenz viel näher als eher eigenschaftsbezogenen Persönlichkeitsmodellen. Es gibt zahlreiche Charakterologien, die meisten allerdings weniger evolutions- als persönlichkeitspsychologisch bezogen. Deshalb ist es sinnvoll sogleich zur Kategorie Persönlichkeit und zu den Persönlichkeitseigenschaften überzugehen.

Persönlichkeit wird in unendlich vielen Definitionen des Begriffs zu erfassen versucht. Wir halten es mit Simon (2006) für überflüssig, sich an dieser Diskussion zu beteiligen. In der Regel werden Persönlichkeiten als besonders positiv herausragende Menschen gekennzeichnet (normativer Aspekt). Andere Beschreibungen fassen Persönlichkeit als eine relativ stabile Gesamtheit von internen und auf die gegenständliche und soziale Umwelt orientierten Eigenschaften, Relationen und Prozessen, welche die Einzigartigkeit, das charakteristische Denken und Handeln einer Person bestimmen; diese Eigenschaften, Relationen und Prozesse können ererbt oder erworben sein (deskriptiver Aspekt). Persönlichkeitsentwicklung ist ein lebenslanger dynamischer Prozess, an dem die genetische Struktur, die geistige und körperliche Konstitution und die gegenständliche und soziale Umwelt aktiv beteiligt sind. In dieser umfassenden Sicht, wie sie auch im Einzelnen ausformuliert sein mag, sind Persönlichkeitseigenschaften und Kompetenzen natürlich ein Bestandteil der umfassenderen Gesamtheit. Da man, wie wir sehen werden, Persönlichkeitseigenschaften nur wenig, Kompetenzen aber deutlich entwickeln und trainieren kann (Heyse/Erpenbeck, 2009) werden Persönlichkeitsentwicklung und Kompetenzentwicklung weitgehend identisch: „Letztendlich zielt die Persönlichkeitsentwicklung auf die Bildung von Handlungskompetenz für die Auseinandersetzung mit der äußeren und inneren Realität. Mit Handlungskompetenz sind (bei Simon; J.E.) die Fähigkeit und die Bereitschaft gemeint, Probleme der Berufs- und Lebenssituation zielorientiert auf der Basis methodisch geeigneter Handlungsschemata selbständig zu lösen, die gefundenen Lösungen zu bewerten und das Repertoire der Handlungsfähigkeiten zu erweitern." (Simon, 2006, S. 17)

Persönlichkeitseigenschaften sind hypothetisch angenommene Eigenschaften, die in unterschiedlichen Ausprägungen allen Menschen zukommen. Eigenschaften bezeichnen generell Merkmale, die einem Ding, Prozess oder einer Beziehung zukommen. Objekte mit einer oder mehreren Eigenschaften lassen sich zu entsprechenden Objektklassen vereinigen. (Röseberg, 1991, S. 209) Persönlichkeitseigenschaften sind folglich Personen zukommende oder zugeschriebene Merkmale; die Person steht im Mittelpunkt. Grundlegende Persönlichkeitseigenschaften lassen sich nur schwer und kaum gezielt verändern. Die Postulierung von Persönlichkeitseigenschaften ist die Voraussetzung von Persönlichkeitstests. Ziel des Eigenschaftsparadigmas ist es, die individuellen Besonderheiten von Menschen durch ihre Eigenschaften zu beschreiben. Die Persönlichkeit wird in diesem (stark eingeengten) Verständnis als „geordnete Gesamtheit all dieser Eigenschaften" verstanden. Das spezifische Verhalten einer Person wird, neben Situationseinflüssen, durch ihre Eigenschaften erklärt. „Eigenschaften werden als zumindest mittelfristig relativ stabil verstanden. Langfristige Veränderungen werden als durchaus möglich angesehen, u.a. bedingt durch kritische Lebensereignisse (wie z.B. Krankheit, Tod, Arbeitsplatzverlust u.ä.)." (Hossiep/Mühlhaus 2005, S. 16) Der Schluss von Persönlichkeitseigenschaften auf Handlungsfähigkeiten ist also schon deshalb fragwürdig, weil sich Persönlichkeitseigenschaften im Laufe des Lebens verändern können, sich aber kaum gezielt trainieren lassen. Kompetenzen sollen und müssen sich verändern, können geplant entwickelt, trainiert und gemanagt werden. (Erpenbeck/Hasebrook, 2011) Personalentwicklung ist also keine Entwicklung der Persönlichkeitseigenschaften, sondern der Kompetenzen der Mitarbeiter!

Beispiele für Persönlichkeitseigenschaften sind die Big-Five-Persönlichkeitsfaktoren, die ein weitgehend akzeptiertes Modell von fünf basalen Persönlichkeitseigenschaften bilden: Emotionale Instabilität (Neurotizismus), Extraversion, Offenheit für Erfahrungen (Kultur, Intellekt), Verträglichkeit (Soziabilität, Liebenswürdigkeit), Gewissenhaftigkeit. Auf dem Eigenschaftsparadigma basieren viele Tests, auch manche, die sich in zu hinterfragender Weise als Kompetenztests verstehen (MBTI – an C.G. Jungs Typentheorie anknüpfend, 16 PF-R, NEO-FFI, NEO-PI-R, LMI, Enneagramm, pro facts, DISG®, INSIGHTS® – letztere beiden haben die Emotionstheorie von W. M. Marstone zur Grundlage, also auch eine Eigenschaftstheorie (Erpenbeck/Hasebrook, 2011, S. 20ff.)). Im Gegensatz zu Persönlichkeitseigenschaften sind Kompetenzen – wie gleich zu zeigen – auf eine besondere Art von Handlungsfähigkeiten bezogen. Eigenschaften sind aber keine Fähigkeiten. Der Schluss von Persönlichkeitseigenschaften auf Kompetenzen ist also grundlegend falsch. Persönlichkeitseigenschaften beschreiben keine Fähigkeiten geistigen oder physischen Handelns. Sie können bestenfalls solchen Fähigkeiten zugrunde liegen.

Sind sachgemäß durchgeführte Persönlichkeitstests in Bezug auf Kompetenzfeststellungen damit überflüssig? Natürlich nicht – ganz im Gegenteil! (Schuler, 2014) Eine ziemlich allgemeingültige Erklärung für diese Asymmetrie zwischen Deskription und Prognose haben Hossiep und Mühlhaus (2015, S. 19) gegeben. In einem „Exkurs: Kompetenzmanagement und der Einsatz von persönlichkeitsorientierten

Verfahren" beziehen Sie sich auf unsere Bestimmung von Kompetenzen als „Fähigkeiten einer Person zum selbstorganisierten, kreativen Handeln in für sie bisher neuen Situationen". Kompetenzen befähigen danach zu etwas, das im heutigen Arbeitsalltag immer wichtiger wird: in offenen unvorhersehbaren Situationen nachhaltig erfolgreich zu handeln. Das Kompetenzmanagement verändert die Aufgaben des Personalmanagements nachhaltig. Dabei kann man eine Integration von persönlichkeitsorientierten Verfahren in das Kompetenzmanagement anstreben. Dem Kompetenzmanagement liegen zunächst konkrete Verhaltens- bzw. Handlungsanker zugrunde. Mithilfe dieser Anker lassen sich den Handelnden Rückmeldungen geben. „Soweit der Vorgesetzte die in den Persönlichkeitsmerkmalen begründeten Ursachen (des Handelns) allerdings nicht klar erkennen kann, fehlen ihm unter Umständen auch Anhaltspunkte für die individuelle Weiterentwicklung des Mitarbeiters. Denkbar sind völlig unterschiedliche persönlichkeitsbasierte Ursachen von Defiziten im Bereich Kundenorientierung, Hilfeleistungsmotivation, Sensitivität oder anderes. An dieser Stelle kann das persönlichkeitsorientierte Verfahren eine Klärungshilfe sein, die den Beteiligten vom Personalmanagement zur Verfügung gestellt wird … gegebenenfalls unter Hinzuziehung von Personalentwicklern und/oder externen Beratern kann auf dieser Grundlage eine zielgerichtete Weiterentwicklung diskutiert und geplant werden … Hier ergänzt der Fragebogen das Kompetenzmodell im Bedarfsfall." (ebenda, S. 23f.) Diese Denkfigur lässt sich auch auf andere personenbezogene Konstrukte übertragen.

Wissen ist keine Kompetenz. (Arnold/Erpenbeck, 2014) Gleichwohl gibt es ohne Wissen keine Kompetenzen. Jeder Schluss von vorhandenen Wissensbeständen auf künftiges Handeln, gar auf ein selbstorganisiertes Handeln in offenen Situationen ist falsch und führt zu falschen Schlussfolgerungen; die beschriebene Asymmetrie. Andererseits lässt sich ein fehlerhaftes, problematisches Handeln oft mit falschem oder fehlendem Wissen begründen. Deshalb ist die Ermöglichung des eigenen Wissensaufbaus (ohne der unzutreffenden Idee einer „Wissensvermittlung" nachzuhängen) ein zentraler Bestandteil jedes Personalmanagements. Wissensmanagement wird wie Kompetenzmanagement immer wichtiger; oftmals verschmelzen beide miteinander. Die Angst, eine Betonung der Wichtigkeit von Kompetenzen führe zwangsläufig zu einer Vernachlässigung des Wissens, vor allem des Sach- und Fachwissens, ist demnach völlig unbegründet.

Wertungen, Werte bilden die Kerne von Kompetenzen und lassen sich als Ordner sozialer Selbstorganisation verstehen. Jedes Handeln in offenen, unsicheren Situationen, für das es keine eindeutigen Handlungsalgorithmen gibt, verlangt den Rückgriff auf Werte, die trotz mangelnden oder fehlenden Wissens das Entscheiden und Handeln erst ermöglichen. Und doch kann man auch von den angeeigneten Werten und Wertorientierungen nicht auf künftiges, selbstorganisiertes Handeln schließen. Wir haben es wieder mit der beschriebenen Asymmetrie zwischen Deskription und Prognose zu tun. Ist das selbstorganisierte Handeln erfolgt, sind die Kompetenzen eines Menschen damit sichtbar, beschreibbar und erfassbar geworden, lässt sich sehr wohl messen und rekonstruieren, welche Werte diesem Handeln zugrunde lagen. Insbesondere lässt sich feststellen, welche Basiswerte – Genusswerte, Nutzenswerte, ethisch-moralische Werte oder politisch-weltanschauliche Werte – und welche Domänenwerte im Einzelnen eingeflossen sind (Erpenbeck, 2018). Damit lässt sich ein wirkungsvolles Wertemanagement aufbauen, das dem stets zentralen Kompetenzmanagement zuarbeitet. (Erpenbeck/Sauter, 2018)

Talente sind mit Kompetenzen verwandt. Wenn jemand ein Talent ist, werten wir das positiv, selbst wenn das Talent nicht „zur Entfaltung“ kommt (normativer Aspekt). Genauer beschreibend kann man sagen, dass Talenten Persönlichkeitseigenschaften zugrunde liegen, die in künftigen – meist ebenfalls positiv bewerteten – geistigen oder physischen Handlungen eingesetzt werden. Sie müssen jedoch nicht eingesetzt werden, sie können auch „im Verborgenen schlummern“. Insofern liegt Talent „zwischen“ Persönlichkeit und Kompetenz, umfasst mehr als Persönlichkeit, weil meist eine auf künftiges Handeln bezogene Wertung hinzukommt, und weniger als Kompetenz, weil die Performanz, das Handeln nicht mitgedacht werden muss (deskriptiver Aspekt). Zugespitzt kann man Talent als Kompetenz minus Performanz charakterisieren. Wieder haben wir die von Hossiep und Mühlhaus so deutlich herausgearbeitete Asymmetrie zwischen Deskription und Prognose. Die Feststellung, jemand sei ein Talent, lässt wenige Schlussfolgerungen auf sein künftiges kreatives, selbstorganisiertes Handeln zu. Erst ein systematisches Talentmanagement erlaubt solche Prognosen, enthält dann im Kern aber auch stets Elemente eines sauber eingesetzten Kompetenzmanagements. (Steinweg, 2009) Talente lassen sich ebenso wenig wie die ihnen zugrundeliegenden Persönlichkeitseigenschaften gezielt entwickeln, sie entwickeln sich aber wie jene im Lebenslauf. Sie sind eine „Gabe“, eine Begabung, die oft gerade jenseits des gezielt Entwickelbaren angesiedelt ist. Wenn etwas entwickelbar und trainierbar ist, so sind es die selbstorganisierten Handlungsfähigkeiten, die im Talent auch zum Vorschein kommen, also die Kompetenzen. Talentmanagement ist deshalb auch eine Form des Kompetenzmanagements (Heyse/Ortmann, 2008). Talente entfalten sich, Kompetenzen entwickeln sich.

Potenziale sind Komplexe von Persönlichkeitseigenschaften, Talenten und Kompetenzen, die für die Bewältigung offener, aber zielgerichtet zu umreißender, konkreter Aufgaben notwendig sind. Deshalb sind beispielsweise für Unternehmen Persönlichkeits-, Talent- und Kompetenzbestimmungen insofern interessant, als sie die Bereitstellung von handlungsfähigen Mitarbeitern zur Bewältigung dieser Aufgaben gestatten. Potenzialmanagement fragt nach dem Gesamtzusammenhang von Persönlichkeitseigenschaften, Talenten und Kompetenzen und nach der optimalen Nutzung dieses Zusammenhangs im Interesse der Unternehmensperformanz. (Kallenbach, 2016) Es kann sich also sowohl auf die Gewinnung und den Einsatz von Mitarbeitern mit spezifischen Persönlichkeitseigenschaften und Talenten (Talentmanagement) als auch auf die Gewinnung, den Einsatz und die Entwicklung von Menschen mit den benötigten Kompetenzen (Kompetenzmanagement) beziehen. Es schließt auch die Berücksichtigung der Wissensgrundlagen der Mitarbeiter und ihrer Weiterbildung (als einen Teilbereich des Wissensmanagements) mit ein.

Den Zusammenhang zwischen Persönlichkeitseigenschaften, Talenten, Potenzialen und Kompetenzen in ihrer „Distanz“ zur realen Performanz veranschaulicht die folgende Abbildung (vgl. Steinweg, 2009). Sie macht klar, dass Kompetenzen die größte Nähe zur Performanz haben. Unter Performanz versteht man dabei die wirkliche Leistungserbringung, das wirkliche Handlungsergebnis. Hier werden auch nichtfinanzielle, zukunftsorientierte Größen einbezogen, um der wirklichen Leistungsfähigkeit von Menschen und Unternehmen nahe zu kommen. Da aber die Fähigkeiten, selbstorganisiert zu handeln, nur aus den wirklichen Performanzen der Mitarbeiter abzulesen sind, ist der kategoriale „Abstand“ zur Performanz zugleich ein Maß dafür, wie stark der Selbstorganisationsgedanke in der Kategorie verankert ist. Es zeigt sich, dass Kompetenz die einzige Kategorie ist, die durchweg und ohne Zwischenschritte Aussagen über die zukünftigen Fähigkeiten von Mitarbeitern wie von Unternehmen gestattet, selbstorganisiert und kreativ zu handeln. Kompetenzen stehen der Selbstorganisation am nächsten. Darin sehen wir die tiefe Ursache für den „Siegeszug“ der Kategorie Kompetenz (Erpenbeck, 2012b).

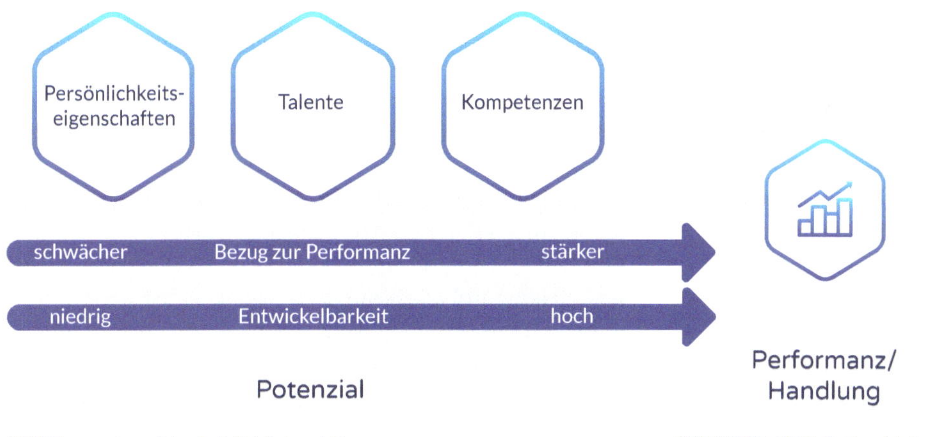

Abb. 1: Zusammenhang zwischen Persönlichkeitseigenschaften, Talenten, Potenzialen, Kompetenzen (als Fähigkeiten selbstorganisiert zu handeln) und Performanzen (als Leistungserbringung durch selbstorganisiertes Handeln)

Kompetenzen sind also, wie bereits herangezogen, Fähigkeiten einer Person zum selbstorganisierten, kreativen Handeln in für sie bisher neuen, offenen Situationen (Selbstorganisationsdispositionen). Diese Fähigkeiten können natürlich, wie gezeigt, auch auf Persönlichkeitseigenschaften, Talente, Werte und Potenziale Bezug nehmen, werden aber niemals mit diesen identisch. Fähigkeiten selbst sind aber keine Eigenschaften. Sie bezeichnen Relationen zwischen Personen und den von ihnen vorgefundenen oder ihnen gebotenen Handlungsbedingungen. (Lompscher 1991b, S. 305) Fähigkeiten werden erst im Handeln, in den Performanzen manifest, außerhalb der Handlung haben sie keine Wirklichkeit. Das Handeln, die Performanzen stehen im Mittelpunkt.

Fähigkeiten lassen sich gezielt verändern, trainieren. Kompetenzen sind nicht irgendwelche Fähigkeiten, auch nicht irgendwelche Handlungsfähigkeiten. Eine Blechstanze Tag für Tag in der gleichen Weise zu bedienen, würden wir als Fähigkeit, aber nie als Kompetenz charakterisieren. Kompetenz deckt einen spezifischen Fähigkeitsbereich ab, eben den, selbstorganisiert in offenen Problemsituationen handeln zu können (Erpenbeck/von Rosenstiel, 2007, S. XXXVII).

Menschen verfügen über unterschiedliche Kompetenzen, die notwendig sind, um in verschiedenen Situationen physischen oder geistigen Handelns kreativ und selbstorganisiert erfolgreich zu sein. Kompetenzen zeigen sich beispielsweise in Führungsfähigkeiten oder Fähigkeiten zur Selbstreflexion. Für Unternehmen sind besonders jene Kompetenzen interessant, die sich auf die Bewältigung von Leistungsanforderungen in offenen Problemsituationen beziehen. Individuelle Kompetenzen lassen sich im Gegensatz zu Persönlichkeitseigenschaften und Talenten systematisch trainieren. Sie gehören, wie bereits ausgeführt, zu einer Person, einer Persönlichkeit. Sie sind aber keine Persönlichkeitseigenschaften. Beispiele für Persönlichkeitseigenschaften haben wir bereits genannt. Gut zu begründen, zu messen, zu memorieren und in ihrer oft lebenslangen Stabilität zu begreifen sind beispielsweise die aus dem Big-Five-Test bekannten Persönlichkeitseigenschaften Offenheit, Gewissenhaftigkeit, Extraversion, Verträglichkeit, Neurotizismus (Openess, Concensiuosness, Extraversion, Agreeableness, Neuroticism = OCEAN). Fähigkeiten, die selbstorganisiertem Handeln zugrunde liegen, sind beispielsweise Einsatzbereitschaft, Hilfsbereitschaft, Eigenverantwortung, Generalisierungsfähigkeit, Klassifizierungsfähigkeit (Heyse/Erpenbeck, 2007) und letztlich alle im KODE®X-Atlas zusammengefassten Kompetenzen.

Der Schluss von Persönlichkeitseigenschaften auf Kompetenzen ist auch ausgehend von diesen Beispielen ganz offensichtlich falsch. So kann man beispielsweise nicht von der Eigenschaft Extraversion auf sozial-kommunikative Kompetenzen schließen. Wer einen hoch Extrovertierten zum Verkaufsleiter macht, mag sein blaues Wunder erleben, weil der Ausgewählte auf unangenehme Weise distanzlos Kunden und Kundinnen angeht und sie eher vertreibt als an das Unternehmen bindet. Zudem muss man beachten, dass viele substantivierte Adjektive sowohl als Eigenschaft wie als Fähigkeit interpretiert werden können. Flexibilität kann als Persönlichkeitsmerkmal, aber auch als Fähigkeit gelesen werden, auf eine bestimmte Weise zu handeln. Ob man Persönlichkeitseigenschaften oder Kompetenzen im Blick hat, entspricht also einer grundlegend unterschiedlichen Sicht auf den geistig und physisch handelnden Menschen, unabhängig von spezifischen Persönlichkeitstheorien oder Kompetenzansätzen: Entweder man schließt von Persönlichkeitseigenschaften auf das künftige Handlungsergebnis, die Performanz, was mit den benannten Schwierigkeiten verbunden und stets nur hypothetisch ist. Oder man schließt von der Performanz, dem Handlungsergebnis auf bestimmte Fähigkeiten, die auch künftig ein erfolgreiches, selbstorganisiertes Handeln der Person in offenen Problemsituationen ermöglichen. Die Kompetenzsicht ist in dieser Hinsicht der Sicht auf die Persönlichkeitseigenschaften klar überlegen.

Dadurch, dass Persönlichkeitstheorien von unterschiedlichen Modellen der Persönlichkeit ausgehen, durch jeweils einen Satz von Persönlichkeitseigenschaften charakterisiert, die einem Menschen gleichsam wie Farben oder Merkmale eingeheftet sind, ist man stets bemüht, zwischen diesen Eigenschaften und seinem Handeln hypothetische Korrelationen herzustellen. Auf diese Weise werden, oft vollkommen unterschiedlich, beobachtbare Handlungsweisen erklärt. Kompetenzansätze beobachten hingegen zunächst einmal das Handeln in offenen Problemsituationen. Aus der Bewältigung dieser Situationen schließen sie auf spezifische Handlungsfähigkeiten, die eine solche Bewältigung ermöglichen. Benutzt man einen umfassenden Dispositionsbegriff, der lebenslang erworbene Fähigkeiten einbezieht, kann man auch von Dispositionen selbstorganisierten Handelns, von Selbstorganisationsdispositionen sprechen.

Während sich Persönlichkeitstheoretiker über die grundlegenden Persönlichkeitseigenschaften oft fundamental uneinig sind, weisen Kompetenzansätze große Gemeinsamkeiten in der Benennung der Grundkompetenzen oder Schlüsselkompetenzen (key competences) auf. Alle benennen nämlich die personale, die aktivitätsbezogene, die fachlich-methodische und die sozial-kommunikative Kompetenz als Schlüsselkompetenzen. Zuweilen wird die personale Kompetenz als Selbstkompetenz bezeichnet, fachliche und methodische Kompetenz werden manchmal getrennt ausgewiesen, die aktivitätsbezogene Kompetenz wird teils der personalen, teils der sozialen Kompetenz zugeschlagen. Aber diese vier Schlüsselkompetenzen werden immer benannt! Von den Schlüsselkompetenzen lassen sich abgeleitete Kompetenzen wie im erwähnten KompetenzAtlas zusammenfassen. „Querliegende" Kompetenzen, wie etwa interkulturelle oder Führungskompetenzen, beziehen sich in charakteristisch unterschiedlichem Maße auf alle Kompetenzen.

Kompetenzen lassen sich quantitativ (Tests), qualitativ (Kompetenzpässe, Kompetenzbiografien), simulativ (z.B. im Flugsimulator) und situativ (Arbeitsproben) erfassen. Wenn Kompetenzen gezielt entwickelt und trainiert werden, gilt die Faustformel: Individuelle Kompetenzen werden von Wissen fundiert, durch Werte konstituiert, als Fähigkeiten disponiert, durch Erfahrungen konsolidiert und aufgrund von Willen realisiert.

Kompetenzmanagement fragt dementsprechend, wie die menschlichen Fähigkeiten, selbstorganisiert und kreativ in offenen Problemsituationen zu handeln, mit Hilfe psychologischer oder soziologischer Methoden zu erfassen, zu entwickeln und in positiv bewertete umfassendere soziale Handlungszusammenhänge einzuordnen sind. Ein unternehmensbezogenes Kompetenzmanagement fragt insbesondere, wie diese Fähigkeiten zur Steigerung der Unternehmensperformanz einzusetzen und zu nutzen sind. Das mündet in der Entwicklung unternehmensspezifischer Kompetenzmodelle und daraus abgeleiteter personalwirtschaftlicher Maßnahmen. (Erpenbeck/von Rosenstiel/Grote, 2013)

2 Unser Kompetenz-Modell und deren praktische Umsetzungen in der Literatur

Insbesondere folgende Bücher informieren über die zugrunde liegenden wissenschaftlichen Voraussetzungen sowie praktischen Erfahrungen der Autoren und renommierter Anwender:

Erpenbeck, J.; Weinberg, J.: Menschenbild und Menschenbilder. Waxmann. Münster 1993

Heyse, V.; Metzler, H.: Die Veränderung managen, das Management verändern. Waxmann. Münster 1995

Erpenbeck, J.; Heyse, V.: Berufliche Weiterbildung und Kompetenzentwicklung. In: Arbeitsgemeinschaft QUEM (Hrsg.): Kompetenzentwicklung '96. Waxmann. Münster 1996

Heyse, V; Erpenbeck, J.: Der Sprung über die Kompetenzbarriere. W. Bertelsmann. Bielefeld, 1997

Heyse, V.; Erpenbeck, J.; Michel, L.: Kompetenzprofiling. Waxmann. Münster 2002

Hasebrook, J.; Zawacki-Richter, O.; Erpenbeck, J. (Hrsg.): Kompetenzkapital. Verbindungen zwischen Kompetenzbilanzen und Humankapital. Bankakademie. Frankfurt am Main 2004

Heyse, V.; Erpenbeck, J.; Max, H. (Hrsg.): Kompetenzen erkennen, bilanzieren und entwickeln. Waxmann. Münster 2004

Heyse, V.; Erpenbeck, J.: Kompetenztraining. 64 Informations- und Trainingsprogramme. Schäffer-Poeschel. Stuttgart 2004/2. erw. Auflage: 2009

Erpenbeck, J.; v. Rosenstiel, L. (Hrsg.): Handbuch Kompetenzmessung. Schäffer-Poeschel. Stuttgart 2007 (2. Auflage)

Erpenbeck, J.; Heyse, V.: Die Kompetenzbiographie. Wege der Kompetenzentwicklung. Waxmann. Münster 2007 (2. Auflage)

Heyse, V.; Erpenbeck, J. (Hrsg.): KompetenzManagement. Waxmann. Münster 2007. Kompetenzmanagement in der Praxis, Bd. 1

Erpenbeck, J.; Sauter, W.: Kompetenzentwicklung im Netz. Luchterhand. Köln 2007

Heyse, V.; Ortmann, S.: TalentManagement in der Praxis. Waxmann. Münster 2008. Kompetenzmanagement in der Praxis, Bd. 2

Wucknitz, U. D.; Heyse, V.: RetentionManagement. Schlüsselkräfteentwickeln und binden. Waxmann. Münster 2008. Kompetenzmanagement in der Praxis, Bd. 3

Heyse, V.; Mair, M.; Pejrimovsky, G.: Kompetenzprofile und Kompetenzentwicklung im Tourismus. facultas.wuv. Wien 2008

Schäffner, L.; Bahrenburg, I.: Kompetenzorientierte Teamentwicklung. Waxmann. Münster 2008. Kompetenzmanagement in der Praxis, Bd. 4

Erpenbeck, J.; v. Rosenstiel, L.; Grote, S.; Sauter, W. (Hrsg.): Handbuch Kompetenzmessung. Schäffer-Poeschel. Stuttgart 2009

Heyse, V.; Erpenbeck, J.; Ortmann, S. (Hrsg.): Grundstrukturen menschlicher Kompetenzen. Waxmann. Münster 2010. Kompetenzmanagement in der Praxis, Bd. 5

Erpenbeck, J. (Hrsg.): Der Königsweg zur Kompetenz. Waxmann. Münster 2011. Kompetenzmanagement in der Praxis, Bd. 6

Kreuser, K.; Heyse, V.; Robrecht, T. (Hrsg.): Mediationskompetenz. Waxmann. Münster 2012. Kompetenzmanagement in der Praxis, Bd. 7

Heyse, V.; Schircks, A. D. (Hrsg.): Kompetenzprofile in der Humanmedizin. Waxmann. Münster 2012. Kompetenzmanagement in der Praxis, Bd. 8

Faix, W.G.: Kompetenz. Festschrift Prof. Dr. John Erpenbeck. SIBE. Stuttgart 2012

Heyse, V. (Hrsg.): Aufbruch in die Zukunft. Erfolgreiche Entwicklungen von Schlüsselkompetenzen in Schulen und Hochschulen. Aktuelle persönliche Erfahrungen aus Deutschland, Österreich und der Schweiz. Waxmann. Münster 2014

Arnold, R.; Erpenbeck, J.: Wissen ist keine Kompetenz. Schneider Verlag Hohengehren. Baltmannsweiler 2014

Schäffner, L. (Hrsg.): Kompetentes Kompetenzmanagement. Festschrift für Volker Heyse. Waxmann. Münster 2014

Heyse, V.; Giger, M. (Hrsg.): Erfolgreich in die Zukunft: Schlüsselkompetenzen in Medizinal-, Gesundheits- und Pflegeberufen. Konzepte für die Aus-, Weiter- und Fortbildung in Deutschland, Österreich und der Schweiz. medhochzwei Verlag. Heidelberg 2014

Heyse, V.; Erpenbeck, J.; Ortmann, S. (Hrsg.): Kompetenz ist viel mehr. Erfassung und Entwicklung von fachlichen und überfachlichen Kompetenzen in der Praxis. Waxmann. Münster 2015. Kompetenzmanagement in der Praxis, Bd. 9

Erpenbeck, J.; Sauter, W.: Stoppt die Kompetenzkatastrophe. Springer Verlag. Heidelberg 2015

Heyse, V.; Erpenbeck, J.; Ortmann, S. (Hrsg.): Intelligente Integration von Flüchtlingen und Migranten. Aktuelle Erfahrungen, Konzepte und kritische Anregungen. Waxmann. Münster 2016. Kompetenzmanagement in der Praxis, Bd. 10

Heyse, V.; Erpenbeck, J.; Ortmann, S.; Coester, S. (Hrsg.): Mittelstand 4.0 – eine digitale Herausforderung. Führung und Kompetenz im Spannungsfeld des digitalen Wandels. Waxmann. Münster 2018. Kompetenzmanagement in der Praxis, Bd. 11

Heyse, V.; Erpenbeck; Ortmann, S., Coester S. (Hrsg.): Kompetenzen voll entfaltet. Waxmann. Münster 2019. Kompetenzmanagement in der Praxis, Bd. 12

3 Ermittlung und Entwicklung von Kompetenzen – ein Zukunftsmodell

Volker Heyse

3.1 Kompetenzen erschließen die Zukunft

Die Gesellschaft sowie die ökonomischen Rahmenbedingungen sind durch die schnell zunehmende Digitalisierung stark in Bewegung geraten. In Organisationen müssen verantwortungsbewusst und bekräftigend auf die damit verbundene Transformation von Denk- und Arbeitsweisen reagiert und dynamische Modelle für künftige Entwicklungen entwickelt werden, um erfolgreich auf Wandlungsprozesse reagieren zu können. Wissen allein löst diese grundsätzlichen organisationalen Herausforderungen nicht, sondern nur in Verbindung mit ausgeprägten Kompetenzen auf der individuellen Ebene der Beschäftigten, auf der Team- sowie auf der Organisations-Ebene insgesamt.

Durch eine verständliche und integrierende Kommunikation müssen die Potenziale und Kompetenzen der Beschäftigten erkannt, genutzt und erweitert werden. Führung und Kompetenzentwicklung im Spannungsfeld des digitalen Wandels heißt auch, die Notwendigkeit einer Transformation im Sinne der Arbeit 4.0 als Kernaufgabe aller Führungskräfte zu verankern.

Mehr denn je geht es um die Handlungsfähigkeiten der Beschäftigten, mit neuen, schwer wiegenden Herausforderungen klar zu kommen, sich dazu selbst zu motivieren und zu organisieren, in stetem Erfahrungsaustausch mit Personen zu stehen, die im Rahmen der Transformation schon weiter und erfolgreich sind. Lernfähigkeit, Offenheit für Veränderung, Gestaltungsfähigkeit, Belastbarkeit, konsequentes ergebnisorientiertes Handeln sind in diesem Zusammenhang als besonders zukunftsrelevante Kompetenzen herauszufordern und zu fördern.

Talentmanagement schließt das Erkennen, Nutzen und Entwickeln der fachlichen Voraussetzungen und der Kompetenzen ein und ist somit zugleich auch in hohem Maße Kompetenzmanagement. Andererseits ist Talentmanagement mehr als Kompetenzmanagement, da es außer den Kompetenzen auch Persönlichkeitseigenschaften, Fertigkeiten, Wissen und Qualifikationen einschließt. All das ist Voraussetzung dafür, dass die Kompetenzen wirkungsvoll eingesetzt werden können; aber dies sind keine Kompetenzen.

3.2 Zusammenhang zwischen Kompetenzen und Stärken

Individuelles Stärkenmanagement ist zu einem großen Teil Kompetenzmanagement. Bei der Ermittlung von Kompetenzen sollte nicht voraussetzungslos nach den Kompetenzen einer Person (oder von Teams, Organisationen) gefragt werden. Es sollte stets ein Maßstab in Form eines Kompetenzanforderungsbildes für bestimmte Tätigkeiten oder Funktionen vorhanden sein oder vor dem Einsatz von Kompetenzanalyseverfahren erarbeitet werden, um zu ermessen, inwieweit die Person diesen An-

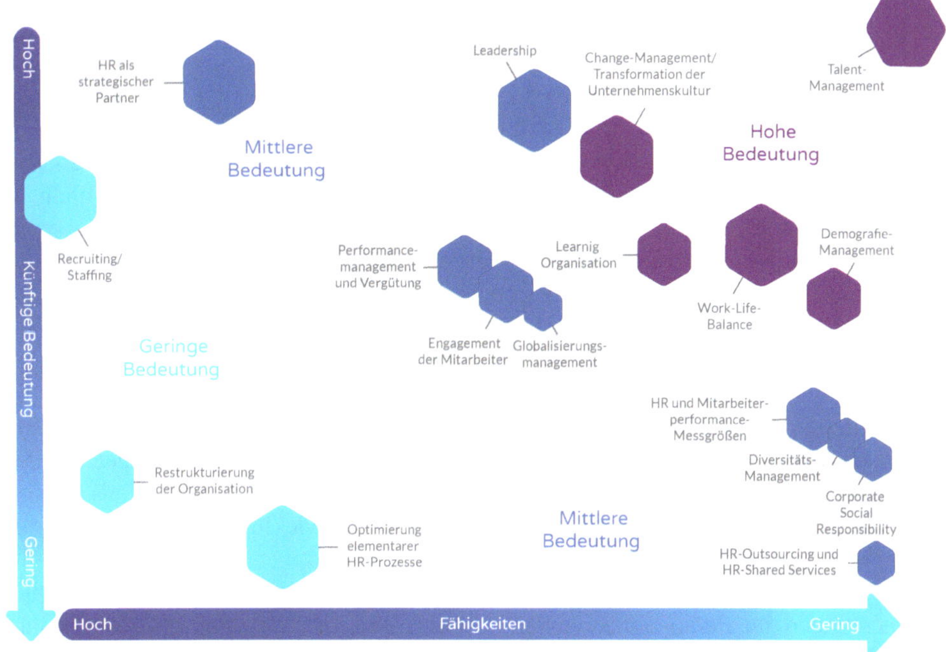

Fünf kritische Human Resources Themen zur Wahrnehmung der Wettbewerbsfähigkeit.

Abb. 2: Fünf kritische Human Resources Themen zur Wahrnehmung der Wettbewerbsfähigkeit (BCG 2007)

forderungen (ggf. noch nicht) entspricht und in welchem Maße, mit welcher Stärke. Entgegen der Messung von Intelligenz und festen Persönlichkeitseigenschaften steht die Selbstorganisations-(Handlungs-)Fähigkeit in Bezug auf Anforderungsveränderungen sowie das *Wozu* im Vordergrund unserer Betrachtungen.

So kann festgestellt werden, wie stark die vier Kompetenzgruppen und die einzelnen Teilkompetenzen grundsätzlich bei einer Person ausgeprägt sind, welche Kompetenzen stärker oder abgeschwächt werden beim Wechsel von normalen zu erschwerten Umfeldbedingungen. Eine Wertung und Beratung kann jedoch erst bei Kenntnis der unterschiedlichen Kompetenzanforderungen an Tätigkeiten/Jobs/Funktionen erfolgen – ob im Rahmen der Rekrutierung, der Laufbahnentwicklung, der Spezialisierung, des Wiedereintritts von Rehabilitanten, der kompetenzadäquaten Suche nach ausfüllenden ehrenamtlichen Tätigkeiten und Verantwortungen von Senioren u.v.a.m. Wenn von Stärken (in Bezug auf *Was*?) gesprochen wird, dann muss auch an die andere Seite gedacht werden: an die „Schwächen“.

Im deutschsprachigen Raum denkt man bei Schwächen fast automatisch (nur) an Defizite und schlussfolgert – auf der Ebene von Persönlichkeitseigenschaften – sehr schnell auf die gesamte Persönlichkeit, statt zu fragen: „Ja, für diese Funktion ist die Person (warum?) – noch – nicht ausreichend geeignet, für welche andere (auch umfassendere, anspruchsvollere) ist sie vielleicht viel besser „kompetent“? Aus einer mißerfolgsvermeidenden Haltung heraus wird sehr schnell verallgemeinert und abgeschlossen. Diese kurzsichtige Betrachtung wird auch auf große Gruppen von Mitarbeitern übertragen.

Ein Beispiel: In einer größeren Flächen-Sparkasse (ca. 1.000 Mitarbeiter nach zwei Fusionen) wurden 6 Vertriebsmitarbeiter gesucht. Auf einen eigenen Mitarbeiter wurde man auf Grund von Tipps aus der zweiten Führungsebene aufmerksam. Ansonsten war der Vorstand der Meinung, weitere eigene Mitarbeiter seien nicht für diese Tätigkeiten geeignet, und es wurde eine externe Ausschreibung veranlasst. Interessant war, dass von 26 externen Bewerbern nur 7 aus Vertriebsbereichen anderer Sparkassen und Banken kamen – bei mehrheitlichen Angehörigen der Finanzdienstleistung. Und parallel wurde doch noch eine Analyse des internen Potenzials auf der Grundlage der Verfahren KODE®X und KODE® vorgenommen. Bei Letzterer wurden ca. 600 Mitarbeiter über die entsprechenden Anforderungsprofile rotiert. Das Ergebnis ließ sich sehen: 12 Mitarbeiter schienen in der Erstbewertung als geeignet und nach dem Assessment immerhin noch 8. Es gab also genügend kompetente Personen, die jedoch in ihren bisherigen Jobs nicht erkannt, zum Teil sogar als „durchschnittliche Performer" festgelegt und von weiteren Entwicklungen in anderen Bereichen der Sparkasse ausgeschlossen worden waren.

Es wird im Alltag – trotz aller Beteuerungen zum Wandel und zu prozessualen Betrachtungen im Personalmanagement – nach wie vor sehr statisch gedacht, und „Ja"-„Nein"-Entscheidungen erhalten den Vorzug.

Kommen wir auf die „Schwächen" zurück. Warum muss ein guter Spezialist unbedingt Führungsaufgaben übernehmen? Warum muss eine sportlich gut aufgestellte Person unbedingt ein Musikinstrument erlernen, statt sich zu weiteren sportlichen (Hoch-)Leistungen zu entwickeln um ggf. eine Traineraufgabe zu übernehmen? Weil im Alltag so oft der Satzanfang „Ja, aber" vorherrscht: „Ja, darin ist sie recht gut, aber (!) Sie kann das … und das … nicht"!

Es gibt eine zweite Art Schwäche, die jedoch im deutschsprachigen Raum kaum Beachtung findet: Die Schwäche nämlich, die aus einer Übertreibung/Überziehung einer Stärke/besonders ausgeprägter Kompetenzen hervortritt. Auch bei *Übertreibungen* ist die Frage nach dem *Wozu* und dem *Worauf* bezogen zu stellen. In einer Kreditabteilung ist ein bedeutend größeres Ausmaß an analytischem Verhalten, an Konzentration auf das Detail, an Gewissenhaftigkeit erforderlich als in etlichen anderen Bereichen einer Bank. Hier sind Personen mit sehr stark ausgeprägten Fach- und Methodenkompetenzen und dafür eher geringer ausgeprägten sozialkommunikativen Kompetenzen erwünscht, die andererseits im Firmenkundengeschäft vor Ort größere Schwierigkeiten hätten.

Grundsätzlich ist also eine sehr hohe Kompetenzausprägung noch kein klares Indiz für eine Übertreibung in bestimmten Verhaltensbereichen. Sehr hohe Ausprägungen können zuerst einmal Hinweise auf sehr starke Talente sein. Die interessante Frage in diesem Zusammenhang wäre die nach den Bedingungen und Möglichkeiten zur breiten Entfaltung. Erst in einem zweiten Schritt wird im Auswertungsgespräch geprüft, ob diese hohen Werte tatsächlich Übertreibungen und somit mögliche Blockaden sind, die – wenn sie erkannt und bewusst gewollt zurückgenommen werden können – wieder in den Bereich der wahren Stärken führen. Übertreibungen sind häufig in der Biografie – und insbesondere in der frühen Kindheit – fest verankert und durch sogenannte Antreiber (Kälin/Müri, 1990) durchwirkt.

Mit dem Verfahren KODE® können vielfältige Anregungen zum Erkennen von Übertreibungen, zum Kontrollieren, Zurückfahren, zum „Daraus-Etwas-Machen“ gegeben werden. Und: Dieses Verfahren bietet neben dem differenzierten Erkenntnisgewinn diverse (Selbst-)Trainingsinstrumente und Coaching-Unterstützungen.

Stärken und Schwächen werden also einerseits erst beim Vergleich von KODE® Ergebnissen mit klar beschriebenen Kompetenz-Sollanforderungen und andererseits bei der Betrachtung der KODE® Werte in den vier Ebenen HandlungsIdeal, HandlungsErwartung, HandlungsVollzug und HandlungsResultat ersichtlich. So können sehr stark ausgeprägte Handlungserwartungen und Handlungsvollzüge, jedoch ein niedriges Handlungsresultat vorliegen. Hier müsste das *Wie* einer (anderen, mehr effizienten) Handlung im Vordergrund stehen. Bei gleich starker Ausprägung auf allen vier Ebenen wäre die Frage zu beantworten, wie mit „weniger … gleich viel …“ erreicht werden könnte. Es sind hier verschiedenste Konstellationen und damit auch Fragen und Anregungen möglich.

Ebenso wichtig ist es auch, den möglichen Zuwachs an Intensität in verschiedenen Kompetenzrichtungen unter Stress sowie den nicht selten schmalen Grad zwischen empfundenen Eu- und Disstress zu kennen. So können kurzfristig Kompetenzen auf hohem Entäußerungsniveau durch Übertreibungen zu besonderen Leistungen führen; die Übertreibungen müssen jedoch kontrollierbar und zurücknehmbar sein, sonst kann es zu psychischen und physischen Schäden kommen. Dieses „Herauskitzeln des Letzten“ ist in allen Tätigkeiten beobachtbar, besonders jedoch beim Sport und in der Musik.

Montserrat Caballé und José Collado zu den Schlossfestspielen St. Emmeran 2008, Foto: altrofoto Regensburg

In der abgebildeten Situation zieht der Dirigent José Collado (Staatsoper Breslau) mit starken Aktivitäts- und Handlungskompetenzen nicht nur das stimmlich Letzte aus Montserrat Caballé heraus, sondern lässt ihren ganzen Reichtum an Personalen und Handlungskompetenzen erkennen, ihr breit angelegtes Talent.

3.3 Kompetenzentwicklung in Einheit von Wissen, Fertigkeiten, Qualifikation und Kompetenzen

Im Bereich der beruflich- betrieblichen Bildung und Weiterbildung gibt es viele kompetenzzentrierte Ansätze.

Im universitären Bereich wird um die Kompetenzbasis der Fach- und Persönlichkeitsbildung gerungen. Universitäten verfolgen den Ansatz, Kompetenzentwicklung planvoll in die Curricula einzubauen.

Im schulischen Bereich sollen die Schülerinnen und Schüler intensiv und systematisch Lernkompetenzen erwerben; dazu zählen die Sachkompetenz (Sachkenntnisse, Problemlösevermögen, Transfervermögen), die Methodenkompetenz (Beherrschung wichtiger Arbeits- und Lerntechniken) die Sozialkompetenz (Fähigkeit zur konstruktiven Teamarbeit, Beherrschung wichtiger Kommunikationsregeln und -techniken) und die personale Kompetenz (Fähigkeit sich einzuschätzen, eigene Gedanken einzubringen, Entscheidungen zu fällen, Verantwortung für das eigene Handeln und Lernen zu übernehmen). Diese Kompetenzen sollen Schülerinnen und Schüler einerseits durch Sockeltrainings und andererseits durch regelmäßige Übung im Fachunterricht erwerben.

Kompetenzentwicklung durch Kompetenztraining

Sobald durch irgendwelche quantitativen, qualitativen oder komparativen (vergleichenden) Feststellungsverfahren oder auch nur gefühlsmäßige Urteile Kompetenzdefizite offenbar geworden sind, wird in der Regel gefragt: Wie lassen sich die Defizite ausgleichen? Oder auch: Wie kann man die bereits vorhandenen Kompetenzen bewusster machen und verstärken? Oder: Wie kann man aus seinen eigenen oder aus Mitarbeiterkompetenzen das meiste herausholen? Dabei ist sicher jedem klar: Kompetenzen kann man nicht „lernen", so wie man das Einmaleins oder die Differentialrechnung oder die Abfolge historischer Ereignisse lernt. Das hängt damit zusammen, dass Kompetenzen von Werten fundiert und von Erfahrungen konsolidiert werden. Werte kann man aber nur selbst verinnerlichen, Erfahrungen nur selbst machen. Man kann zwar fremde Erfahrungen mitgeteilt bekommen, um aber eigene zu werden, müssen sie durch den eigenen Kopf, das eigene Gefühl hindurch. Das gilt ebenso für Werte, die erst zu Emotionen und Motivationen verinnerlicht werden müssen, um wirksam zu werden. Das eigene Gefühl, die eigenen Emotionen und Motivationen werden nur beteiligt, wenn man vor spannungsgeladene, dissonante, nicht durch bloße Verstandesoperationen lösbare geistige oder handlungsbezogene Problem- und Entscheidungssituationen gestellt wird.

Deshalb gilt: *Wissen* im engeren Sinne lässt sich prinzipiell (wenngleich nicht immer vorteilhaft oder ausreichend) durch *Lehrprozesse vermitteln. Kompetenzen* lassen sich nur durch emotions- und motivationsaktivierende Lernprozesse *aneignen*.

Entwicklung und Bestärkung von Kompetenzen können also nicht von Dritten wie Wissen vermittelt werden, sondern setzen intensive Selbstlernprozesse voraus, die auf die Bewältigung von echten, neuen Praxisanforderungen oder praxisgleichen Situationen in gesonderten Lernumgebungen gerichtet sind und durch übungsintensive (Trainings-) Methoden und Feedback unterstützt werden können. Im Vordergrund stehen das *Ermöglichen* und das *Unterstützen*, nicht jedoch das *Vermitteln* im schulischen oder seminaristischen Sinne.

Viele Kompetenzen bilden sich biografisch schon sehr früh heraus, und wichtige Kompetenzen werden gleichsam „nebenbei", im sozialen Umfeld oder in der unmittelbaren Arbeit erworben.

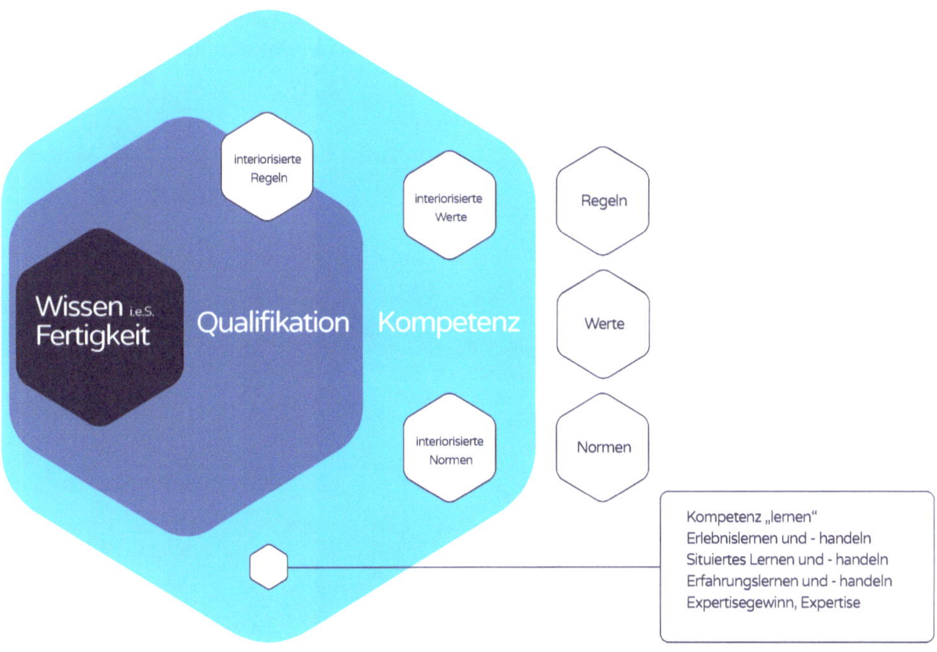

Abb. 3: Einheit von Wissen, Qualifikation und Kompetenz

Regeln, Werte und Normen lassen sich nur durch emotionale Labilisierung (über Widersprüche, Probleme, kognitive Dissonanzen) interiorisieren, d.h. zu eigenen Emotionen und Motivationen machen. Der Interiorisationsprozess ist das Zentrum jeder Wertaneignung und damit jeder Kompetenzentwicklung. Solche emotionalen Labilisierungen können in der Organisation (Arbeit, Projekt), im Coaching/Mentoring und im Training erreicht werden, nicht aber in der bloßen Weitergabe von Wissen.

Es gibt keine Kompetenzentwicklung ohne emotionale Labilisierung!

Das Verhältnis von Wissen (im engeren Sinne) und Fertigkeiten, Qualifikation und Kompetenz kann individuell oder in Gruppen sehr unterschiedlich ausgeprägt sein – wie die nachfolgende Abbildung zeigt. Was im beruflichen Alltag immer weniger gebraucht wird, ist der (ansonsten) „wenig kompetente Fachidiot". Stattdessen werden Personen gesucht, die eine gute fachliche (Wissens-)Basis aufweisen und darüber hinaus lebenserfahren, kompetent sind. Letzteres bezieht sich zum Beispiel auf solche Teilkompetenzen wie Lernbereitschaft, Offenheit für Veränderungen, Kommunikationsfähigkeit, Glaubwürdigkeit, Tatkraft.

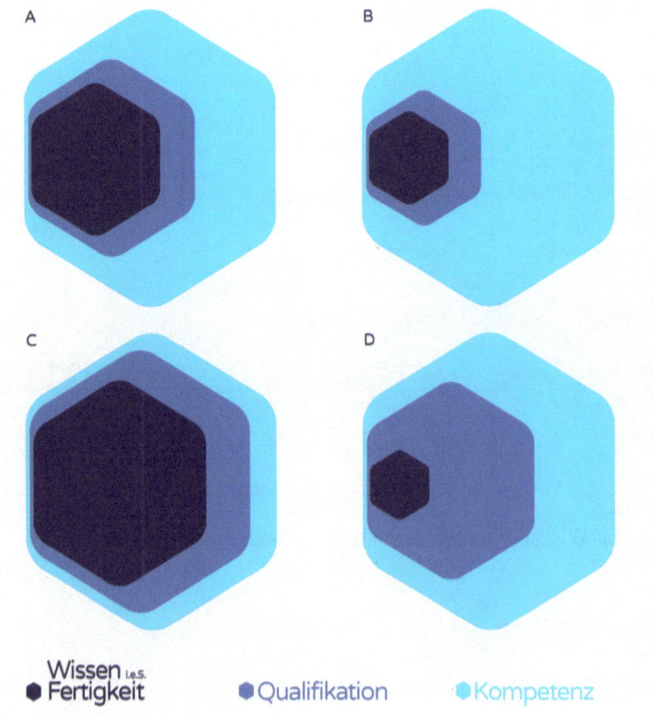

Abb. 4: Unterschiedliche Größenverhältnisse

Oft werden Wissen im engeren Sinne, Fertigkeiten und Qualifikationen umstandslos als Kompetenzen angesehen und benannt. Wissen ist jedoch niemals eine Handlungsfähigkeit, sondern eine operativ wichtige Voraussetzung dafür. Fertigkeiten und Qualifikationen beinhalten zwar Handlungsfähigkeiten, aber keine im kreativen, selbstorganisativen Sinne. Auch sie sind operative Voraussetzungen für echte, „strategische“ Kompetenzen, haben aber einen anderen Status. Hier sollen Wissen, Fertigkeiten und Qualifikationen als operative Kompetenzen gekennzeichnet werden. Das kommt auch dem Alltagsgebrauch in Unternehmen entgegen.

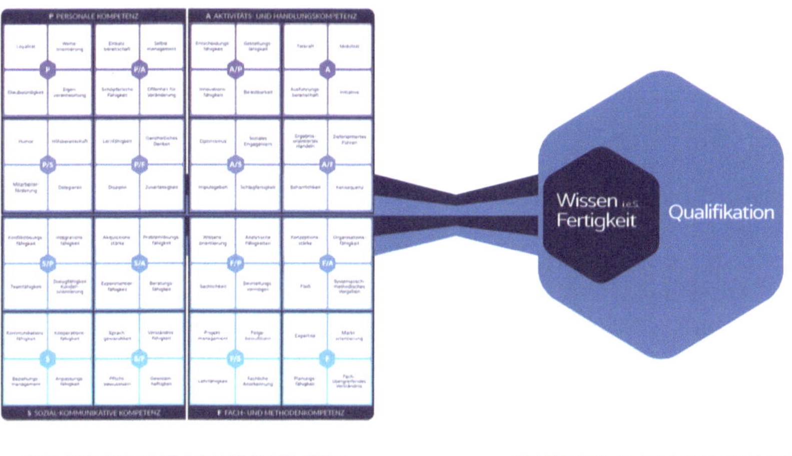

Abb. 5: Strategische und operative Kompetenzen

Das erweiterte Wechselverhältnis von Wissen im engeren Sinne, Fertigkeiten, Qualifikationen und Kompetenzen wird heute auch in Berufsgruppen diskutiert, die noch vor einigen Jahren fast ausschließlich Wissens- und Fertigkeitsbezogen bewertet wurden.

4 Wurzeln unseres Kompetenzverständnisses

Volker Heyse

Historisches Kompetenzverständnis

Competentia stammt von dem Verb competere ab: zusammentreffen, aber auch zukommen, zustehen. Zunächst stand der Begriff Kompetenz für zuständig, befugt, rechtmäßig, ordentlich, aber auch für beneficium competentiae – Sicherung des Lebensunterhalts (Römisches Recht). Seit dem 13. Jahrhundert verstand man unter Kompetenz den notwendigen Lebensunterhalt oder Notbedarf der Kleriker. Erst durch die Entwicklung des öffentlichen Rechts wurde Kompetenz als die Zuständigkeit staatlicher Organe – konkret als deren Rechte und Pflichten – definiert.

Der Begriff bezieht sich auf die Bindung einer Behörde an ihre Funktion; Befugnis, Rechtmäßigkeit von Organen, Institutionen, Personen und wurde im Verwaltungsrecht seit dem 19. Jahrhundert verankert. Die Gleichsetzung von Kompetenz und juristischer Zuständigkeit sowie fachlicher Befugnis wird beispielsweise heute noch in Banken deutlich, wenn von „Kompetenzträgern“ und deren Siegel mit den Initialen „KT“ gesprochen wird. Gemeint sind Kundenbetreuer, die zum Beispiel im Vieraugenprinzip über einen bestimmten Kreditbetrag befinden dürfen.

Moderne Kompetenzauffassungen, die die KODE® und KODE®X-Entwicklungen beeinflussten

Für diese stehen seit den 1950er Jahren vor allem folgende Auffassungen: Kompetenz ist nach dem amerikanischen Motivationspsychologen R. W. White (1959) eine intrinsisch motivierte Interaktion mit der Umwelt, die zur selbstorganisierten Herausbildung des individuellen Selbst führt. Kompetenz ist eine grundlegende Fähigkeit (weder genetisch angeboren noch ein biologisches Reifungsprodukt), die vom Individuum selbst hervorgebracht wird und sich in selbst motivierter Interaktion mit der Umwelt herausbildet.

Der Sprachwissenschaftler Noam Chomsky bezeichnete schon 1960 Kompetenz als eine Fähigkeit, die es ermöglicht, mit Hilfe eines begrenzten phonetischen Inventars und einer limitierten Zahl von Kombinationsregeln eine potentiell unendliche Zahl neuer Kommunikationsprozesse und -inhalte selbstorganisiert zu generieren und zu verstehen. Die Performanz verweist auf die konkrete Umsetzung.

David McClelland begründete 1973 den „competency approach" der Motivationspsychologie in den USA und entwickelte einen Ansatz zur Messung von Kompetenzen. Allerdings gibt es in McClellands Werk keine Definition zum Kompetenzbegriff

Dieter Mertens, der „Vater" des Begriffes „Schlüsselqualifikation", definierte diesen Begriff 1974 sehr breit und erfasste schon damals Aspekte, die heute den Kompetenzen zugeordnet werden. Er umriss Schlüsselqualifikationen als Kenntnisse, Fähigkeiten und Fertigkeiten, welche nicht unmittelbaren und begrenzten Bezug zu bestimmten, disparaten praktischen Tätigkeiten erbringen, sondern vielmehr als a) die Eignung für eine große Zahl an Positionen und Funktionen als alternative Optionen zum gleichen Zeitpunkt, und b) die Eignung für die Bewältigung einer Sequenz von (meist unvorhersehbaren) Änderungen von Anforderungen im Laufe des Lebens.

Die Pädagogen Rolf Arnold und Horst Siebert u.a. begründeten den Pädagogischen Konstruktivismus (eine spezifische Selbstorganisationstheorie) ab Mitte der 1980er Jahre und interpretierten den Lernprozess als einen individuellen Vorgang der aktiven Wissenskonstruktion.

Wissen wird nicht einfach angeeignet oder durch Instruktion übernommen, sondern selbstorganisiert und individuell unterschiedlich konstruiert. Dementsprechend ist Wissen nicht direkt vermittelbar („Erwachsene sind lernfähig, aber unbelehrbar“). Sie bemühten sich um eine Ermöglichungsdidaktik!

Seit der Mitte der 1990er Jahre wurden in Deutschland über das Bundesministerium für Bildung und Wissenschaft umfängliche Forschungs- und Anwendungsprojekte unter den Leitideen „Von der Qualifikation zur Kompetenz“ und „Lernkultur Kompetenz“ unterstützt und insbesondere über die Arbeitsgemeinschaft Betriebliche Weiterbildungsforschung (ABWF) e. V. koordiniert. So galt es auch, klar zwischen den Begriffen Schlüsselqualifikation, Wissen, Soft Skills, Kompetenzen zu unterscheiden. Später kamen Talent und weitere dazu. Bei allen Unterschieden im Detail folgten die vielen Einzelarbeiten doch einem Trend: Angesichts einer zunehmend komplexen, problematischen und unsicheren Umgebung (Risikogesellschaft) sowie zunehmenden Nichtwissens wurden Kompetenzen als Handlungsfähigkeiten eines „ins Offene“ hinein kreativen Handelns benannt, also als Selbstorganisationsfähigkeiten (Selbstorganisationsdispositionen) erkannt.

Selbstorganisationstheorie und Kompetenzmodell

Was ist Selbstorganisation?

Erstens: Selbstorganisation und selbstorganisiertes Verhalten sind reale, beobachtbare Phänomene – und viel häufiger als deterministische Vorgänge.

Zweitens: Moderne Selbstorganisationstheorien beschreiben solche Systeme: die thermodynamische Selbstorganisationstheorie, der ursprünglich biologisch orientierte Konstruktivismus und die systemtheoretische Synergetik.

Drittens: Komplexe Systeme erzeugen nichtvoraussagbare innere Systemzustände („Ordner") und verhalten sich nichtvoraussagbar schöpferisch („autopoietisch").

Unser Kompetenzmodell sowie die Verfahren KODE® und KODE®X sind theoretisch stark durch den Physiker und Chaostheoretiker H. Haken geprägt. (Haken, 2004)

Kompetenzen wurden von uns (Erpenbeck/Heyse) von Anfang an als Fähigkeiten zum selbstorganisierten, kreativen Handeln, als Selbstorganisationsdispositionen gefasst.

Dieser Anschauung liegen im Wesentlichen zwei Selbstorganisationstheorien zugrunde. Man kann sie zum einen auf die Autopoiesetheorie (Maturana, Varela), weiterentwickelt zum (radikalen) Konstruktivismus (S.J. Schmidt) zurückführen. Der Ansatz hat sich besonders im pädagogischen Bereich durchgesetzt (Arnold, Siebert). Man kann sie zum anderen an die Synergetik (Haken) anschließen. Obwohl die Autopoiesetheorie ursprünglich der Biologie, die Synergetik ursprünglich der Physik entstammt, stellen beide zu analogen Aussagen gelangende allgemeine Systemtheorien dar, darin der klassischen Kybernetik ähnlich. Deshalb spricht man oft von der Selbstorganisationstheorie als Kybernetik 2. Eine Verallgemeinerung des Ansatzes ist der Versuch, Kompetenzen auf die Komplexitätstheorie zu gründen (Kappelhoff).

Markante Unterschiede liegen darin, dass

- die Synergetik mathematisiert ist, konstruktivistische Ansätze in der Regel nicht;
- der Konstruktivismus das Beobachterproblem hervorhebt (zuweilen zum Solipzismus überspitzt, wonach nur das eigene Ich wirklich ist, während die Außenwelt und andere fremde „Ichs“ nur Bewusstseinsinhalte ohne eigene Existenz darstellen), das in der naturwissenschaftlich-realistischen Denktradition keine Rolle spielt,
- die Synergetik mit dem Ordnerprinzip einen neuartigen Gedanken einbringt, der im Konstruktivismus nicht vorkommt. Dieser Gedanke erlaubt beispielsweise, Werte (Kernbestandteil von Kompetenzen) als Ordner zu deuten und zu entwickeln.

Selbstorganisationstheoretische Modellierungen von Kompetenzentwicklungsprozessen erlauben insbesondere:

1. die Gemeinsamkeiten und Unterschiede von fremdorganisiert-instruktivistischen, selbstgesteuerten und selbstorganisierten Lernen deutlich zu machen
2. durchzusetzen, dass Lehren nicht instruktivistisch verstanden wird, dass Lernen als ein individuelles, aber in sozialen Kontexten stattfindendes Konstruieren und Umkonstruieren von inneren Welten aufgefasst wird, das nur zu einem geringen Teil von außen angestoßen, keinesfalls aber im Verlauf und Ergebnis gesteuert werden kann
3. den Umgang mit Komplexität qualitativ und quantitativ zu erfassen
4. Probleme der Intentionalität und des freien Willens neuartig zu lösen
5. die Emergenz kollektiver Phänomene zu beschreiben
6. das Verhältnis von kognitiver Autonomie und sozialer Orientierung zu begreifen und damit
7. die Rolle von Werten und kulturellen Faktoren im Lern- und Lebensprozess stimmig zu analysieren.

Das gilt für beide Selbstorganisationstheorien in ihren verschiedenen Ansätzen.

5 Zusammenhang zwischen Idealen, Werten und Kompetenzen

Volker Heyse

Zwischen Ideal und Wirklichkeit klaffen oft Welten: Wir glauben sehr wohl zu wissen, wie der ideale Verkäufer, Manager oder Wissenschaftler beschaffen sein sollte. Formulieren wir jedoch – als realer Verkäufer, Manager oder Wissenschaftler – unsere Absichten, können sie von unseren Idealen beträchtlich abweichen.

KODE® erfasst diese Differenzen von Ideal und Wirklichkeit in Bezug auf unsere Kompetenzen: Welche Kompetenzen hätten wir gern, könnten wir sie frei wählen – und welche unserer real vorhandenen Kompetenzen setzen wir normalerweise oder in besonders schwierigen Situationen ein? Stimmen Kompetenzideal und -wirklichkeit weitgehend überein, lässt sich ein Handeln erwarten, das mit den im „traditionellen" KODE® gemessenen Kompetenzen in Übereinstimmung steht. Weichen Kompetenzideal und -wirklichkeit beträchtlich voneinander ab, kann sich das reale Handeln ganz anders gestalten, als es die gemessenen Kompetenzen vermuten lassen.

KODE® bietet damit zwei grundsätzlich neue Möglichkeiten für Personalentwicklung und Training:

- Es gestattet, Diskrepanzen zwischen Wollen und Können zu messen und zu erklären.
- E gestattet, die Ideale und die realen Absichten besser in Übereinstimmung zu bringen, entweder, indem neue Ideale gewonnen oder indem die realen Absichten den Idealen genähert werden.

Ideale sind wertebegründete Normen, die unseren Absichten und Verhaltensweisen Maß und Richtung geben. Unterschiedlichen Idealen liegen unterschiedliche Wertevorstellungen zugrunde.

Werte sind Bezeichnungen dafür, „was aus verschiedenen Gründen aus der Wirklichkeit hervorgehoben wird und als wünschenswert und notwendig für den auftritt, der die Wertung vornimmt, sei es ein Individuum, eine Gesellschaftsgruppe oder eine Institution, die einzelne Individuen oder Gruppen repräsentiert" (Baran 1990). Alle Werte sind Wertungsresultate, aus Wertungsprozessen herrührend. Es gilt also die Gleichsetzung Wert = Wertung = Wertungsresultat.

Kompetenzen beschreiben die Selbstorganisationsfähigkeiten (-dispositionen) von Individuen, Teams oder Organisationen. Kompetenzen und Werte stehen in engem Zusammenhang: Verinnerlichte, „interiorisierte" Werte sind Kern der Fähigkeiten eines Individuums, das eigene Verhalten und Handeln selbst zu organisieren. Analog sind Werte Kern der Kompetenzen von Teams und Organisationen.

Kompetenzen und Werte hängen folglich eng zusammen. In Bezug auf die grundlegenden Kompetenzen von Individuen – personale, aktivitätsbezogene, fachlich-methodische und sozial-kommunikative – lassen sich deshalb, je nach Bevorzugung, vier grundlegende Wertungen (Werte) unterscheiden, die mit den Kompetenzen überkreuz verflochten sind (Erpenbeck 2018, S. 212–214):

„Genusswertungen" werden in der Literatur oft als hedonistische Wertungen bezeichnet. Sie rücken leibliche und geistige Genüsse in den Mittelpunkt. Letztlich kann fast alles zum Genuss werden, sinnliche Genüsse ebenso wie ästhetisch-intellektuelle. Genusswertungen sind handlungsleitende Ordner, die den Wertenden dazu bringen, Handlungen zu bevorzugen, die ihm – physischen oder geistigen – Genuss verschaffen. Dabei kann es sich um das Genießen von Essen oder Kunst, aber auch von physischer Anspannung und Herausforderung handeln, es kann sich auf den Genuss am Denken aber auch auf den Genuss freundschaftlicher oder anerkennender sozialer Kontakte bis hin zum „Bad in der Menge" beziehen.

Nutzenswertungen werden in der Literatur oft als utilitaristische Wertungen bezeichnet. Sie beziehen sich auf alles, was irgendwie zu benützen, irgendwie nützlich ist. Obwohl der Ausdruck utilitaristisch aus der Ökonomie stammt und wirtschaftliche Überlegungen am meisten zum Verständnis beigesteuert haben, greift er doch wesentlich weiter. Heute ist die Kategorie Nutzen Kern jeder modernen Kosten-Nutzen-Analyse, beispielsweise in der Betriebswirtschaftslehre. Der Nutzen stellt den Kern vieler ökonomischer Theorien und somit des wirtschaftlichen Handelns dar und ist deshalb eines der zentralen ökonomischen Konstrukte. Nutzenswertungen sind handlungsleitende Ordner, die Wertende Handlungen bevorzugen lassen, die ihnen Nutzen im weitesten Sinne versprechen. Dabei kann es sich um den Nutzen aus genialen Entdeckungen und Entwicklungen handeln, oder um ökonomischen Nutzen, um den Nutzen, den ein Erfinder aus seinem fachlichen und methodischen Wissen zieht oder um den Nutzen der aus einer Organisation oder einem Beziehungsgeflecht zu ziehen ist.

Ethisch-moralische Wertungen sind stets auf konkrete Individuen, auf einzelne Menschen gerichtet. Sie sind unidirektional: Kollektive Subjekte können das Denken und Handeln einzelner Menschen ethisch-moralisch werten, kollektive Subjekte sollten nicht ethisch-moralisch gewertet werten. Sie gehen vorwiegend von objektiven und subjektiven Bedürfnissen und Interessen konkreter Individuen nach gesellschaftlicher Organisation aus und weisen eine Homogenisierungstendenz auf: Sie gelten tendenziell für alle konkreten Individuen gleichermaßen, welchen sozialen Stufen sie ansonsten auch zugehörig sind, sie folgen damit dem Aspekt der Gleichheit. Sie weisen zudem eine so zu nennende Verewigungstendenz auf: Sie gelten scheinbar über viele Stadien sozialer Veränderungen und politischer Umbrüche hinweg, werden von diesen eher modifiziert als außer Kraft gesetzt. Diese Wertungen bauen auf ein eigenes Arsenal von hoch und manchmal unzulässig verallgemeinerten Begriffen auf: Gutes, Pflicht, Gewissen, Ehre, Glück usw. Ethisch-moralische Wertungen sind handlungsleitende Ordner, die dem einzelnen Wertenden Handlungen nahe legen, die das Wohl vieler oder aller Menschen ohne Ansehen der Person zum Handlungsanliegen machen. Dabei kann es sich um ethisch hochstehende und als solche akzeptierte Personen handeln oder um ihr Wirken, ethische Grundsätze auch aktiv und praktisch durchzusetzen. Es kann um die Fähigkeit gehen, ethisches Verhalten wissenschaftlich zu begründen und methodisch weiterzugeben, oder aber um die Fähigkeit, sich ethischen Maßstäben folgend um viele Menschen zu kümmern, zu helfen, Gutes zu tun.

Politisch-weltanschauliche Wertungen können sowohl auf einzelne Menschen wie auf kollektive Subjekte gerichtet sein. Sie sind bidirektional: Einzelne Menschen sowie kollektive Subjekte können das Denken und Handeln einzelner Menschen sowie das anderer kollektiver Subjekte politisch-weltanschaulich werten. Sie gehen vorwiegend von objektiven und subjektiven Bedürfnissen und Interessen kollektiver Subjekte, etwa von Teams, Organisationen, Unternehmen, Parteien, Ländern, Nationen usw. nach gesellschaftlicher Organisation aus. Sie weisen eine Enthomogenisierungstendenz auf: Sie beziehen sich auf vielfältig strukturierte, nichthomogene soziale Strukturen und gelten für diese ganz unterschiedlich, meist unter Aspekten der Macht. Sie weisen zudem eine Tendenz zur zeitlichen Begrenztheit auf: Soziohistorische Veränderungen, Umwälzungen, Revolutionen erzeugen immer neue Formen von Gruppen-, Klassen-, Nationen- und Völkerwertungen. Diese Wertungen bauen ein eigenes Arsenal von hoch und manchmal unzulässig verallgemeinerten Begriffen auf: Freiheit, Fortschritt, Demokratie, Gerechtigkeit, Sicherheit, Solidarität, Patriotismus usw. Politisch-weltanschauliche Wertungen sind handlungsleitende Ordner, die Einzelne oder Gruppen (Vereine, Gemeinschaften, Parteien, Bündnisse, Unternehmen, Organisationen …) zu einem sozial akzeptierten, optimalen oder auch zu einem innovativen, sogar revolutionären Handeln bewegen. Dabei kann es sich, auf Einzelne bezogen, um Menschen handeln, die durch ein großes „Charisma" andere zu einem solchen Verhalten bewegen, oder um Menschen, die durch große Aktivität solche Werte Wirklichkeit werden lassen. Sie können inhaltlich und systematisch durchdacht in Beratungsprozesse einfließen oder aber durch dazu fähige Menschen in unterschiedlichen sozialen, politischen Bezügen und Gremien kommuniziert werden.

II. Kapitel: KODE®

1 KODE® als Verfahrenssystem

Volker Heyse

1.1 Sinnhaftigkeit der Verfahrensentwicklung

WARUM muss es unbedingt KODE® sein oder tun es nicht andere bekannte Verfahren auch? Es „muss“ nicht. Natürlich gibt es viele Verfahren, die Kompetenzen *ausschnittsweise* messen. Dazu gehören beispielsweise alle Persönlichkeitstests. Allerdings sind die Verfahren zu anderen Zeiten und vor allem zu anderen Zwecken entwickelt worden. Die nachfolgende Abbildung zeigt die wichtigsten Managementtheorien zwischen den Jahren 1950 und 2010, die auch Entstehungszeitpunkte bekannter Diagnoseverfahren waren. Deutlich geht aus der Darstellung hervor, dass KODE® ein junges deutsches Verfahren ist und auf den neuesten Managementtheorien basiert, das die Kompetenzen zentral und ausführlich misst und die Ergebnisse mit umfassenden Interpretationsangeboten und Entwicklungsempfehlungen verbindet.

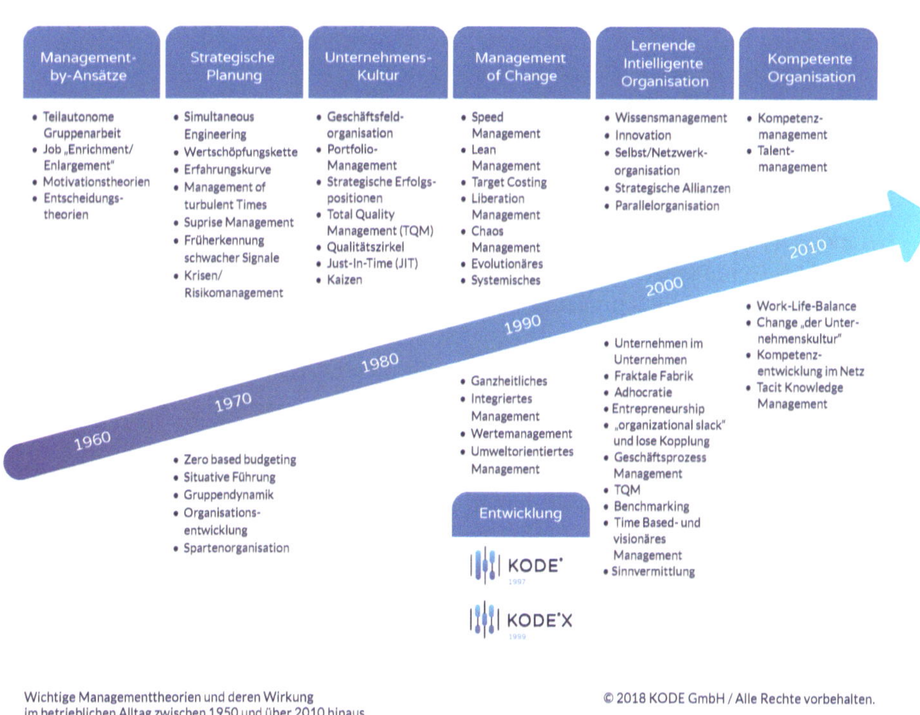

Abb. 6: Wichtige Managementtheorien und deren Wirkung im betrieblichen Alltag zwischen 1950 und über 2010 hinaus

Die Erweiterung der Abb. 6 in Richtung 2020 und darüber hinaus führt zum *Mangement digitaler Disruption* mit solchen Aspekten wie internationales, multidisziplinäres Networking/Arbeit 4.0/Megatrends der Digitalisierung/Selbstmanagement/Crodworking/nicht-lineares Denken/Job-Hopping/Zusammenwachsen von kreativer und produzierender Arbeit/Kompetenzentwicklung/Big Data/Business Rules Management/Führen auf Distanz …

Im Kapitel III dieses Buches (Qualitätsanforderungen an KODE®) wird auf internationale Verfahrensentwicklungen in Bezug auf diese Managementtheorien (siehe Abb. 6) hingewiesen und bekannte Verfahren in ihrer historischen Entstehung zugeordnet. Zugleich wird auch tabellarisch die Nähe oder Distanz der einzelnen Verfahren zur Kompetenzmessung dargestellt.

1.2 Methodische Basis

KODE® ist ein objektivierendes Einschätzungsverfahren für den Vergleich von Kompetenzausprägungen; die Einschätzungsergebnisse werden quantifiziert und ggf. in zeitlicher Entwicklung verglichen. Es hat die Gesamtheit der Grundkompetenzen im Blick und knüpft *methodologisch* an klassische Satzergänzungs- und Multiple-Choice-Verfahren an.

KODE® basiert auf

- vieljährigen theoretischen und empirischen Arbeiten von John Erpenbeck und Volker Heyse und etlicher KODE® Lizenznehmer;
- einem konsequent *selbstorganisationstheoretischen Modell*, abgeleitet aus Auffassungen der Synergetik (Haken 1990 und im erweiterten Zusammenhang auch: Prigogine 1979, Maturana/Varela 1987). Damit meint Selbstorganisation nicht bloß ein „selbst etwas tun" sondern einen klar zu umreißenden und zu modellierenden Prozesszusammenhang. Die Kompetenzbegriffe werden so einer aufzählenden Beliebigkeit entrissen und systematisch begründet. Die „Eingriffsmöglichkeiten" in die Kompetenzentwicklung werden ebenso deutlich wie deren Grenzen;
- den fundamentalen Managementarbeiten von Peter Drucker und Fredmund Malik sowie von Gilbert J. B. Probst.

Die Kompetenzdiagnostik ermöglicht die Erfassung der Schlüsselkompetenz-Ausprägungen unter „normalen" sowie unter „schwierigen" Lebens- und Arbeitsbedingungen (Konflikte, Stress, psycho-physisch-soziale Überforderungen oder akute Unterforderungen, Mangel an prägnanten Information und Zeitdruck …). Hiermit wird versucht, die unterschiedlichen Anforderungssituationen und entsprechenden individuellen Handlungsantworten und somit das Verhalten gegenüber Komplexität, Dynamik, Wandel zu erfassen.

Das KODE® System umfasst neben den Selbst- und Fremdeinschätzungsfragebögen und den Auswertungsrastern auch einen Katalog von Interpretationsvorschlägen der Kompetenzverteilungen und ein umfassendes Trainingskompendium, das Tools und systematische Vorschläge zur Kompetenzförderung beinhaltet. Diese Vorschläge sind auch in das Handbuch „Kompetenztraining“ mit Modularen Informations- und Trainingsprogrammen *MIT* (Heyse/Erpenbeck, 2009, 2. Aufl.) eingeflossen.

Das KODE® System liegt in einer PC-Version vor, die eine automatisierte, online betriebene Auswertung gestattet.

1.3 Der KODE® Anspruch

Im Folgenden gehen wir auf KODE® näher ein. Das mit diesem Namen verbundene Verfahrenssystem wurde seit 1994 in Deutschland entwickelt und 1998 zum ersten Mal in der Ausbildung lizenzierter KODE® Berater eingesetzt sowie in der Folgezeit ständig weiterentwickelt. Es wurde bei den Patentämtern Deutschland, Österreich, Schweiz warenrechlich eingetragen und geschützt.

KODE® ist die Abkürzung von ***Ko***mpetenz-***D***iagnostik und -***E***ntwicklung. Es ist ein Verfahrenssystem mit verschiedenen Kompetenzermittlungs- und Entwicklungstools. Letztere sind die Grundlage für moderne (Selbst-)Trainings, für Coaching und Mentoring.

KODE® ist weltweit das erste Analyseverfahren, das die vier menschlichen Grundkompetenzen (die personale Kompetenz, die aktivitäts- und handlungsbezogene, die fachlich-methodische sowie die sozial-kommunikative Kompetenz)

- direkt misst,
- sich konkret auf die moderne *Selbstorgansationstheorie* gründet,
- konkret auf Kompetenzentwicklung und nicht nur auf Kompetenzfeststellung ausgerichtet ist, und
- Personen, Teams und Unternehmen exakt und unter einem gemeinsamen Blickwinkel zu analysieren gestattet.

Die Kompetenzdiagnostik steht – außerhalb von Rekrutierungsaufgaben – nie allein, sondern sollte als Mittel zum Zweck eingesetzt werden: zur Anregung von Kompetenzverstärkung und -entwicklung.

KODE® gibt konkrete Antworten und Anregungen zum *Tun*:

- Viele Menschen, Teams, Organisationen wissen nicht, was in ihnen steckt. Sie nutzen ihre Kompetenzen und Stärken nur unsystematisch, teilweise, sporadisch. Sie begrenzen damit ihre eigenen Wettbewerbsmöglichkeiten und ihre eigene *Entwicklung*.
- Viele Menschen, Teams und Organisationen setzen in ihrer Tätigkeit persönliche und Team-Stärken, Vorlieben und Talente zu wenig ein und nutzen vorhandene Synergien kaum. Sie begrenzen damit ihren eigenen *Erfolg*.
- Viele Menschen, Teams und Organisationen verlieren sich in Illusionen und unstrukturierten Zielen. Sie begrenzen sich durch die Unfähigkeit, *Entscheidungen* zu treffen.

- Viele Menschen, Teams und Organisationen setzen sich durchaus löbliche Vorsätze (und Leitbilder). Sie begrenzen sich, indem sie diese nie *umsetzen.*
- Viele Menschen, Teams und Organisationen erkennen vorhandene Kompetenzen und implizite Erfahrungen nicht (an). Sie begrenzen damit ihre offensive berufliche Zielplanung.

KODE® eignet sich sehr gut zur Erfolgsberatung von Menschen, Teams und Organisationen. Das Verfahren unterstützt die Beratenen, ihre Erfolge zu planen und ihre Kompetenzen und Stärken zu erkennen, zu entwickeln, einzusetzen sowie aktiv Rückmeldungen über Verhaltens- und Aktionsergebnisse zu bekommen.

Der KODE® Nutzer erhält

- ein differenziertes Bild der personalen Kompetenzen, fachlich-methodischen, Aktivitäts- und Handlungskompetenzen sowie der sozial-kommunikativen Kompetenzen – und das bezogen auf verschiedene Anforderungssituationen
- Kompetenzbilanzen – ebenfalls bezogen auf verschiedene Anforderungssituationen
- eine Einschätzung der lang- und kurzfristigen Handlungsziele und Wertorientierungen
- Detailhinweise zum *Selbst*-Management (einschließlich Zeitverhalten)
- vielfältige und realistische Anregungen insbesondere zur Verbesserung
  - der Kommunikation
  - der Zusammenarbeit mit anderen in Gruppen und Teams
  - der Begegnung und Bewältigung von Konflikten
  - der Durchsetzungsfähigkeit
  - der physischen und psychischen Belastbarkeit
  - der konzeptionellen Arbeit und systematischen Lösung von Problemen.

Neben vielfältigen Grundorientierungen und -anregungen stehen dem Nutzer seit 2004 insgesamt 64 und seit 2009 insgesamt 80 Informations- und *Selbst*-Trainingsprogramme (MIT) zur differenzierten Entwicklung einzelner Teilkompetenzen (wie Problemlösungsfähigkeit, Belastbarkeit, Dialogfähigkeit/Kundenorientierung, Glaubwürdigkeit, Analytische Fähigkeiten …) zur Verfügung: seit 2009 insgesamt 64 für Mitarbeiter und Führungsnachwuchskräfte und 16 darüber hinaus speziell für Führungskräfte. (Heyse/Erpenbeck, 2009) Die MIT sind mit durchschnittlich acht Seiten sehr handlungsorientiert und auf das Wesentliche konzentriert.

Diese MIT wurden 2018 grundlegende überarbeitet und erweitert. Es wurden die aktuellen Entwicklungen der Arbeitswelt und des Führungsalltages einbezogen. Exemplarisch seien hier die Digitalisierung, Arbeit 4.0, Führung 4.0 sowie die damit einhergehenden agilen Arbeitsmethoden genannt.

Bei der Neugestaltung sind wir konsequent von der Erkenntnis ausgegangen, dass die Menschen ihre Kompetenzen nur selbstorganisiert bei der Bewältigung herausfordernder Aufgaben und Projekte in ihrem Alltag entwickeln können. Deshalb wird zunächst die Bedeutung der jeweiligen Kompetenz für die aktuellen Herausforderungen erläutert, dann der Begriff definiert, beschrieben und zu möglichen Übertreibungen abgegrenzt. Danach werden aktuelle Trends und Methoden dargelegt. Eine zentrale Rolle spielen Reflexionen in Form von Selbstchecks, die den Mitarbeitenden helfen, Ihre Kompetenzentwicklungsziele zu formulieren, geeignete Entwicklungsmöglichkeiten zu identifizieren und den Stand ihrer Kompetenzentwicklung zu überprüfen.

Für die lizensierten KODE® und KODE®X-Berater stehen nun 64 modular aufgebaute KompetenzEntwicklungsprogramme (KEP) für Mitarbeiter sowie 22 KEP für Führungskräfte zur Verfügung. Alle KEP können ebenfalls als Web Based Trainings (WBT) im SCORM Standard genutzt werden und somit in jede gängige Lernplattform integriert werden.

Auf der Grundlage von KODE® können somit persönliche Entwicklungspläne erstellt und realisiert werden.

2 KODE® als Diagnoseverfahren und Haupteinsatzgebiete

2.1 Kompetenzdiagnostik und deren Erfassungsmöglichkeiten

Für die Kompetenzdiagnostik stehen gegenwärtig 8 Erfassungsmöglichkeiten in Fragebogen-Formaten zur Verfügung:

- Individuelle Kompetenz (Erwachsene): Selbsteinschätzung
- Individuelle Kompetenz (Schüler, Jugendliche): Selbsteinschätzung
- Individuelle Kompetenz (Erwachsene): Fremdeinschätzung (also durch Dritte)
- Individuelle Kompetenz (Jugendliche): Fremdeinschätzung (also durch Dritte)
- Teamkompetenzen: Einschätzung der Soll-Erwartung und des Ist-Zustandes durch Teammitglieder oder Außenstehende (Team als Subjekt)
- Organisationale Kompetenzen/Erwartungen an die Organisation
- Familieneinschätzungen (Selbst, Fremd) im Rahmen der Unternehmensnachfolge.

Die KODE® Diagnostik kann mühelos mit einer Wertediagnostik verbunden werden – zum Beispiel im Rahmen von Wertemanagement-Untersuchungen und Konfliktberatung sowie bei der Erarbeitung von Visionen, Leitbildern und Führungsgrundsätzen.

Die KODE® Fragebögen für Selbst- und Fremdeinschätzungen für Erwachsene liegen auch in Englisch, Farsisch, Französisch, Griechisch, Hocharabisch, Italienisch, Kroatisch, Niederländisch, Persisch, Polnisch, Portugisisch, Russisch, Spanisch und Türkisch (Zentraltürkisch sowie Westeuropäisch versetzt) vor. Alle Einzelauswertungen können mit der KODE® Software in Deutsch, Englisch sowie in Französisch vorgenommen und abgerufen werden. Seit 2018 liegt auch eine barrierefreie Version in Deutsch vor, die in der Bundesagentur für Arbeit geprüft und bestätigt wurde.

KODE® kann von lizenzierten Beratern separat oder in Kopplung mit anderen diagnostischen Instrumenten eingesetzt werden und ebenso in Kopplung mit Trainings- und Coachingprogrammen im Rahmen von OE-/PE-Maßnahmen.

Kompetenzen sind Selbstorganisationsdispositionen von Individuen, Teams, Unternehmen/Organisationen

In der Regel werden Handlungen selbstorganisiert, deren Ergebnisse aufgrund der Komplexität der Handelnden (Individuen, Teams, Unternehmen/Organisationen) und der Handlungszusammenhänge sowie der Komplexität der Handlungssituation und des Handlungsverlaufs (System, Systemumgebung, Systemdynamik) nicht oder nicht vollständig voraussagbar sind.

Selbstorganisierte Handlungen können sein:

a. Gedankliche und instrumentelle Handlungen: z.B. Problemlösungsprozesse, kreative Denkprozesse, konkrete Handlungsvollzüge, Tätigkeiten, Produktionsaufgaben
b. Kommunikative Handlungen: z.B. Gespräche, Verkaufstätigkeiten, Selbstdarstellungen
c. Reflexive Handlungen: z.B. Selbsteinschätzungen, Selbstveränderungen, neue Selbstkonzeptbildungen
d. Handlungsgesamtheiten: z.B. gesamte Handlungsspektren kreativer Mitarbeiter, Teams oder Unternehmen/Organisationen.

Die unterschiedlichen Dispositionen (Fähigkeiten, implizite Erfahrungen, Möglichkeiten, Bereitschaften) bilden unterscheidbare und diagnostizierbare Kompetenzen. Man kann, in Reihenfolge des KODE® Systems geordnet, folglich unterscheiden:

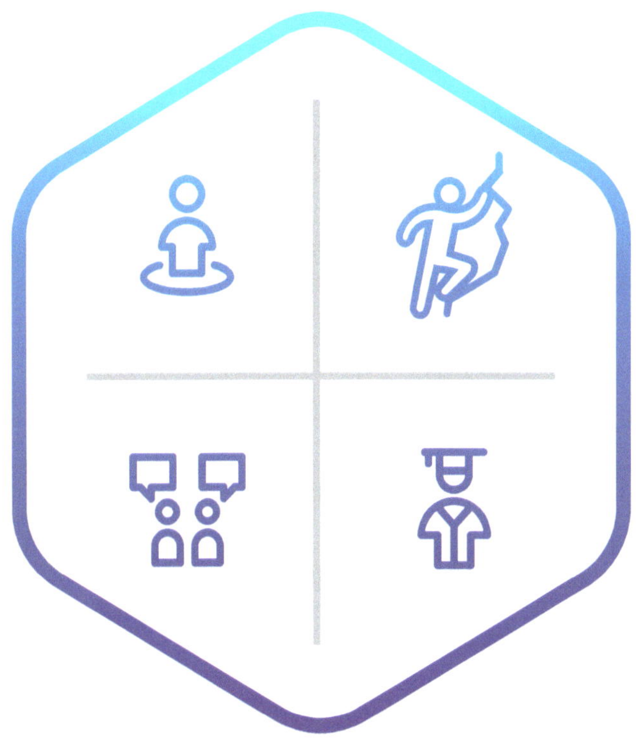

PASF - Icons

Abb. 7: P/A/F/S-Symbole

P	Personale Kompetenzen

sind die Dispositionen, reflexiv selbstorganisiert zu handeln, d.h. Selbsteinschätzungen vorzunehmen, produktive Einstellungen, Wertvorstellungen, Motive und Deutungen zu entwickeln, Motivationen und Leistungsvorsätze auf allen Ebenen zu entfalten und im Rahmen der Arbeit und anderer Tätigkeiten Kreativität zu entwickeln und zu lernen.

A	Aktivitäts- und Handlungskompetenzen

sind die Dispositionen, gesamtheitlich selbstorganisiert zu handeln, d.h. Initiativen und Umsetzungsanstrengungen von Individuen, Teams und Unternehmen/Organisationen zu aktivieren und in die Bewältigung von Vorhaben zu integrieren.

F	Fach- und Methodenkompetenzen

sind die Dispositionen, gedanklich – methodisch selbstorganisiert zu handeln, d.h. einerseits, mit fachlichen Kenntnissen und fachlichen Fertigkeiten kreativ Probleme zu lösen, das Wissen sinnorientiert einzuordnen und zu bewerten, andererseits Tätigkeiten Aufgaben und Lösungen methodisch kreativ zu gestalten und von daher das gedankliche Vorgehen zu strukturieren.

S	Sozial-kommunikative Kompetenzen

sind die Dispositionen, kommunikativ und kooperativ selbstorganisiert zu handeln, d.h. sich als Individuum, Team oder Unternehmen/Organisation mit anderen kreativ auseinander- und zusammenzusetzen, sich beziehungsorientiert zu verhalten um gemeinsam neue Pläne und Ziele zu entwickeln.

Kompetenzgruppen

Gemessen werden also die vier Kompetenzgruppen

- Personale Kompetenz (P),
- Aktivitäts- und Handlunskompetenz (A),
- Fach- und Methodenkompetenz (F) und
- Sozial-kommunikative Kompetenz (S).

Jede Kompetenzdimension (hier mit dem Singular bezeichnet: z.B. Personale Kompetenz) enthält unterschiedliche Einzelkompetenzen (hier mit dem Plural bezeichnet: z.B. personale Kompetenzen). Empirisch konnten 64 Teilkompetenzen nachgewiesen werden. Sie kommen zum größten Teil als Kompetenz-Mix zur Wirkung. Die vier

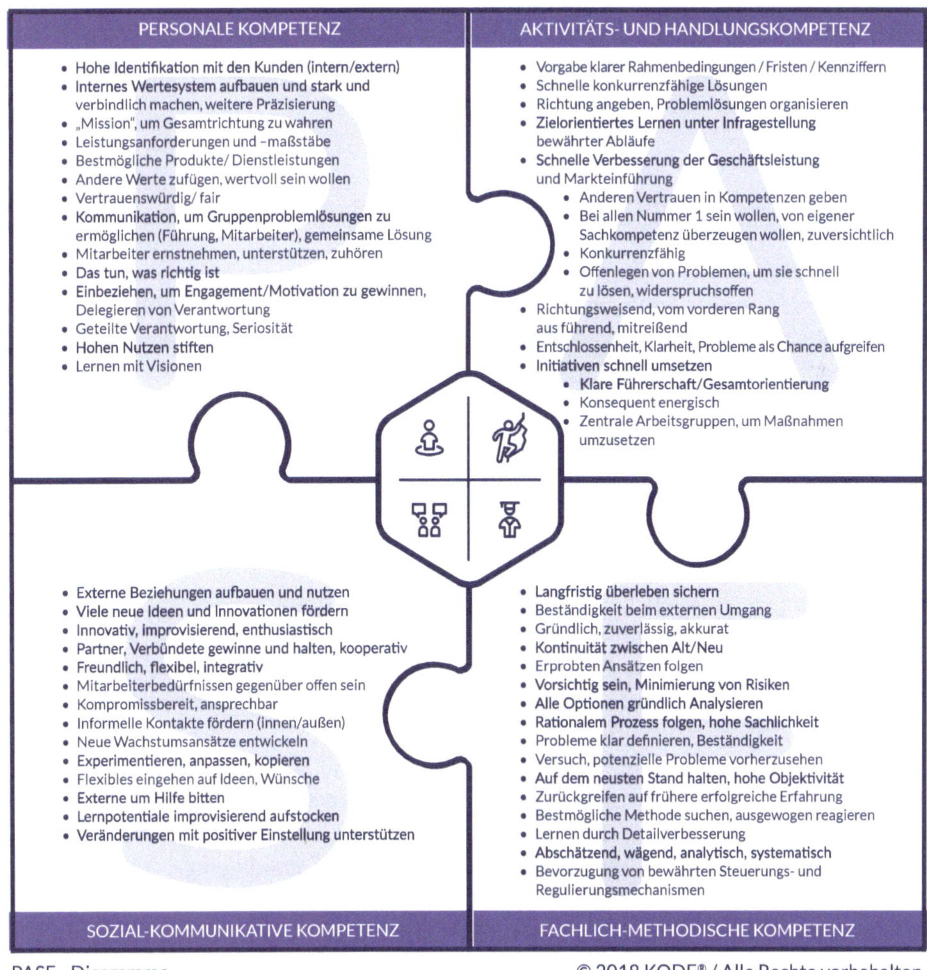

Abb. 8: Kompetenzdimensionen für Organisationen

Kompetenzdimensionen lassen sich auf Personen, aber auch auf Teams und Organisationen beziehen.

Für *Personen* ist der Bezug offensichtlich. Aber auch *Teams* haben ein eigenes Profil, eine eigene „Personalität" und damit personale Kompetenz. Sie sind aktiv und handeln, sie vereinen beträchtliches Fach- und Methodenwissen in ihren Teammitgliedern, diese haben nach innen und außen hin zahlreiche soziale Beziehungen und kommunizieren Teampositionen. Deshalb ist Teams auch Aktivitäts- und Handlungskompetenz, Fach- und Methodenkompetenz sowie sozial-kommunikative Kompetenz zuzuschreiben.

Das Profil, die „Personalität" von Unternehmen/Organisationen manifestiert sich in ihrer corporate identity. Sie handeln aktiv und kreativ in ökonomischen und sozialen Zusammenhängen. Sie verfügen über umfangreiche Wissens- und Methodenbestände, die Gegenstand ihres Wissensmanagements sind. Sie beziehen ihre Unternehmensgrundsätze, Produkte und Dienstleistungen in breitgefächerte Kommunikationsprozesse im Sinne von corporate design und corporate communication ein. Auch Unternehmen/Organisationen ist also personale Kompetenz, Aktivitäts- und Handlungskompetenz, Fach- und Methodenkompetenz und sozial-kommunikative Kompetenz beizumessen.

2.2 Einsatzgebiete und zusätzliche Vorteile

Das KODE® System wird eingesetzt

- für Anforderungsanalysen, Potenzialanalysen und Qualifizierungsbedarfsanalysen
- im Rahmen des Personal-Recruitments, bei Personalauswahl- und Einstellungsvorhaben
- zur Erkennung von High Potentials
- zum Zusammenstellen neuer Teams (zeitweilig, national oder international zusammengesetzt, Task Forces zur Strategiefindung oder zur disruptiven Digitalisierung in Organisationen)
- zur Begleitung von Personalförderung und -entwicklung und zur Ableitung von differenzierten PE-Maßnahmen
- als Eingangsstufe („opener") von kompetenzorientierten Assessments bzw. als Prä- und Posteinschätzung im Rahmen von Lernpotenzial-AC's
- beim Aufbau bzw. bei der Präzisierung von Beurteilungssystemen
- zum kompetenzorientierten Einsatz und bei Umschulungsszenarien im Rahmen antizipatorischer Personalfreisetzungen
- als wichtiger Teil von Kompetenzbilanzierungen und Kompetenzprofilings
- zur Begleitung von Verhaltenstrainings und Teamtentwicklungsmaßnahmen
- für Anregungen beim selbstorganisierten Lernen
- als Teil von Organisationsentwicklung über die Individualdiagnose hinaus.

Bei der betrieblichen Suche nach High Potentials sowie nach vielseitig und selbstorganisiert handlungsfähigen Mitarbeitern, aber auch bei der Sicherung der Chancengleichheit von Arbeitnehmern, die ihre Kompetenzen entweder in traditionellen Aus-

und Weiterbildungseinrichtungen, oder aber in der betrieblichen und sozialen Praxis erwarben, hat die Kompetenzmessung eine schnell zunehmende Bedeutung.

Es besteht ein umfassendes Netzwerk lizenzierten KODE® Beratern in Deutschland, in Österreich, in der Schweiz und in Liechtenstein.

Beispiele für Anwender und beratene Organisationen

- Banken
- Bauunternehmen
- Bildungsanbieter/Bildungsinstitute
- Chemie/Pharmazie
- Coaches
- Dienstleister, diverse
- Einzelhandel
- Energieversorger
- Existenzgründer
- Flugesellschaften
- Forschungsinstitute
- Genossenschaften
- Gesundheitswesen und Pflege
- Handel
- Industrieunternehmen (Große und Mittelständische)
- Leistungssport
- Logistik-Dienstleister
- Management-Berater
- Nahrungsgüterwirtschaft
- Öffentliche Einrichtungen (kommunal, Landesebene, Bund, international)
- Personalberater
- Personaldienstleister
- Politikberater
- Systemhäuser
- Steuerberater und Wirtschaftsprüfer
- Strategieberater
- Telekommunikationsunternehmen
- Trainer
- Universitäten/Fachhochschulen/Fachschulen
- Unternehmensberatungen und Trainingseinrichtungen
- Verkehrsbetriebe
- Verlage
- Versicherungen

2.3 Güte und Nutzennachweise

Auf Grund der wissenschaftlichen Erarbeitung des Kompetenzmodells und der gleichermaßen klaren wissenschaftlichen Anforderungen an KODE® wurden eine Vielzahl von eigenen Untersuchungen durchgeführt sowie Diplomarbeiten, Masterarbeiten und Dissertationen im deutschsprachigen Raum unterstützt, die neutral der Frage nach der Qualität und der Einhaltung traditioneller Gütekriterien nachgingen. In drei Revisionen seit 1998 entstanden die heutigen diagnostischen und Entwicklungsinstrumente. Die letzte Revision fand 2017/18 statt: KompetenzAtlas, Software, einschließlich barrierefreie, Gesamtgestaltung. In Kapitel III dieses Bandes werden die Ergebnisse umfassender Untersuchungen zur Qualität und zu Gütekriterien wiedergegeben. In diesem Abschnitt wird deutlich, dass die Verfasser KODE® unter härtere Bewährungsproben gestellt haben als beim Gros der psychometrischen Verfahren üblich.

Bei zwei für die Anwendung von KODE® besonders wichtigen Zielgruppen wurde in einem Fragebogen nach dem Nutzen gefragt: Nach Wert der Ergebnisse für das weitere Leben und die eigene Kompetenzentwicklung. Insbesondere interessierten in der Untersuchung solche Fragen wie:

- Wiedererkennen des eigenen Verhaltens in den Ergebnissen
- Ansporn zur Verhaltensbestärkung und/oder bewusste Reduzierung von Schwächen durch Stärken-Übertreibung und/oder Kompetenzerweiterung
- Ansporn zu weiterer Selbstreflexion über das eigene Verhalten mit dem Ziel des Verstehens bzw. einer Verhaltensänderung.

Die Einschätzungen erfolgten auf einer neunstufigen Skala:
1 = sehr gering … 5 = durchschnittlich … 9 = sehr hoch

Tab. 2: Vergleich der Einschätzungen

	KODE® Berater	Unternehmensvertreter
KODE® händisch	7,0 (s: 6–8)	7,8 (s: 6–8)
KODE® Software	7,7 (s: 7–8)	8,5 (s: 8–9)

Der zugesprochene Nutzen ist also in beiden Bewertergruppen hoch.

KODE®-System: Nutzen für die Anwender

Sobald ernsthaft nach der Wandel- und Anpassungsfähigkeit eines Unternehmens, eines Bereiches oder der einzelnen Mitarbeiter gefragt wird, reicht der Hinweis auf bestehende Qualifikationen sowie Ausgaben im Bereich der betrieblichen Weiterbildung nicht mehr aus.

Es wird zunehmend wichtig, Aussagen über das (humane) Wissens- *und* Kompetenzkapital zu treffen – und hierbei weniger auf das „Ist-Bild", sondern vielmehr auf das „Wird-Bild" zu orientieren. Qualifikation wird immer mehr als ohnehin vorhanden vorausgesetzt, und in den Mittelpunkt treten die *Kompetenzerkennung* und *-entwicklung*.

Mit der systematischen Ableitung der notwendigen Kompetenzanforderung an Tätigkeiten, Stellen, Funktionen und der Erfassung der individuellen, Team- bzw. Unternehmenskompetenzen wird Wichtiges erschlossen jedoch nichts Unwichtiges gemessen.

Das KODE®-System ermöglicht es, Personalentwicklung ganzheitlich zu realisieren und befähigt z.B. Führungskräfte zum umfassenden Personalmanagement sowie zum Coaching der eigenen Mitarbeiter.

Vorteile und Nutzen insgesamt

- fundierter wissenschaftlicher Hintergrund (umfangreiche Forschung/Veröffentlichung u.a. in 3 Büchern) und umfassende Bewährung in der Praxis
- Methodenkonsistenz Individuum-Team-Organisation
- differenzierte Kompetenzanalysen (4 x 4); einfach einzusetzende Instrumente zur Grob- und Feindiagnostik
- 100%-Abgleich mit Anforderungsprofilen möglich
- hervorragendes Preis-/Zeit-/Ergebnisverhältnis
- professionelle Tools und Arbeitsunterlagen, die kontinuierlich gepflegt und weiterentwickelt werden
- konkrete Entwicklungsprogramme und -hilfen. Andere Verfahren und Instrumente bleiben bei der Diagnostik/Statusberichten stehen; das KODE®-System diagnostiziert *und* gibt umfassende Anregungen und Hilfen zur Weiterentwicklung und Stärkung der Kompetenzen. Damit erhalten die Anwender völlig neue Möglichkeiten und Instrumente für die Personal- und Organisationsentwicklung
- permanente Evaluierung und Optimierung, damit Qualitätssicherungs-Garantieren
- das Personalmanagement erhält neue Wirkmöglichkeiten und Einsichten und tritt aus dem Bereich „vager Vermutungen" heraus.

Nutzen für den Personalleiter

- zum Beispiel bei Beurteilungs- und Bewerbergesprächen
- fundierte Analyse der (zum Teil versteckten) Potenziale, insbesondere unter dem Aspekt der Veränderung der Anforderungen und Aufgaben
- hohe prognostische Validität
- volle Akzeptanz beim Bewerber
- geringerer Aufwand für die Vorbereitung und Zeitgewinn durch kürzere und zugleich akzentuierte Gespräche
- professioneller Auftritt
- themenzentrierte Gesprächsführung
- „gemeinsame" Sprache im Unternehmen
- deutliche Aufwertung des persönlichen Status des Personalleiters.

Nutzen für den Personalreferenten zum Beispiel im Rahmen der Personalentwicklung und des Coachings

- fundierte Kompetenzanalysen
- gezielte Hinweise für disponible sowie ungenutzte Potenziale
- themenzentrierte Entwicklungsmodule und differenzierte Hinweise für Mitarbeiter und Führungskräfte zum Selbstlernen, Tools zur (Selbst-)Entwicklung
- präzise Interpretationshilfen
- weiterführende Instrumente
- geringerer Aufwand für die Vorbereitung.

Nutzen für Führungskräfte zum Beispiel für die Mitarbeiterführung – siehe Personalleiter/Personalreferent –

- diverse, elementar zu handhabende Führungshilfen und -instrumente
- kompetenzorientierte Trainings- und Coachingmodule
- Selbsttrainingsmodule auch speziell für Führungskräfte
- hervorragende Erweiterung und Vertiefung der Projektmanagement-Instrumentarien, speziell zu Führung von Projektgruppen und zur gezielten Integration einzelner Mitglieder.

Nutzen für Trainer und Berater

- Methodenkonsistenz Individuum-Team-Organisation
- Szenarien und Vorschläge für verschiedene Entwicklungsprogramme
- vielfältige Anregungen
- Förderkreise und Trainernetzwerk mit z.Z. ca. 1200 lizensierten KODE® und KODE®X-Beratern
- Tools zur Team- und Unternehmensentwicklung
- universell einsetzbare Unterlagen in Deutsch, Englisch und Französisch
- weniger Aufwand für die Vorbereitung
- Trainings- und Beraterunterlagen auf hohem gestalterischen Niveau; umfangreiche Präsentations- und Akquisitionshilfen

Nutzen für Unternehmensberater

- Methodenkonsistenz Individuum-Team-Organisation
- hervorragendes Preis-/Zeit-/Ergebnisverhältnis
- universelle Einsetzbarkeit (Personen, Team, Organisation) – auch in Strategiediskussionen Oberer Führungskräfte, bei Management-Audits, in Lernpotenzial-Assessments, in der Einzelberatung, bei Kompetenzpotenzialanalysen, bei der Vorbereitung von Fusionen und (internationalen) Kooperationen …
- Soft Facts im Personalmanagement
- kaum Aufwand für die Vorbereitung, Hochwertige Unterlagen und Arbeitstools
- professioneller Auftritt beim Kunden

Nutzen für den Personalberater

- 100%-Abgleich mit Anforderungsprofilen möglich, unterschiedliche Einsatzszenarien
- deutliche Unterscheidung zwischen tatsächlich vorhandenen und *Schein*-Qualifikationen und -kompetenzen
- feststellen der *personellen und sozialen Verträglichkeit* von Geschäftsführer bzw. Unternehmenseinheit *und gesuchten Kandidaten*
- erkennen der Kompetenzen und Stärken von Kandidaten, deren Anpassungs- und Disponibilitätspotenzials. Sichere Annahmen für alternative Vermittlungen
- differenzierte Rückmeldung an Kandidaten zur (Selbst-)Entwicklung/Steigerung des zukünftigen Vermittlungswertes
- professionelles Auftreten beim Kunden

3 Kernbestandteile von KODE®

3.1 KompetenzAtlas

In der Praxis wird häufig mit wenigen Grund- bzw. Basiskompetenzen gearbeitet – häufig sind es vier. Diese werden dann mit diversen Teilkompetenzen erweitert und erläutert. Dabei geschieht die Zuordnung der Schlüssel- bzw. Teilkompetenzen nicht selten eher zufällig und unter starrer Abgrenzung zu anderen Grundkompetenzen.

Unser Kompetenzmodell geht von einer schichtförmig aufgebauten Kompetenzarchitektur aus und unterscheidet:

- → Metakompetenzen (in der Kompetenzermittlung nicht verwendet)
- → Vier Grund- oder Basiskompetenzen (P/A/F/S)
- → 64 detailliert abgeleitete und beschriebene Schlüsselkompetenzen
- → Querschnittskompetenzen.

Querschnittskompetenzen setzen sich aus in der Regel 12 bis 16 Schlüsselkompetenzen zusammen; es sind gewissermaßen Schlüsselkompetenz-Gruppen. So kommt zum Beispiel „Führungskompetenz“ im KompetenzAtlas nicht als eine einzelne Schlüsselkompetenz vor. „Führungskompetenz“ kann jedoch als Querschnittskompetenz definiert werden und eine Reihe von Schlüsselkompetenzen unter sich vereinen, zum Beispiel Zielorientiertes Führen, Mitarbeiterförderung, Entscheidungsfähigkeit, Belastbarkeit, Kommunikationsfähigkeit, Integrationsfähigkeit, Eigenverantwortung, Konfliktlösungsfähigkeit, Ergebnisorientiertes Handeln, Problemlösungsfähigkeit und weitere. Auf der Grundlage von Querschnittskompetenzen lassen sich Kompetenz-Anforderungsprofile entwickeln.

Kompetenzkombinationen

Tatsächlich aber treten in der Realität des alltäglichen Handelns die Grundkompetenzen selten „rein“ und gesondert auf; es handelt sich meist um Mischformen, wofür die Sprache ein unerschöpfliches Arsenal an Beschreibungsbegriffen bereithält.

So lässt sich beispielsweise die Kombination von A und P durch Begriffe wie Risikobereitschaft, Entscheidungsfähigkeit, Gestaltungswille, Innovationsfreudigkeit, Belastbarkeit, Einsatzbereitschaft, Umfeldexploration, Durchsetzungsfähigkeit, Unkonventionalität … beschreiben.

Einige dieser Begriffe treffen die Schlüsselkompetenzkombination A/P genau, andere haben starke „Beimengungen“ weiterer Kompetenzen. Durch ein ausgedehntes Befragungsverfahren wurden diejenigen vier Begriffe ausgewählt, welche die Kompetenzkombination A/P am besten charakterisieren: Belastbarkeit, Entscheidungsfähigkeit, Gestaltungswille, Innovationsfreudigkeit.

Analog wurde mit anderen Begriffen für die Grundkompetenzen P, A, F, S und für die daraus möglichen Kombinationen P/A, P/F, P/S; A/F, A/S, A/P; F/A, F/S, F/P und S/A, S/F, S/P verfahren. Es handelt sich um je vier Begriffe für 16 Kompetenzen/Kompetenzkombinationen – also um genau 64 Begriffe.

Mit dem *KompetenzAtlas* ist es erstmalig gelungen, Schlüssel- bzw. Teilkompetenzen logisch zuzuordnen, die Zusammenhänge zwischen ihnen darzustellen und die Typologie der Grundkompetenzen praxisnah zu erweitern.

Dieser Zuordnung liegen umfangreiche empirische Untersuchungen zu Grunde. Sozialwissenschaftler, Personalentwickler, Führungskräfte, Trainer, Berater, Studenten ordneten unabhängig voneinander 120 Teilkompetenzen bezeichnende Schlüsselkompetenzbegriffe den vier Grundkompetenzen zu: **P**ersonelle Kompetenz, **A**ktivitäts- und Handlungskompetenz, **F**ach- und Methodenkompetenz, **S**ozial-kommunikative Kompetenz.

Empirische Zuordnung von Schlüsselkompetenzen

In einem ersten Schritt wurden 120 Begriffe von Schlüsselteilkompetenzen vor allem aus Beurteilungssystemen und Anforderungsbeschreibungen führender deutscher und Schweizer Unternehmen sowie der Literatur ab 1994 entnommen. Aus der Zuordnung wurden schließlich in einem zweiten Schritt die 64 selektiert, die sich am deutlichsten auf eine oder zwei Grundkompetenzen bezogen.

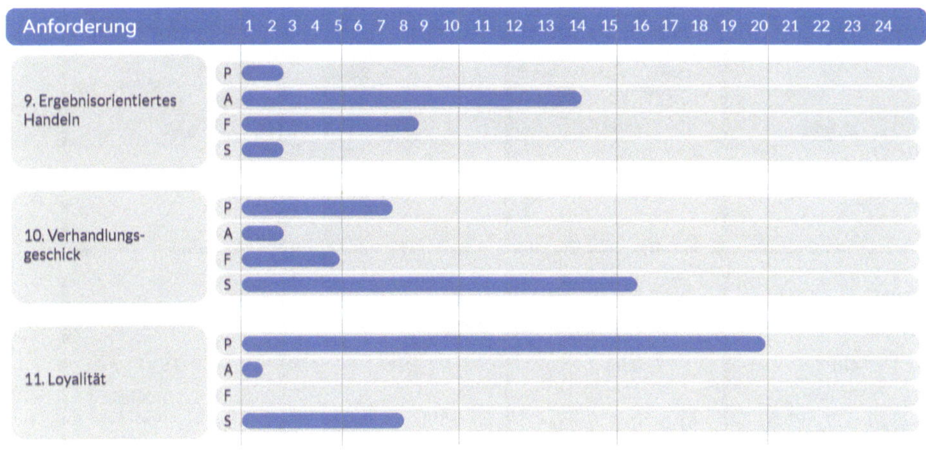

Abb. 9: Gewichtung der Schlüsselkompetenzen – bezogen auf P/A/F/S

Die Bewertung der 120 Begriffe wurde in einem zweiten Schritt von unterschiedlichen Teilnehmergruppen und unabhängig voneinander durchgeführt: KODE® Berater, Lehrer, Führungs- und Führungsnachwuchskräfte, Studenten. Insgesamt nahmen an der Erstbewertung 132 Personen teil.

So entstanden drei verschiedene Varianten von Begriffszuordnungen:

Variante 1:	92 Zuordnungen (Liste der 120 Begriffe, ohne Drei- und Vierfachzuordnungen)
Variante 2:	64 Zuordnungen (Liste der deutlichsten Zuordnungen, Basis des KompetenzAtlas)
Variante 3:	16 Zuordnungen (mehrere organisationsspezifische Muster/Praxisfälle von Zuordnungen).

Alle Schlüsselkompetenz-Begriffe der Variante 2 (64 Zuordnungen) wurden umfassend definiert und mit übernehmbaren Beurteilungsmerkmalen sowie mit Hinweisen auf spezifische Schwächen versehen. So entstand ein KompetenzAtlas, der an Umfang und Struktur bisher einmalig ist.

Abb. 10: Ursprünglicher KompetenzAtlas (gültig bis Oktober 2017)

Schlüsselkompetenz-Begriffe sind nie sehr trennscharf. Schon die vier *Basiskompetenzen* überlappen sich. Die Zuordnung der Begriffe im KompetenzAtlas bedeutet in erster Linie, dass das Kompetenzgewicht des Begriffs auf dieser und auf keiner anderen Basiskompetenz-Kombination liegt.

In der dritten Revision (2017) wurden 10 Schlüsselkompetenz-Begriffe dahingehend präzisiert, dass sie noch eindeutiger als Handlungsfähigkeiten erkennbar sind und Fehldeutungen im Sinne von Eigenschaften oder Persönlichkeitsmerkmalen ausgeschlossen werden.

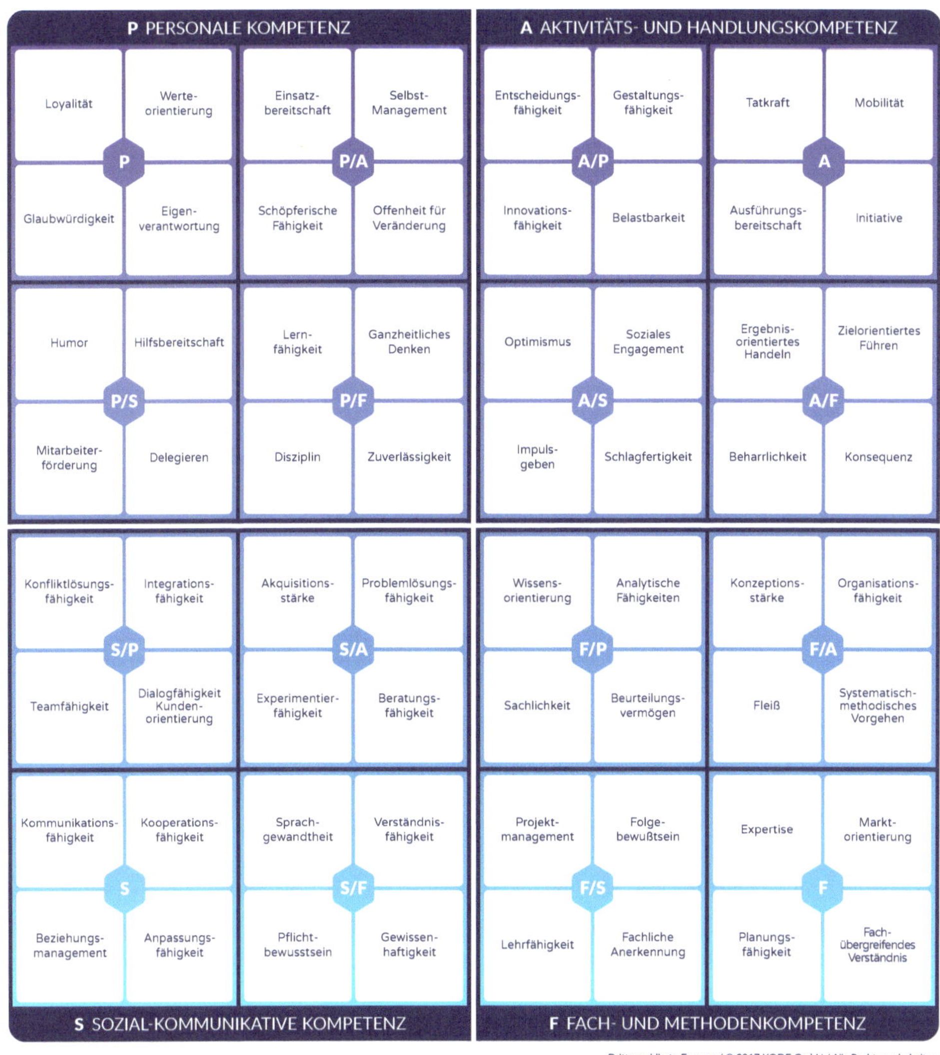

Abb. 11: KompetenzAtlas (gültig ab November 2018)

Jede der 64 Schlüsselkompetenz-Begriffe wird in einem KompetenzKompendium weiter erläutert und mit Beispielen für Handlungsfähigkeiten versehen. Das KODE® KompetenzKompendium steht lizenzierten KODE® und KODE®X-Beratern in einer 2018 vollständig überarbeiteten Version zur Verfügung. Das KODE® Softwarepaket verknüpft darüber hinaus die Schlüsselkompetenzbegriffe mit differenzierten Interpretationsangeboten, mit dazu passenden Modularen KompetenzEntwicklungsProgrammen (KEP) und mit weiteren Selbsttrainingsangeboten.

	Einsatzbereitschaft Fähigkeit, aktiv und gemeinwohlorientiert zu handeln, um die angestrebten Ziele zu erreichen	**P/A**
Kompetenzbegriff: Identifikationsmerkmale und Kurzcharakteristika der Kompetenzkombinationen (nachfolgend mit **KB** abgekürzt)	– Setzt sich gemeinwohlorientiert und verantwortungsbewusst für gemeinsame Unternehmens- und Arbeitsziele ein – Stellt hohe Forderungen an die eigenen Anstrengungen und die der Mitarbeiter – Bekämpft Trägheit und Passivität und bewegt andere zum Anpacken – Ist durch das eigene Handeln für andere ein Vorbild für Arbeitsfreude und Engagement	
Erläuterungen zur Kompetenz: Begriffsbestimmungen und Begriffsumfänge der Kompetenzkombinationen (nachfolgend mit **KE** abgekürzt)	Einsatzbereitschaft umfasst die persönliche Identifikation mit den selbst gesetzten Zielen. Sie zeigt sich in einem aktiven, persönlichen Einsatz mit starkem Verantwortungsbewusstsein, aktiver Unterstützung der Kollegen sowie einem hohen Zeiteinsatz.	
Kompetenzübertreibungen: Alle aufgeführten Überziehungen sind erweiterbare Beispiele	Menschen, die ihre Kompetenzeinsatzbereitschaft übertrieben einsetzen, neigen dazu, sich selbst und andere zu überfordern. Deshalb verlieren Sie häufig die angestrebten Ziele aus dem Blick.	

Abb. 12: Beispiel: Schlüsselkompetenz-Erläuterungen

SynonymAtlas

Auf Grund mehrfacher Anfragen und Anregungen von KODE® Nutzern wurden zwischen 2004 und 2006 zwei weitere Untersuchungen speziell zu synonymen Begriffen durchgeführt. Von 320 vorgefundenen Synonymen und eng verbundenen Begriffen wurden 147 selektiert und den 64 Feldern des damaligen KompetenzAtlas zugeordnet. So entstand der SynonymAtlas. Mit einer Vielzahl von Begriffen – insgesamt 211 – kommt man schließlich immer wieder auf den elementaren 64-er Atlas.

Für die praktische Arbeit mit dem KompetenzAtlas liegen jeweils drei bis sechs Synonyme hinter den 64 Schlüsselkompetenzen. Sie werden nur bei Einzelaufruf, zum Beispiel über das KODE® Softwareprogramm sichtbar. Damit werden dem zu Beratenden zusätzliche Hinweise zu den eigenen Stärken oder auch zu gering ausgeprägten Kompetenzen gegeben.

Möglichkeiten der Ermittlung und Entwicklung von Kompetenzen bei Jugendlichen

Seit 2007 existiert ein modifizierter, ebenfalls empirisch gewonnener KompetenzAtlas für Schüler/Jugendliche, in dem 20 der 64 Schlüsselkompetenzen jugendgemäß benannt und alle Schlüsselkompetenzen ebenfalls jugendgemäß inhaltlich hinterlegt sind. Parallel existieren ein Selbsteinschätzungs- sowie ein Fremdeinschätzungsfragebogen zu den individuellen Kompetenzen – in für die Altersgruppen 13–17-Jährige sehr verständlichen Formen.

Der KompetenzAtlas wurde in Schulen in drei deutschen Bundesländern mit Lehrern und Schülern gemeinsam entwickelt und getestet.

3.2 Kompetenzbilanzen

Ein weiterer Kernbestandteil von KODE® sind die Kompetenzbilanzen unter normalen sowie unter schwierigen Lebens-und Arbeitsbedingungen. Es kann zwischen der Intensität des jeweiligen Kompetenzeinsatzes auf verschiedenen Ebenen des Verhaltens von Personen, Teams und Organisationen unterschieden und interpretiert werden.

Grundsätzlich: Wer erfolgreich handeln will, wird sich fragen, was erreicht werden soll und was dafür eingesetzt werden sollte: „Geld, Zeit, eigene Kraft und Energie, Kooperation mit anderen, Verzicht auf … und vieles andere mehr.“

Und wenn man sicher gehen will, dass die Ziele und Erwartungen realistisch waren und der Einsatz der internen und externen Ressourcen gerechtfertigt war, wird das erreichte Ergebnis genau geprüft: „Habe ich das, was ich erreichten wollte auch tatsächlich erreicht?“ Und unter welchem Aufwand: zu viel, zu wenig, angemessen?

Das klingt logisch und vernünftig. Im Alltag allerdings verstoßen viele Menschen immer wieder bewusst oder unbewußt dagegen:

- Wir nehmen uns zu wenig vor und erwarten Wunder.
- Wir finden genügend Sündenböcke dafür, dass wir vieles anscheinend nicht erreicht oder „in den Griff bekommen“ haben.
- Wir denken häufig wenig alternativ und optimieren dann nicht unser Verhalten nach Misserfolgen: „Wenn ich mit diesen Handlungen mein Ziel nicht erreiche, mit welchen anderen eher? Wie machen es andere Personen anscheinend besser?“

Analoge Fragen nach den Zielen, Aufwänden und Ergebnissen stellt auch der Wirtschaftsprüfer, wenn er die Bilanz von Unternehmen, aber auch von Selbstständigen prüft: „Welche Umsätze- (und Gewinn-)Ziele wurden für das Geschäftsjahr aufgestellt? Was wurde mit welchem Aufwand erreicht? Soll und Ist, Input-Output ..."

Solche Vergleiche finden Sie übrigens auch in betrieblichen Zielvereinbarungen mit materiellen Zielen.

Um einschätzen zu können, ob Kompetenzen effizient ausgeprägt und eingesetzt sind, bedarf es einerseits einen Vergleich zwischen klar beschriebenen Kompetenz-Sollanforderungen und den KODE® -Ergebnissen aus Selbst-/Fremdeinschätzungen. Andererseits kann die Betrachtung dieser KODE® Werte in vier Handlungsebenen ebenfalls zu Aussagen über die Effizienz und die ersichtliche Handlungsstärke führen.

3.2.1 Vier unterscheidbare Handlungsebenen

KODE® unterscheidet zwischen

- HandlungsIdeal (HI)
- HandlungsErwartung (HE)
- HandlungsVollzug (HV)
- HandlungsResultat (HR).

HandlungsIdeal: Lassen sich solche Fragen verbinden wie: Was hätte ich am liebsten? Was sollte idealerweise sein? Wenn machbar, was wäre mein Wunsch? Wie hoch ist die Bedeutsamkeit dieser Kompetenz (P/AF/S) für mein Handeln unter „normalen" und unter „schwierigen" Arbeits- und Lebensbedingungen? Wie wichtig?

HandlungsErwartung: Was will ich? Was erwarte ich? Was ist mein Ziel? Was soll passieren? Welche Absichten habe ich unter bestimmten Bedingungen?

HandlungsVollzug: Wie verhalte ich mich? Was mache ich? Worauf nehme ich Einfluss? Wie schätze ich meinen Einsatz von Zeit/Energie/Kraft ein?

HandlungsResultat: Was ist das Resultat meines Verhaltens? Welches Ergebnis habe ich erzielt? Wie bin ich bei anderen angekommen/wie sehen mich die anderen? Was habe ich bewirkt?

Im Rahmen einer Kompetenz*bilanz*-Betrachtung interessiert in erster Hinsicht die Beziehungen zwischen

HandlungsErwartung:	HandlungsVollzug:	HandlungsResultat:
(Was will ich?)	(Wie engagiere ich mich dafür?)	(Was habe ich erreicht?)

Im Kern führt KODE® zu *Soll-Ist*-Betrachtungen – als besonders bilanzrelevant.

So können zum Beispiel sehr stark ausgeprägte HandlungsErwartungen und ebenso starke HandlungsVollzüge ersichtlich sein, jedoch nur ein niedriges HandlungsResultat. In diesem Fall müsste in der Beratung das *Wie* einer anderen, mehr effizienteren Handlungsweise im Vordergrund stehen. Bei gleich starker Ausprägung auf allen vier Ebenen wäre die Frage zu beantworten, wie mit „weniger ... gleich viel ...“ erreicht werden könnte? Es sind hier verschiedenste Konstellationen und damit auch Fragen und Anregungen möglich.

Ebenso wichtig ist es auch, den möglichen Zuwachs an Intensität in verschiedenen Kompetenzrichtungen unter besonders schwierigen Lebens- und Arbeitsbedingungen sowie den nicht selten schmalen Grad zwischen empfundenen Eu- und Disstress zu kennen. So können Schlüsselkompetenzenompetenzen auf hohem Entäußerungsniveau durch „Übertreibungen“ zu besonderen Leistungen führen; die „Übertreibungen“ müssen jedoch kontrollierbar und zurücknehmbar sein, sonst kann es zu psychischen und physischen Schäden kommen. Dieses „Herauskitzeln des Letzten“ ist in allen Lebenssituationen und Tätigkeiten beobachtbar.

HandlungsIdeal (HI)

Das aus den bisherigen Betrachtungen herausgelassene *HandlungsIdeal* ist nicht direkt mit der Bilanz-Betrachtung verbunden, indirekt jedoch schon: Das Verhältnis HI zu HE sagt viel darüber aus, inwieweit HE idealgestärkt und ernsthaft vertreten wird. Im Normalfall führt ein stark ausgeprägtes HI auch zu einer starken HE. Der Person ist es bei solchen Ausprägungen wichtig, dass sie diese Kompetenzen (P oder A oder F oder S) besonders star vertritt, um zu einem hohen HR zu gelangen.

Die Höhe von HI sagt etwas über die Ideal-gestützte Prioritätensetzung der Person aus. Neben dem beschriebenen Fall der Übereinstimmung zwischen HI und HE können auch zwei weitere Fälle auftreten:

- Die Person verweist auf hohe HI-Werte bei gleichzeitig mittleren oder niedrigen HE-Ausprägungen oder
- HI liegt deutlich unter HE.

Hieraus ergeben sich für die KODE® Auswertungen, -Beratungen und das -Coaching wichtige Folgerungen und Anregungen im Sinne einer Ermöglichungsdidaktik.

HI ist überall dort mit einzubeziehen, wo Kompetenz-Entwicklungen im Vordergrund stehen, Selbstreflexionen unterstützt und die Kompetenzbilanzen willentlich optimiert werden können.

3.2.2 Wechselbeziehungen zwischen HI/HE/HV/HR

KODE® ermöglicht Systemvergleiche zwischen *Werten/Idealen*, *Erwartungen/Handlungsabsichten*, *Verhalten/konkreten Handlungsvollzügen* und *Handlungsresultaten/Wirkungen.*

Kompetenzen haben immer Wertekerne: Unsere sozial-komminikativen Kompetenzen beruhen nicht nur auf unserem Wissen von sozialen Beziehungen, sondern sind zum Beispiel von unserem Wohlfühlen in Gesellschaft (Genusswertungen), nützlichen Netzwerken (Nutzens-Erwartungen), ethischen Überzeugungen (ethische Werte) und politischen Bindungen (weltanschauliche Werte) getragen. Diese Wertekerne können in die Form von Regeln (das macht man bei uns so), eigentlichen Werten (dieses Handeln finden wir gut) und Normen (das wird bei uns so gemacht ...) eingehen. HandlungsIdeale sind Regeln, Werte und Normen, die emotional und motivationell zu *eigenen Handlungsrichtlinien* wurden oder zumindest als solche angesehen werden – auch wenn man ihnen nicht nachkommt.

Tab. 3: Verhältnis von HE:HV:HR:HI

	HE	HV	HR	HI
HE		HE>HV* Nimmt sich mehr vor als er/sie dann real anpackt	HE>HR er/sie nimmt sich viel vor, kann aber nicht allzu viel davon realisieren	HE>HI was er/sie sich vornimmt, ist weniger von Idealen, als pragmatisch bestimmt
		HE=HV tut, was er/sie sich vornimmt	HE=HR er/sie erreicht, was er/sie sich vornimmt	HE=HI er/sie versucht, Aufgaben gemäß den eigenen Idealen anzugehen
		HE<HV obwohl er/sie sich nicht allzu viel vornimmt, wird er/sie sehr aktiv; Aktionismus?	HE<HR er/sie erreicht viel, ohne sich allzu viel vorzunehmen	HE<HI er/sie nimmt sich weniger vor, als eigenen Idealen entsprechen würde; Resignation? Wertunsicherheit?
HV	HV>HE Nimmt sich mehr vor als er/sie dann real anpackt		HV>HR trotz großer Anstrengung bleibt der Effekt gering	HV>HI er/sie handelt pragmatisch, ohne von deutlichen Idealen geleitet zu sein
	HV=HE tut, was er/sie sich vornimmt		HV=HR das Handlungsresultat ist dem Handlungsvollzug adäquat	HV=HI er/sie kann die eigenen Ideale in den Handlungen umsetzen

	HE	HV	HR	HI
	HV<HE obwohl er/sie sich nicht allzu viel vornimmt, wird er/sie sehr aktiv; Aktionismus?		HV<HR er/sie handelt so effektiv, dass der Handlungsvollzug ein optimales Resultat zeitigt	HV<HI er/sie ist nicht in der Lage, gemäß den eigenen Idealen zu handeln
HR	HR>HE er/sie erreicht viel, ohne sich allzu viel vorzunehmen	HR>HV er/sie handelt so effektiv, dass der Handlungsvollzug ein optimales Handlungsresultat zeitigt		HR>HI obwohl eigene Ideale wenig ausgeprägt sind, sind die Handlungsresultate bemerkenswert
	HR=HE er/sie erreicht, was er/sie sich vornimmt	HR=HV die Wirkung ist dem Verhalten adäquat		HR=HI die Ergebnisse des Handelns entsprechen den eigenen Idealen
	HR<HE er/sie nimmt sich viel vor, kann aber nicht allzu viel davon realisieren	HR<HV trotz großer Anstrengung bleibt der Effekt gering		HR<HI Das Handlungsresultat des Verhaltens entspricht kaum den hohen eigenen Idealen
HI	HI>HE er/sie nimmt sich weniger vor, als den eigenen Idealen entsprechen würde; Resignation? Wertunsicherheit?	HI>HV er/sie ist nicht in der Lage, gemäß den eigenen Idealen zu handeln	HI>HR Das Handlungsresultat entspricht kaum den hohen eigenen Idealen	
	HI=HE er/sie versucht, Aufgaben gemäß den eigenen Idealen anzugehen	HI=HV er/sie kann die eigenen Ideale im Handlungsvollzug umsetzen	HI=HR Das Handlungsresultat entspricht den eigenen Idealen	
	HI<HE was er/sie sich vornimmt, ist nicht von deutlichen Idealen, sondern pragmatisch bestimmt	HI<HV handelt pragmatisch, ohne von deutlichen Idealen geleitet zu sein	HI<HR die eigenen Ideale sind nicht sehr ausgeprägt, doch die Handlungsresultate bemerkenswert; verzerrte Selbstwahrnehmung?	

* Erklärung: Handlungserwartung > Handlungsvollzug bzw. Handlungsvollzug > Handlungserwartung heißt: Die Handlungserwartung ist um vier (oder mehr) Punkte größer bzw. kleiner als das Handlungsresultat usw.

Zum Vergleich zwischen HI/HE/HV (ohne HV)

Schematisiert können wir die Beziehungen zwischen „Handlungsideal" (HI), „Handlungserwartung" (HE) und „Handlungsvollzug" (HV) einer Person – je bezogen auf die vier Grundkompetenzen und die Fälle „normale" und „schwierige Arbeits- und Lebensbedingungen" – wie folgt interpretieren:

Tab. 4: Interpretationsangebote HI:HE:HR

HI	HE	HR	Interpretation
h*	h	h	Die Ideale der Person fließen voll in die Handlungserwartungen ein und kommen im Handlungsresultat zum Tragen
h	h	n*	Die Person nimmt sich zwar vor, gemäß ihren Idealen zu handeln, vermag dies aber nicht zu realisieren
h	n	h	Die Ideale der Person setzen sich gleichsam unterbewusst im Handeln durch, ohne in die bewussten Erwartungen einzugehen
h	n	n	Es handelt sich bei der Person um „bloß gelernte" aber nicht internalisierte, zu Emotionen und Motivationen umgesetzte Ideale; sie handelt u.U. sogar direkt entgegen ihren Idealen
n	n	n	Die Person besitzt nur gering ausgeprägte Ideale, was sich auch in der Erwartungsbildung und im Handeln manifestiert
n	h	h	Erwartungsbildung und Handlungsvollzug der Person gestalten sich ganz unabhängig von den Idealen; hier ist nach den „eigentlich" zugrunde liegenden Werten zu fragen
n	n	h	Obwohl das Handeln der Person stark und zielgerichtet scheint, stehen keine starken Ideale und Erwartungen dahinter; eventuell handelt es sich um puren Aktivismus
n	h	n	In der Erwartungsbildung der Person könnte man tragende Ideale oder zumindest stärkere Auswirkungen auf das Handeln vermuten; beides trifft nicht zu. Nach den „eigentlichen" Werten des Handelns und deren Nicht-Umsetzbarkeit ist deshalb zu forschen

h*: hohe Ausprägung n*: niedrige Ausprägung

Damit ist KODE® auch sehr gut für anspruchsvolle Beratungs- und Coachingaufgaben geeignet und ermöglicht umfassende und detaillierte Informationen zur Entwicklung von Personen-, Team-, Unternehmens-/Organisationskompetenzen. Für die Kompetenzentwicklung können durch KODE® unterschiedliche Anregungen gegeben werden, insbesondere zum Erkennen ineffizienter Kompetenzbilanzen und zum Erkennen und Nutzen vorhandener Bilanzreserven, um die Ineffizienz zu überwinden und die HR zu stärken. Die KODE® Software unterbreitet Vorschläge zur Wertung der KompetenzBilanz und zur Erhaltung oder zur Verbesserung der Bilanz. Allein dieser Teil der Software fußt auf über 8.000 Interpretations- und Beratungsformulierungen.

3.3 Interpretationsschritte und Instrumente

Die KODE® Berater lernen in der Lizenzausbildung, KODE® Ergebnisse manuell sowie mit dem KODE® Softwarepaket auszuwerten. Die Auswertung erfolgt bei einem ersten Auswertungsgespräch in der Regel in acht Schritten:

Erstens:	Erstes Bild von der Kompetenzlandschaft: 8 Zwischensummen
Zweitens:	Vergleich mit Überblicksbeschreibungen
Drittens:	Vergleich der Interpretationsangebote
Viertens: *Fünftens:*	Vergleich mit dem KompetenzAtlas (ggf.) Auswertung vorhandener „Übertreibungen“
Sechstens	Analyse HI/HE/HV/HR
Siebttens	Stichwortniederschrift
Achtens	(Gemeinsam abgeleitete) Empfehlungen (individuelle, Coaching, Mentoring, Laufbahn, Jobenrichment, E-Learning ...).

Für alle 64 Schlüsselkompetenzen (siehe KompetenzAtlas) gibt es Interpretations*angebote* sowohl für die erhobenen KODE® Ergebnisse unter normalen als auch für die Ergebnisse unter schwierigen Lebens- und Arbeitsbedingungen. Es handelt sich hierbei nicht um Festschreibungen (im Sinne von: „Sie sind so und so“), sondern um Selbstreflexionsangebote mit der Orientierung:

„Die nachfolgend aufgezeigten Interpretationsvarianten beruhen auf vielfach beobachtetem Handeln. Natürlich müssen nicht alle aufgeführten Fähigkeiten und Handlungsweisen für alle Personen mit analogen KODE® Werten zutreffend sein, doch wird ein grosser Teil davon auch für Sie zutreffen.

Manchmal werden vorhandene, jedoch bisher noch wenig beanspruchte Handlungsvoraussetzungen erst bei neuen Anforderungen erkennbar. Es kann somit angenommen werden, dass Sie über mehr Teilkompetenzen verfügen, als Ihnen spontan bewusst sind.

Kreuzen Sie all diejenigen Handlungsweisen an, die für Sie besonders charakteristisch sind und in denen Sie sich wiedererkennen. Natürlich werden nicht alle, aber doch etliche hier aufgeführte Handlungsfähigkeiten und Handlungsweisen für Sie zutreffend sein.

Bitten Sie deshalb in einem zweiten Schritt zwei Personen Ihres Vertrauens ebenfalls um voneinander getrennte Einschätzungen. Möglicherweise kreuzen diese Personen die gleichen und sogar weitere Handlungsfähigkeiten und Handlungsweisen an und bestärken oder erweiteren damit Ihr persönliches Kompetenzbild (Selbsteinschätzung). Andererseits sehten diese Personen vielleicht einige der von Ihnen angekreuzten Kompetenzhinweise nicht als zutreffend an. Auch das kann ein wichtiger Hinweis darauf sein, dass Sie Ihre Kompetenz an dieser Stelle noch sichtbarer werden lassen und bewusst verstärken.

Nach diesen Fremdeinschätzungen sollten Sie die Personen bitten, auch Schlüsselkompetenzen von Ihnen zu nennen, die erkennbar sind, jedoch in dieser Unterlage nicht auftauchen. Damit erhalten Sie ein erweitertes Feedback und wichtige Kompetenzbestätigungen.

Bauen Sie auf diesen Kompetenznachweisen auf und nutzen Sie diese Ergebnisse künftig bewusst in Situationen, die für Ihre weitere Entwicklung wichtig sind (zum Beispiel Personalgespräche, Bewerbungen schreiben: intern, extern ...)".

Diese erweiterten Auswertungen der KODE® Ergebnisse erfolgt also nicht einseitig durch die KODE® Berater, sondern interaktiv und somit in hohem Maße glaubwürdig und vertrauensbildend – als ermöglichende Voraussetzung für Selbstentwicklungsprozesse.

Mehrjährige Nachbefragungen der beratenen Personen ergab, dass rund 65% dieser Personen eine solche ernsthafte erweiterte Auswertung mit ein bis drei Personen unternahmen (n = 147) und 62% die Ergebnisse als „hilfreich, unterstützend" bzw. als „ergiebig" werteten.

Durch diese Interaktion mit Dritten verstärken die Personen implizit ein offensives Einholen von Feedback, ihre soziale Wahrnehmung und ihrer Selbstreflexionsfähigkeit.

Das KODE® Softwareprogramm unterstützt diese Auswertung, basierend auf zwei Mal 27 Interpretationsangebotsgruppen mit jeweils 20 bis 30 Interpretationsangeboten.

Bei Mehrfach-Auswertungen bzw. Entwicklungsbegleitenden Auswertungen oder im Coaching können auch folgende zusätzlichen Interpretations- und Orientierungsangebote in KODE® genutzt werden:

- Mögliche personenbezogene Übertreibungen im Kompetenzeinsatz: In jeder Stärke liegt zugleich eine Schwäche, wenn diese Stärke – im Vergleich zu den konkreten Handlungsanforderungen – überzogen stark eingesetzt wird, zur Geltung kommt. Möglichkeiten und Wege zur Zurücknahme der Übertreibung (in normalen oder in schwierigen Lebens- und Arbeitsbedingungen
- Kompetenzcluster der Person im Team: Festgestellte besondere individuelle Handlungsfähigkeiten für Teamarbeit
- Festgestellte Vorteile oder Schwächen im persönlichen Lernverhalten (Lernstile)
- Festgestellte Vorteile oder Schwächen im persönlichen Zeitmanagement
- Orientierungen, Empfehlungen zur Kommunikation und zum Umgang mit Personen, die deutlich andere, starke Kompetenzausprägungen haben als die zu beratende Person
- Vielfältige Anregungen zum Selbsttraining für die Stärkung und Erweiterungen der vorhandenen Kompetenzen.

Besonders effizient sind die Beratungen, wenn zuvor ein oder mehrere Kompetenzanforderungsprofile erhoben wurden und die *Soll-* und *Ist*-Ergebnisse miteinander verglichen und entwicklungsorientiert (oder ergebnisbestätigend) ausgewertet werden (siehe auch Abschnitt 6).

4 Praktische Arbeit mit KODE®

4.1 Personelle Voraussetzungen und Vorgehensweisen

KODE® darf *nur* von lizensierten KODE® Beratern eingesetzt werden.

Die zu Beratenden müssen der (Schrift-)Sprache soweit mächtig sein, dass sie die Satzergänzungen klar verstehen und in Bezug auf sich selbst zuordnen können. Zum Ausfüllen des KODE® Fragebogens ist der Zeitaufwand gering und überschreitet kaum 20 Minuten. In der Regel erfolgt dies online.

Eingangs wird die Verfahrensinstruktion in standardisierter (dem Fragebogen auch schriftlich vorangestellter) Form in maximal 5 Minuten vorgetragen. Die quantitative Auswertung im dafür vorgesehenen Formblatt braucht kaum mehr als 5 Minuten.

Bei der softwaregestützten Auswertung mit dem KODE® Softwarepaket entfällt die Handauswertung, und alle Daten – einschließlich umfassender Interpretations- und Übungsangebote – werden in Echtzeit angeboten und sind ausdruckbereit. Die barrierefreie Software (Beratungen im Rahmen der Inklusion) ist ebenfalls sehr zeitökonomisch ausgelegt.

Anschließend können die Ergebnisse in unterschiedlicher Form ausgewertet werden: Entweder werden den Diagnostizierten nur wenige typisierende Hinweise zu ihrer Kompetenzverteilung gegeben (dafür liegt ein entsprechend einsehbares, auch softwaremäßig umgesetztes Interpretationskompendium vor), oder es werden in Einzel oder Paargesprächen markante Besonderheiten des jeweils individuellen KODE® Bildes herausgearbeitet, oder es wird zu jeder individuellen Kompetenzverteilung mit den Diagnostizierten ein ausführliches 30- bis 60-minütiges Auswertungsgespräch geführt, das auf seine Besonderheiten wie auch auf Verbesserungs- und Trainingsmöglichkeiten hinweist (dafür liegt eine gewichtete Auswahl von Übungsempfehlungen vor). Der Auswertende (lizenzierter KODE® Berater) muss in jedem Fall alle drei Auswertungsformen beherrschen. Auch deshalb wird der Erwerb einer Beraterlizenz vorausgesetzt, um KODE® einsetzen zu dürfen.

4.2 Technische Voraussetzungen für den Verfahrenseinsatz

Benötigt wird ein Workshop-Raum für das Ausfüllen der Fragebögen und evtl. für die Durchführung der Auswertungsgespräche. Eine Pinnwand sollte zur Verständigung und zum Vergleich von Ergebnissen bereitgestellt werden.

Bei Einsatz der KODE® Softwareversion genügt ein Laptop, ggf. mit Beamer. Sofern papierbasierte Dokumente erstellt werden sollen, muss der Zugriff auf einen Drucker möglich sein. Fragebögen und Auswertungen können direkt ausgedruckt oder als PDF-Dokument exportiert werden.

Für den Einsatz in Gruppen ist es empfehlenswert, im Vorfeld durch die Teilnehmer den Fragebogen online ausfüllen zu lassen. Die ausgedruckten Ergebnisse können dann im Rahmen der Einzelgespräche ausgehändigt werden (PDF, Papier). In jedem Fall sollte den Diagnostizierten die Möglichkeit eines Einzelgesprächs angeboten werden.

Da KODE® in vielen Sprachen vorliegt, können beispielsweise in einem internationalen Unternehmen Potenzialanalysen gleichzeitig in verschiedenen Ländern und unterschiedlichen Sprachen internetbasiert durchgeführt werden und in einer der drei Sprachen Englisch, Französisch oder Deutsch ausgewertet werden.

KODE® Fragebögen können auf drei Arten bereitgestellt bzw. ausgefüllt werden:

- als Papier-Fragebogen, Erwerb bei KODE GmbH, München
- Selbstausdruck aus dem KODE® Softwarepaket heraus (auf jedem Standard-Drucker möglich)
- als Online-Fragebogen aus der KODE® Software. Die Erfassung ist plattformunabhängig. Der Fragebogen kann personalisiert oder pseudonymisiert bereitgestellt werden.

Die Auswertung des Papier-Fragebogens kann „per Hand“ unter Einbeziehung der entsprechenden Manuals und Interpretationsvorlagen vorgenommen werden. Bei der Nutzung des KODE® Softwarepaketes müssen Dongle-Einheiten (Credits) eingesetzt werden.

4.3 Verantwortungsvolle Auswertung von KODE®

Auch bei Anwendung der Software sind die KODE® Berater nicht von einer gewissenhaften Prüfung der angebotenen Interpretationsangebote und von einer begleitenden mündlichen Auswertung („Vier-Augen-Gespräch“ direkt oder telefonisch) entlastet.

Grundsätzlich gilt:

1. Der zu Beratende soll nicht durch zu viele Auswertungsunterlagen und Informationen überfordert werden. Der Auswerter muss personenkonkret auswählen („Weniger führt zu einem Mehr“);
2. Der Auswerter darf sich nicht auf die – durchaus sehr guten – softwaregestützten Ergebnisse verlassen, sondern die Ergebnisse mit eigenen Worten und anlassspezifisch transformieren;
3. Jede Beratung schließt mit konkreten Vorschlägen für eine Kompetenzentwicklung, die mit den zu Beratenden gemeinsam abgeleitet werden. Die KODE® Diagnostik ist – mit Ausnahme ihres Einsatzes in der Rekrutierung – nur Mittel zum Zweck. Ohne Entwicklungs- bzw. Bestärkungsanregungen würde das Verfahren unverantwortlich gestutzt. Die Entwicklungsberatung geht von einem positiven Menschenbild und von einer spezifischen (Entwicklungs-)Dienstleistungsfunktion der KODE® Berater aus. Diese Beratung ist bei weitem anspruchsvoller als die Diagnostik-Auswertung und eine in hohem Maße kreative Aufgabe – zumal es keine vorgefertigten Rezepturen gibt; vorhandene Anregungen und Instrumente müssen individuell modifiziert oder in neuer Form zusammengestellt werden.

Wichtig sind der Dialog mit dem zu Beratenden und seine eigenen Entwicklungsvorschläge.

Insofern verbieten sich sogenannte Knopfdruck-Diagnosen und ausschließlich schriftliche Standardauswertungen.

Protokollierung der individuellen KODE® Auswertungen und Ableitung von Entwicklungszielstellungen

Beispiel 1

Nachfolgend werden das Protokoll einer Kompetenz- und Stärken-Reflexion und die darauf aufbauenden „Verträge mit sich selbst" von einer Teilnehmerin an einem arbeitsbegleitenden MBA-Studium beispielhaft wiedergegeben.

Name	Ulrike Muster
Kurs	WO 101
Meine drei herausragenden Stärken (Stärkenmanagement)	→ Ergebnisorientiertes Handeln → Problemlösungsfähigkeit → Akquisitionsstärke
1. Stärke	<u>Ergebnisorientiertes Handeln</u> Es hat mich gefreut, dass diese Stärke benannt wurde, weil das ein grundsätzliches Verhalten von mir ist. Ich suche bei (fast) allem, was ich tue, das „Wesentliche". Konkrete Beispiele: → Um mein MBA-Projekt voranzutreiben (z.B. …) nehme ich alle guten Ideen auf, die (von meinen Kollegen) an mich herangetragen werden. Zwar mache ich auch eigene Lösungsvorschläge, fasse am Ende aber *das* zusammen, was einem guten Ergebnis des Projektes dient und nicht allein das, was ich selbst vorgeschlagen habe. (Früher wäre es mir wichtiger gewesen, dass das gute Ergebnis vor allem durch meine Ideen erzielt wurde.) → Ich sehe mich selbst als „Service" innerhalb des Unternehmens und versuche das aufzugreifen, was notwendig ist, und nicht nur das, was mir am meisten Spaß machen würde. → Ich stelle von mir verfasste oder erstellte Unterlagen, Checklisten, Ergebnisse oder Erkenntnisse etc. gerne anderen zur Verfügung, damit sie schnell(er) handlungsfähig werden und dadurch nicht unnötig Zeit verschwendet wird. Vertrag mit mir selbst (Kontrolle durch Tandem-Partner aus dem Arbeitsbereich): → Ich nehme bewusst viele auch neue oder ungewohnte Aufgaben wahr, um den Blick für das Wesentliche auch in Bereichen zu üben, die mir nicht vertraut sind. → Ich werde versuchen, meinen perfektionistischen Anspruch zu reduzieren, da die Erfüllung von 80 oder 90% einer Aufgabe schon gut genug sein kann.

2. Stärke	Problemlösungsfähigkeit Bei der Beschäftigung mit dieser Stärke wurde mir nochmals klar, dass man im beruflichen Alltag sehr viel Zeit damit verbringt, „Probleme“ bzw. gestellte Aufgaben zu bewältigen, und dass das eine sehr wichtige Kompetenz ist. Konkrete Beispiele: → Seit meiner KODE® Empfehlung „Treffen Sie Entscheidungen umgehend“ handle ich viel stärker danach als früher. Was sofort erledigt werden kann, *tue* ich mittlerweile auch sofort. → Die Ausbildung in meinem momentanen Betrieb wird an vielen Stellen von Kollegen kritisiert. Ich habe dieses „Problemfeld“ erkannt und bin darin eigenständig aktiv geworden. Ich habe Lösungsvorschläge gemacht, die jetzt umgesetzt werden. → Ich habe (bei ehemaligen Arbeitgebern) viele Beratungen mit Menschen durchgeführt, die vor allem in beruflichen Schwierigkeiten waren. Dabei habe ich die vorliegenden Probleme stets klar strukturiert und mit den Betroffenen gemeinsam nach Lösungsmöglichkeiten gesucht – und sie auch gefunden. → Ich habe positive Rückmeldungen erhalten nach der Durchführung des (simulierten) Konfliktgespräches im Berlin-Seminar. Vertrag mit mir selbst (Kontrolle durch Tandem-Partner aus dem Arbeitsbereich): → Ich möchte Probleme noch aktiver angehen und mich mit ihnen mutig auseinandersetzen, da ich schon jetzt gemerkt habe, dass man dadurch viel weiter kommt, als anfangs gedacht. → Ich möchte auch neue Denkweisen zulassen, um ein Problem zu lösen. → Ich möchte möglichst *jede* Aufgabe als eine Herausforderung sehen und das Beste aus ihr machen.

3. Stärke	Akquisitionsstärke Diese Stärke hat mich überrascht, weil ich sie selber noch nie so an mir gesehen habe. Aber gerade deswegen möchte ich mich gerne näher mit ihr beschäftigen. Konkrete Beispiele: → Bei meinem ehemaligen Arbeitgeber war es meine Aufgabe, Jugendliche in Praktika zu vermitteln. Dabei habe ich für jede/n Jugendliche/n einen Praktikumsbetrieb gefunden, auch wenn es eine Weile gedauert hat oder der Jugendliche schwer zu vermitteln war. → Durch viel Reden und Begründen habe ich schon viele meiner Kollegen für meine Pläne zur Neustrukturierung der Ausbildung in meinem momentanen Projekt/Betrieb gewinnen können. Vertrag mit mir selbst (Kontrolle durch Tandem-Partner): → Ich möchte noch mehr und mutiger meine Ideen und Vorschläge vorbringen und darstellen und nach jeder Zusammenkunft eine entsprechende Rückmeldung darüber erhalten. → Ich möchte mehr auf die Wirkung meiner Person/Persönlichkeit vertrauen.

<table>
<tr><td>Maximal zwei deutliche Entwicklungsfelder benennen (Korrektur- und Entwicklungsmanagement)</td><td>→ Gestaltungswille
→ Belastbarkeit</td></tr>
<tr><td>1. Entwicklungsfeld</td><td><u>Gestaltungswille</u>
Bei diesem Punkt ist es mir sehr schwergefallen, konkrete Beispiele zu finden.

Konkrete Beispiele:
→ Ich suche immer nach eher einfachen, unkomplizierten und praktischen Lösungen und scheue zu viel Aufwand, um eine Aufgabe zu ihrem Ende zu bringen.
→ Ich lasse andere Ideen oder Vorschläge immer schneller und eher gelten als meine eigenen.
→ Weniger zu gestalten bedeutet auch, weniger Verantwortung zu übernehmen, was meiner Unsicherheit manchmal entgegen kommt.

Vertrag mit mir selbst (Abgesprochene Rückmeldung durch Arbeitskollegen):
→ Ich lasse mehr Ideen zu und versuche verstärkt, sie einzubringen und dafür auch die Verantwortung zu übernehmen.</td></tr>
<tr><td>2. Entwicklungsfeld</td><td><u>Belastbarkeit</u>
Ich bin ein Mensch, der Veränderungen oder neue Erfahrungen nur langsam verarbeitet.

Konkrete Beispiele:
→ Ich bin durch meine 41-Stunden-Woche vollkommen ausgelastet. Ich brauche Zeiten der Erholung, um alles Erlebte oder neu Gelernte zu verarbeiten und aufzunehmen. Meiner Meinung nach ist das ein gesunder und menschlicher Prozess, aber ich habe nicht das Gefühl, dass darauf im Arbeitsprozess oder Berufsleben Rücksicht genommen wird.
→ Wenn sich zu viele Aufgaben auf meinem Schreibtisch stapeln, dann werde ich ungenauer und unkonzentrierter in der einzelnen Sache, weil ich dann mehr an alles das denke, was noch vor mir liegt, als an das, was ich gerade mache oder fertig stellen könnte.

Vertrag mit mir selbst (Kontrolle durch Arbeitskollegin und Partner):
→ Ich werde versuchen, meinen perfektionistischen Anspruch zu reduzieren, da die Erfüllung von 80 oder 90% einer Aufgabe schon gut genug sein kannn (vgl. Punkt 1).
→ Ich werde versuchen, an einer Sache dran zu bleiben und sie zu Ende zu führen, ohne mich zu sehr zu verzetteln.
→ Ich denke, dass ich meine Belastbarkeitsgrenze ausweiten kann. Aber dafür muss ich mir Zeit nehmen und mich mit dem MIT und anderen Ratgebern befassen.</td></tr>
</table>

Zusätzliche Angaben	Meine Stelle und das zeitintensive Steinbeis-Studium fordern ein erhöhtes Arbeitstempo von mir. Ich lerne, schneller und aktiver zu handeln. Da ich oft sehr lange über Dinge oder Entscheidungen nachdenke – was ich aber nach wie vor als eine wichtige Eigenschaft ansehe – erfordern die neuen Umstände neue Denk- und Handlungsweisen von mir. Ich merke, dass ich mich dahingehend verändere. Ich merke aber auch, dass dies alles seine Zeit braucht, und dass es sich dabei um einen langsamen und manchmal auch „schmerzhaften" Prozess handelt. Die Kompetenzeinschätzungen finde ich sehr wichtig, denn sie geben mir wichtige und gute Anstöße. Ich finde diese Anregungen sehr wichtig im Rahmen des gesamten MBA-Programms.

Beispiel 2

Ausschnittsweise wird ein schriftlicher *Kompetenzbeleg* zur Diskussion gestellt, der nach mehrmaligen Kompetenz-Einschätzungen und entsprechenden mündlichen Auswertungsgesprächen entstand und von der eingeschätzten Person gegenüber Dritten verwendet werden kann.

Kompetenzbeleg für

Herrn Martin Mustermann

Im Rahmen des Projekt-Kompetenz-Studiums an der Steinbeis School of International Business and Entrepreneurship (SIBE) werden am Anfang, zur Mitte des Studiums und zum Ende KODE®X-Einschätzungen durchgeführt. Es handelt sich um eine 180°- (Selbsteinschätzung, Einschätzung durch drei Kommilitonen) oder 270°- (Einschätzung durch einen Unternehmensvertreter, Selbsteinschätzung und durch zwei Kommilitonen) Multisource-Multirater-Bestimmung.
Im Ergebnis zeigen sich durchlaufend oder zumindest in zwei Bestimmungen zunehmende oder gleichbleibend stark ausgeprägte Kompetenzen, daneben aber auch solche, an denen gearbeitet werden kann, um sie zu erhöhen. Ziel ist allerdings ein Stärkenmanagement: Es gilt, herausragende Kompetenzen zu erkennen, konkret festzumachen und konkrete Schritte ihrer weiteren Stärkung zu planen.

„Herr Mustermann besitzt in der Einschätzung von Kommilitonen und einem Unternehmensvertreter folgende starke Kompetenzen, die er im Laufe des Studiums noch erhöhen konnte:

1. Analytische Fähigkeit
2. Problemlösungsfähigkeit

Konkretisierung 1: Herr Mustermanns Abteilung betreibt Inhouse Consulting für Fertigungswerke weltweit. Dabei werden sowohl Fertigungsprozesse als auch Supportprozesse betrachtet und miteinander verglichen. Das bedeutet, dass er in einem heterogenen, interdisziplinär aufgestellten Team arbeitet, das sich aus Experten aus unterschiedlichen Fachgebieten und Kulturen zusammensetzt. Als Sozialwissenschaftler ist er in einem Bereich tätig, in dem hauptsächlich Ingenieure und Betriebswirte arbeiten. Dennoch konnte er sich sehr schnell in das neue Fachgebiet einarbeiten.

Kompetenzentwicklung 1: Gerade bei der Erstellung von Entscheidungsvorlagen für Vorgesetzte etc. ist es ihm gelungen, die wichtigen Informationen so kurz und knapp wie möglich darzustellen, stark zu selektieren, Folieninhalte auf das Wesentliche zu reduzieren, eine einfache Sprache zu verwenden und noch stärker Text durch visuelle Darstellungen, durch einfache, selbst redende Grafiken zu ersetzen.

Konkretisierung 2: Herr Mustermann ist ein Mensch, der zumeist nach vorn schaut. Das spiegelt sich auch in seiner Problemlösungsfähigkeit wieder. Bei Problemen versucht er durchgehend, geeignete Mittel und Wege zu finden, um Lösungen herbeizuführen. Das hat sich in der Initiierung von Brainstormingzirkeln beim Auftreten von herkömmlich nicht lösbaren Schwierigkeiten erwiesen. Diese Zirkel bezogen nach und nach alle Mitarbeiter seiner Abteilung mit ein. Die Lösungsvorschläge waren stets deutlich auf die Verbesserung des Unternehmensergebnisses gerichtet.

Kompetenzentwicklung 2: Herr Mustermann vermochte es, sich den immer neuen und auch schwierigen Problemen offensiv zu stellen, um so seine Problemlösungsfähigkeit zu bewahren und auszubauen. Dabei verlor er aber nicht den Blick aufs Wesentliche. Das Wissen um diese Kompetenz ermöglichte es ihm, diese gezielt weiterzuentwickeln.

Herr Mustermann besitzt gemäß der Einschätzung folgende weitere, durchgehend aufzuweisende starke Kompetenzen.

3. Initiative
4. …

Konkretisierung 3: Initiative bedeutet für Herrn Mustermann vor allem, Dinge nach wesentlichen und unwesentlichen unterscheiden zu können und dort, wo er Veränderungsbedarf ausmacht, diesen in seinem Rahmen sofort anzugehen. Eine solche Initiative zeichnet sein Herangehen generell aus.

Kompetenzentwicklung 3: Neben seiner Arbeit im MBA-Projekt machte Herr Mustermann einen offensichtlichen Missstand in seiner Abteilung aus und vermochte es, mit Hilfe eines Verbesserungsvorschlags, der quasi in ein weiteres Projekt mündete, eine echte Lösung vorzuschlagen und diese eigenständig aktiv durchzuführen.

Konkretisierung 4: …
Kompetenzentwicklung 4: …

Herr Mustermann besaß gemäß der Einschätzung folgende weniger stark ausgeprägte Kompetenzen, die er im Laufe des Studiums deutlich erhöhen konnte:
1. Kommunikationsfähigkeit
2 …

Konkretisierung 1: Von Anfang an sahen die Kommilitonen von Herrn Mustermann seine Kommunikationsfähigkeit als gut an, während er selbst und seine Führungskraft sie eher als schwach einschätzten. Es zeigte sich, dass die Kommunikationsfähigkeit in Fachgesprächen sehr gut war, in Gebieten, in denen er kein Experte ist, aber schwach. Zudem suchte er sich seine Gesprächspartner sehr selektiv und nicht immer aufgabengerecht aus. Bei neuen Kontakten war er außerordentlich zurückhaltend, wirkte teilweise auch introvertiert.

Kompetenzentwicklung 1: Als Messeverantwortlicher seiner Abteilung hatte er viel mit Kunden zu tun. Dort entwickelte er von der Kompetenz-Einschätzung ausgehend seine Fähigkeiten, Small Talk betreiben zu können und auf Kunden zuzugehen, bewusst und zielgerichtet weiter. Er schaffte es zunehmend sehr gut, neue Kontakte zu knüpfen und dies auch zu reflektieren. Er nutzte die Messen als Kontrolle und „Coaching". Auch hat er es zunehmend gelernt, seine Ziele und Visionen den Mitarbeitern sehr einfach und plausibel zu erklären und alle mit ins Boot zu holen.

Konkretisierung 2: …
Kompetenzentwicklung 2: …

Mit den Kompetenzen
• Analytische Fähigkeit
• Problemlösungsfähigkeit
• Initiative
besitzt Herr Martin Mustermann solche überfachlichen Kompetenzen, die ihn deutlich für eine zukünftige Führungsfunktion befähigen.

Die Tatsache, dass er durch eigenständige Reflexion und Arbeit an sich selbst die schwächere Kompetenz
• Kommunikationsfähigkeit
in eine Stärke wandeln konnte, spricht ebenfalls deutlich für seine Führungsfähigkeiten.

Herr Martin Mustermann wird in Zukunft, auch durch die im Studium durchweg präsente Analyse der eigenen Kompetenzen, die Arbeit an sich selbst und an seinen Stärken mit Sicherheit fortsetzen.

Unterschrift/Auswerter

5 Selbstintendierte Kompetenzentwicklung mit hohem Anspruch

Unser Kompetenzmodell berücksichtigt, dass sich viele Schlüsselkompetenzen biographisch schon früh herausbilden. Zugleich ist davon auszugehen, dass wichtige Schlüsselkompetenzen nicht in speziellen Trainingskursen erworben werden, sondern eher (nebenbei) im sozialen Umfeld oder in der unmittelbaren Tätigkeit (learning to do in anspruchsvollen Arbeits- und Kooperationsprozessen). Die Analyse des Lernens im sozialen Umfeld (Familie, Schule, Verein, ehrenamtliche Tätigkeit …) enthält deshalb auch wichtige Inputs bei derEntwicklung von Kompetenzentwicklungsmaßnahmen.

5.1 Sinnvolle Nutzung der KODE® Ergebnisse – einzeln sowie im Verbund mit KODE®X im Coaching und Training

Coaching hat einen besonderen Stellenwert für die Kompetenzentwicklung und den Kompetenzerhalt. Kompetenz-Coaching kann sowohl die individuelle Beratung und das persönliche Feedback als auch Trainingstools einbeziehen, die dazu beitragen sollen, dass die Coachees alltägliche Dinge anders sehen, ihre Verhaltensabsichten klarer bestimmen, sich effizienter verhalten und die Realisierung der Absichten und Erwartungen an den Verhaltensergebnissen messen.

Verzahnungen von KODE® und kompetenzverstärkendem Coaching

KODE® bietet für ein kompetenzorientiertes Coaching einige innovative Zugänge und Verstärkungen, zumal KODE® als Diagnostik-Verfahren (nur) Mittel zum Zweck ist: Richtungs- und Schubgeber für eine differenzierte Kompetenz-Entwicklung. So integriert KODE® auch vielfältige Programme und Anregungen zum Selbsttraining, die hervorragend im Coaching genutzt werden können.

Verzahnungen von KODE®X und kompetenzverstärkendem Coaching

Ebenso gibt es über KODE® hinausführend bei KODE®X einige sehr interessante Schnittstellen für ein kompetenzorientiertes Coaching.

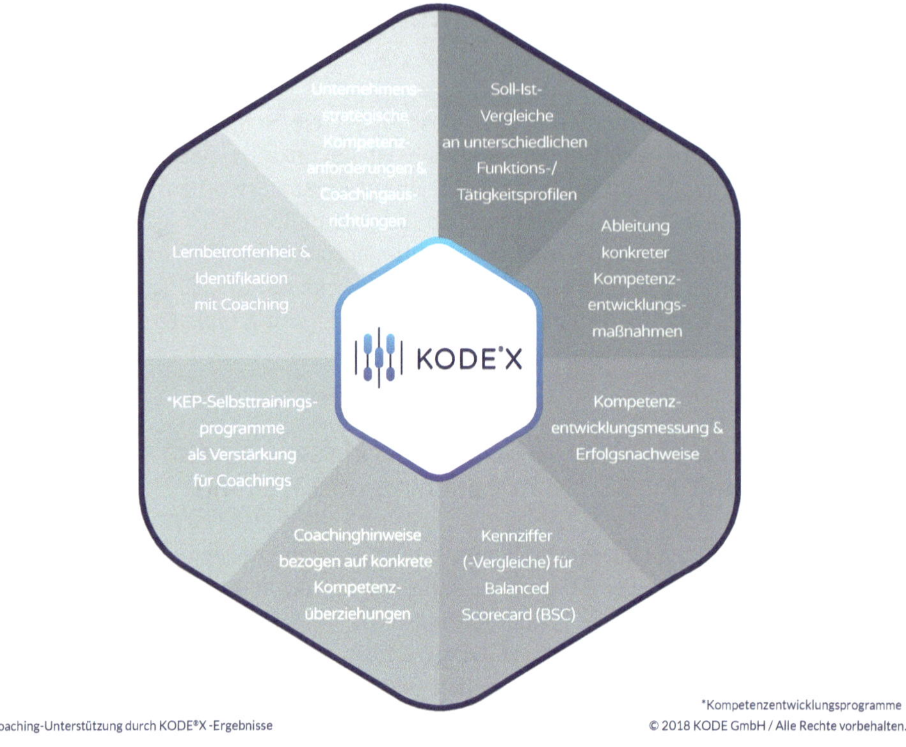

Abb. 13: Coaching-Unterstützung durch KODE®X-Ergebnisse

Das KODE® System integriert unterschiedliche Instrumente und Verfahren zum Selbsttraining und zum Coaching:

- Elementare Übungsempfehlungen
- 86 modulare KompetenzEntwicklungsProgramme
- 45 Trainingsempfehlungen und Übungen
- KODE® Interview mit 512 Fragegruppen bezogen auf 64 Teilkompetenzen

5.2 Modulare KompetenzEntwicklungsProgramme (KEP)

Kompetenzentwicklung durch aktive Unterstützungsformen

Wir stellten bereits fest, dass Kompetenzen im Grunde genommen nur auf der Grundlage von *Ermöglichen* und *Unterstützen* durch handlungs- und übungsintensive Unterstützungsmethoden (Training, Coaching, Mentoring…) angeregt und *verstärkt* werden können.

„Techniken“ und „Übungen“ umreißt das Einsatzfeld all jener Verfahren, die wirklich zur Kompetenzentwicklung genutzt werden können. Die 86 *KEP* umfassen eben solche Verfahren und orientieren sich an der abgeleiteten Übersicht der 64

Grund- und *Teilkompetenzen*. Der Vorteil dieses Aufbaus für ein Trainingskompendium ist, dass die vier *Basiskompetenzen* P, A, F, S und die davon ausgehenden Teilkompetenzen in Zweierkombinationen ein äußerst differenziertes und vor allem nicht „fachkompetenzlastiges" Bild ergeben, wie das bei eher qualifikationsorientierten Weiterbildungsmaßnahmen so häufig der Fall ist.

Jedes der 86 Programme ist modular aufgebaut:

- Zu jeder der 64 Teilkompetenzen liegen charakterisierende Definitionen und Beispiele für Handlungskompetenzen vor.
- Davon ausgehend werden in den einzelnen Programmen die *Basis- und Teilkompetenzen* direkt mit den aktuellen Herausforderungen in Verbindung gebracht.
- *Aktuelle Trends* und *Methoden* werden im Licht der jeweiligen Teilkompetenz beleuchtet.
- Reflexionen in Form von *Selbstchecks* helfen den Mitarbeitenden Ihre Kompetenzziele zu definieren und ermöglichen es, Antworten auf solche Fragen zu finden:
  - Wie sieht es mit meinen Kompetenzen aus?
  - Habe ich deutliche Kompetenzdefizite?
  - Kann ich diese durch andere, stärker ausgeprägte Kompetenzen kompensieren?
  - Wo muss ich mir über weniger ausgeprägte Kompetenzen klar werden und sie durch ein entsprechendes Training erhöhen?
- Daraus leiten sich die persönlichen *Zielsetzungen* ab, die in Veränderungsvorsätzen gleich ob mit oder ohne Training münden:
  - Was muss sich ändern?
  - Wo setze ich an?
  - Welche Ziele stelle ich mir persönlich?
- Zugleich werden die Hintergründe von *Veränderungsmöglichkeiten* deutlich:
  - Was kann ich überhaupt verändern?
  - Wo stehen mir Hilfe und Unterstützung zur Verfügung?
  - Welche Energiequellen können und sollen mich antreiben?

Ferner ist herauszufinden, welche Gewohnheiten, Hindernisse und *Bremsen* der Zielerreichung entgegenstehen:

- Wann und wo habe ich meine Kompetenzentwicklung vernachlässigt?
- Was steht subjektiv und objektiv meiner Entwicklung entgegen?
- Wie kann ich Bremsen beseitigen?

Daraus lassen sich schließlich persönliche *Schlussfolgerungen* und *Maßnahmen* für die eigene Kompetenzentwicklung ableiten. Ist man bis zu diesem Punkt vorgedrungen, beginnt die Suche nach geeigneten *Techniken* und *Übungen*. Hier soll dem Suchenden nichts vorgeschrieben werden. Es gibt keine allgemeingültigen Rezepte zur Kompetenzentwicklung. Es gibt nur Erfahrungen und Möglichkeitsfelder, die man selbst – eventuell gestützt durch Trainer, Personalentwickler, Kollegen oder Freunde – nutzen und ausprobieren kann.

Die *bisherigen Nutzungen der KEP* sind vor allem:

- Training- und Coaching-Instrumentenbaukasten/Kompendium
- KODE® Rückmeldungen und KEP-Anregungen im Rahmen von Kompetenz-Analysen und PE-Strategien
- Kopplung mit Verhaltenstrainings verschiedenster Art (Führen, Vertrieb, Verhandeln, Service, Selbstmanagement ...)
- Kopplung mit Coaching
- ...

5.3 Anregung und Begleitung von Kompetenzentwicklungen

Kompetenzen, die für bestimmte Tätigkeiten und Funktionen erforderlich sind, können
a) in Grenzen trainiert und angeregt werden und
b) *nur* in Grenzen trainiert und angeregt werden.

Der Schlüssel zur Kompetenzentwicklung liegt in deutlich emotions- und motivationsaktivierenden Lernprozessen.

Kompetenzen kann man nicht „lernen", so wie man das Einmaleins, die Differentialrechnung oder die Abfolge historischer Ereignisse lernt. Das hängt damit zusammen, dass Kompetenzen von Werten fundiert und von Erfahrungen konsolidiert werden. Werte kann man aber nur selbst verinnerlichen, Erfahrungen nur selbst machen. Man kann zwar fremde Erfahrungen mitgeteilt bekommen; damit diese jedoch eigene werden, müssen sie durch den eigenen Kopf und das eigene Gefühl hindurch. Das gilt ebenso für Werte, die erst zu Emotionen und Motivationen verinnerlicht werden müssen, um wirksam zu werden. Das eigene Gefühl, die eigenen Emotionen und Motivationen sind nur beteiligt, wenn man vor spannungsgeladene, dissonante, nicht durch bloße Verstandesoperationen lösbare geistige oder handlungsbezogene Problem- und Entscheidungssituationen gestellt wird.

Informationsveranstaltungen, Vorträge, Planspiele, Fallbeispiele und viele andere bewährte Weiterbildungsmethoden zur *Wissens*aneignung helfen hier nicht weiter; es sind *neue* Inhalte und Formen der Weiterbildung gefragt, wenn es um Kompetenzentwicklung geht.

Kompetenzen sind vorrangig in Trainings- und Einzelcoaching-Formen vermittelbar.

Besonders interessant für Kompetenzentwicklungen sind folgende Anregungsformen (Heyse/Ortmann 2008):

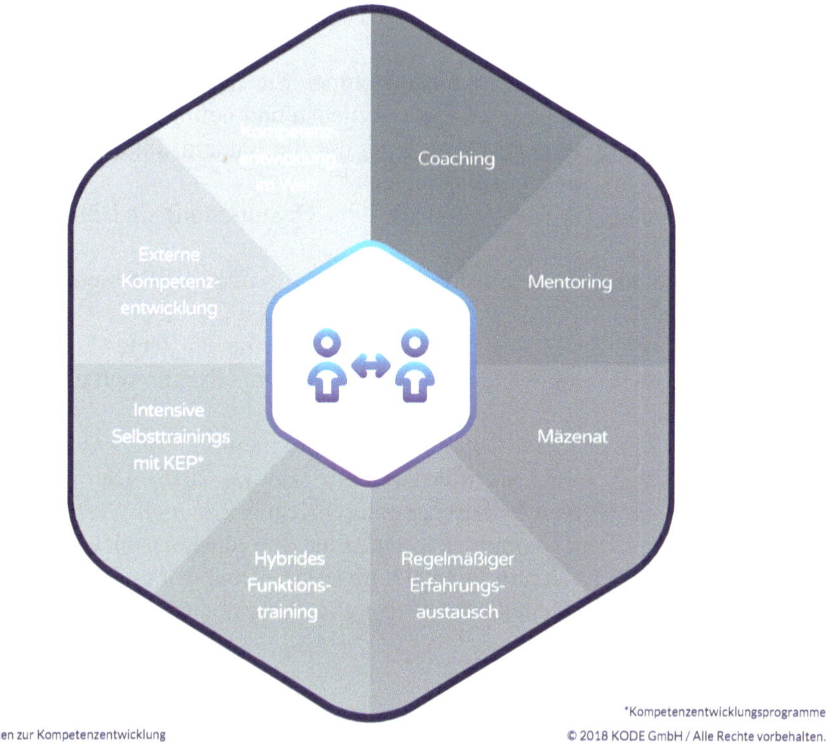

Abb. 14: Anregungsformen

5.4 Weitere Anregungen zum Kompetenz-Selbsttraining und zum Selbstcoaching

Neben den 86 KEP können im Rahmen der KODE® Lizenzausbildung weitere vier Gruppen von KODE® Übungsempfehlungen angewandt werden – ebenfalls als Anregungen zum elementaren Selbst-Training sowie zum Coaching. Sie beziehen sich in erster Linie auf die vier Basiskompetenzen P/A/F/S und zielen darüber hinaus mit Übungen auf eine Vielzahl der 64 Schlüsselkompetenzen. Und sie folgen der Erkenntnis: Die in jeweils einem Quadranten des KompetenzAtlas positionierten Schlüsselkompetenzen weisen zueinander mindestens Korrelationen in Höhe von r = 0,40 auf. Eine deutliche Stärkung einer dieser jeweils vier Schlüsselkompetenzen hat auch eine Stärkung einer oder mehrerer weiterer Schlüsselkompetenzen zur Folge. Analoges gilt auch vermehrt für Grenzpositionen zwischen zwei Quadranten.

Für jede Basiskompetenz gibt es 6 sog. Toolkoffer, die auf folgende Fragen eingehen:

1. „Wie können Sie diese Kompetenz bei sich selbst direkt und indirekt fördern (konkrete Wege und Mittel)?"
2. „Welche elementaren Ver- und Gebote sollten Sie sich im Sinne der Erweiterung Ihrer Kompetenz unbedingt als Ziele vorgeben und befolgen?"
3. „Wie erkennen Sie mögliche Vorurteile, die Sie hindern, Ihre Kompetenz weiter zu entwickeln bzw. umfassend zu nutzen?"
4. „Welche Trainings (in oder außerhalb Ihrer Organisation) sind für Sie besonders geeignet?"
5. „Welche Methoden zum selbstorganisierten Training (KEP) bieten sich für Sie besonders an?"
6. An welche Personen können Sie sich mit der Bitte um Unterstützung bei Ihrer Kompetenzentwicklung wenden (innerhalb der Organisation und außerhalb)?"

Des Weiteren kann auf ein Online-Trainingsprogramm „*Kompetenztrainer* – Ihr persönlicher Erfolg" zurückgegriffen werden. (Heyse, 2015) Der Kompetenztrainer schließt die vielfältigen Erfahrungen aus Erlebnispädagogik, Verhaltenstraining, Psychotherapie und Psychoprophylaxe ein. Eine abwechslungsreiche und wirksame Lernumgebung führt durch multimedial aufbereitete Übungen und Aufgaben, Selbsttests, vielfältige prozessbegleitende Selbstreflexionseinheiten und Videoeinspielungen.

Das Programm verfolgt drei Nutzerziele:

- Persönliche Schlüsselkompetenzen erkennen und ausbauen,
- Persönlichkeit stärken,
- beruflichen und privaten Erfolg und Wohlbefinden sichern.

Dieses Online-Trainingsprogramm eines erfolgreichen individuellen Kompetenzmanagements integriert sechs verschiedene Trainingsbausteine, die einzeln separat umgesetzt werden können oder als Mix in zeitlicher Folge:

1. Selbstbildstabilität und Eigenverantwortung (eigene Stärken erkennen und darauf aufbauen)
2. Selbstsicherheit und Entscheidungsfähigkeit (Gewohnheitsbetrachtungen und Vor-Urteile durch günstigere, zukunftsorientierte Denkhaltungen ersetzen)
3. Kreativität und Innovationsfähigkeit (Vereinbarungen mit sich selbst schließen und einhalten, Schaffen, Festigen und Umsetzen von Visionen)
4. Selbstdistanz und Humor (sich „von außen" und relativierend betrachten)

5. Selbstbeherrschung und Eigenbelastung (unter äußeren und inneren Bedingungen erfolgreich handeln, selbstbewusst die engen Schutzzonen verlassen).

Dieses Trainingsprogramm mit den vielfältigen Instrumenten und Trainingseinheiten wird mit Erfolg für Organisationsentwicklung (im Rahmen von Blended Learning), individuelle Personalentwicklungen sowie im Coaching eingesetzt.

6 Die KODE® Software (kurzer Überblick)

Stefan Ortmann

Der Weg in die digitale Gesellschaft stellt nicht nur besondere Anforderungen an das Management im Personalbereich, sondern auch an die dort eingesetzten Softwaresysteme.

Mit der KODE® Software steht ein integriertes Softwaresystem zur Verfügung um die KODE® und KODE®X-Verfahrenssysteme in der Beratung oder innerbetrieblich anwenden zu können.

Das 2004 als Softwarepaket „Competenzia" vorgestellte System liegt nun in der vierten Generation vor und hat nicht nur eine technische Modernisierung, sondern vor allem inhaltliche Ergänzungen erhalten.

Die KODE® Software besteht aus vier Programmmodulen plus administrativen und informativen Funktionalitäten. Die Benutzeroberfläche ist einer Tablet-Bedienung nachempfunden, so dass die Einarbeitung in kurzer Zeit möglich ist.

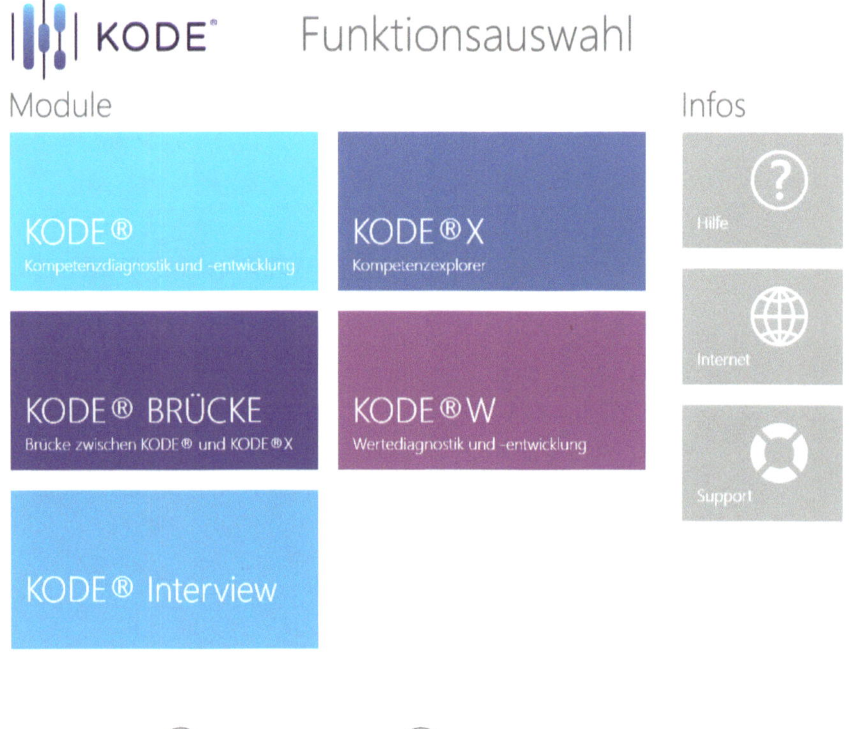

Abb. 15: Module des KODE® Softwarepaketes

1. KODE®
   Das KODE® Modul bildet die gesamte KODE® Verfahrenssystematik zur Kompetenzdiagnostik und -entwicklung ab. Nach Eingang der (Online-)Fragebögen werden – unter Anwendung der implementierten Auswertungsalgorithmen des KODE® Systems – Einzel- bzw. Gruppenauswertungen erzeugt. Jede KODE® Auswertung ermöglicht den Zugriff auf eine umfangreiche Bibliothek kompetenzbezogener Diagnose- und Entwicklungstexte. Die Auswertungsdokumente dienen der Reflexion des persönlichen Handelns und geben Anregungen zur Selbstentwicklung. Des Weiteren können aus der KODE® Software zusammengefasste oder ausführliche Kompetenzgutachten zur Weitergabe an die beratenen Personen erstellt werden.

2. KODE® Brücke
   In vielen Fällen besteht das Anliegen, eine KODE® Einschätzung in Beziehung zu einem konkteten Tätigkeitsprofil zu setzen, z.B. im Rahmen des Recruitings, einer angestrebten Beförderung oder eines innerbetrieblich ermöglichten Stellenwechsels. Die KODE® Brücke bietet die Möglichkeit individuelle Jobprofile zu hinterlegen und diese für individuelle Soll-/Ist-Auswertungen zur Verfügung zu stellen. Das Verfahrenssystem bietet aussagekräftige Aussagen in Bezug auf die Passfähigkeit einer Person auf eine Stelle sowie – falls notwendig – die Ableitung stellenbezogener Kompetenzentwicklungsmaßnahmen.

3. KODE® Interview
   Kompetenzinterviews bieten die Möglichkeit, organisationsübergreifend standardisiert Feedback-, Bewerbungs- oder Fördergespräche durchzuführen. Im Modul KODE® Interview stehen über 500 hinterlegte arbeits- und kompetenzorientierte Fragen zu den 64 Schlüsselkompetenzen des KompetenzAtlas zur Auswahl zur Verfügung. Aus diesem Fragenpool – ggf. ergänzt um individuelle Fragen – können kompetenzfokussierte Interviews definiert und anschließend durchgeführt werden.

4. KODE®X
   Ausgehend von der Strategie und dem Leitbild einer Organisation kann unter Nutzung von KODE®X ein Kompetenzmodell entwickelt und ausgerollt werden. In diesem Zusammenhang spielt der KompetenzAtlas eine wichtige Rolle. Unter Anwendung des praxisbewährten KODE®X-Prozesses wird ein Kompetenzmodell entwickelt und eingeführt, das zur Kompetenzmessung (bis zu 360°) und Ableitung persönlicher oder organisationsweiter Kompetenzentwicklungsmaßnahmen geeignet ist.

Nachfolgend werden das KODE® Verfahrenssystem sowie die KODE® Brücke und das KODE® Interview innerhalb der KODE® Software näher dargestellt. Auf das KODE®X-Verfahrenssystem (innerhalb der KODE® Software) wird in Kapitel IV innerhalb dieses Buches konkreter eingegangen.

6.1 KODE®

Das KODE® Verfahrenssystem generiert die Ergebnisdaten aus einem (oder mehreren) KODE® Fragebögen. Ein KODE® Fragebogen enthält 24 Fragen mit jeweils 4 Antworten, die in eine Rangreihenfolge gebracht werden müssen.

Der KODE® Fragebogen ist in diversen Sprachen vorhanden, so dass auch z.B. Personen mit Migrationshintergrund an dem KODE® Verfahren teilnehmen können. Beispiele dazu finden sich u.a. im Band 10 der Reihe „Kompetenzmanagement in der Praxis". (Bornträger/Moukoulli, 2016)

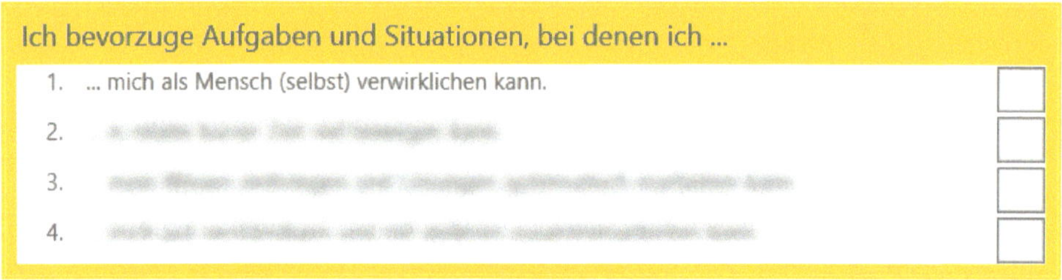

Ich bevorzuge Aufgaben und Situationen, bei denen ich ...

1. ... mich als Mensch (selbst) verwirklichen kann.
2.
3.
4.

Abb. 16: Exemplarische Frage des KODE® Fragebogens

Nachdem der KODE® Fragebogen ausgefüllt wurde, steht ein umfangreicher Kompetenzreport zur Verfügung. Je nach Anwendungsfall und Zielgruppe kann dieser gesamtheitlich oder in Auszügen eingesetzt werden.

Fragebogen
Einführung
Kompetenzprofil
Kompetenzverteilung
Individuelle Basiskompetenzen
Interpretation Basiskompetenzen
KompetenzAtlas
Interpretationsangebote
Umgang mit anderen Personen
Zeitmanagement
Lernverhalten
Teamkompetenzen
Übungsempfehlung

Abb. 17: Inhalte des Kompetenzreports

Zunächst kann der ausgefüllte Fragebogen nochmals eingesehen werden. Nach einem einleitenden Text, der die Abschnitte des Reports beschreibt, folgt das Kompetenzprofil.

Im Kompetenzprofil werden die KODE® Ergebnisse für normale und schwierige Arbeits- bzw. Lebensbedingungen inklusive eines erklärenden Textes dargestellt.

KOMPETENZPROFIL UNTER NORMALEN UND SCHWIERIGEN BEDINGUNGEN

Kompetenzprofil

KODE®

	P	A	F	S
Unter normalen Bedingungen	30	27	27	36
Unter schwierigen Bedingungen	33	21	26	40
Differenz	3	-6	-1	4
Durchschnitt	32	24	26	38

P Personale Kompetenz
A Aktivitäts- und Handlungskompetenz
F Fach- und Methodenkompetenz
S Sozial-kommunikative Kompetenz

≥ 12 und ≤ 22 Geringe Kompetenzausprägung
≥ 23 und ≤ 34 Mittlere Ausprägung
≥ 35 und ≤ 40 Hohe Ausprägung
≥ 41 und ≤ 48 Sehr starke Ausprägung

PROFILCHARAKTERISTIK

Unter normalen Lebens- und Arbeitsbedingungen dominiert die Sozial-kommunikative Kompetenz auf hohem Niveau, Personale Kompetenz, Aktivitäts-/Handlungskompetenz und Fach- und Methodenkompetenz liegen im mittleren Bereich.

Er ist vor allem sehr stark bzgl. Kontaktfreudigkeit, Geselligkeit, soziale Anpassungs-, Kommunikations- und Kooperationsfähigkeit, Beziehungsorientierung, Kommunikations-, und Konfliktlösungsfähigkeit, Integrationsfähigkeit, Wertschätzung und Akzeptanz anderen gegenüber sowie Verständnis- und Kompromissbereitschaft.

Die Sozial-kommunikative Kompetenz ist unter schwierigen Lebens- und Arbeitsbedingungen stark ausgeprägt, Personale Kompetenz und Fach- und Methodenkompetenz sowie Aktivitäts-/Handlungskompetenz sind geringer ausgeprägt.

Schwierigen Bedingungen begegnet er mit hoher Kontaktfähigkeit, Offenheit gegenüber Neuem, Einfühlsamkeit, Kommunikations- und Interaktionsfähigkeit.

Unter schwierigen Bedingungen intensiviert er die Personale Kompetenz, insbesondere durch Erhöhung von Verantwortungsbewusstsein, Eigenständigkeit, deutlichen persönlichen Idealen und löst anstehende Probleme mit einem hohen Anspruch an gegenseitiges Vertrauen, Loyalität, Fairness und Identifikation mit der Aufgabe. Herr Grohmann forciert die Sozial-kommunikative Kompetenz, insbesondere solche Teilkompetenzen wie Beziehungsorientierung, Dialogfähigkeit, Konfliktlösungsfähigkeit, Kommunikations- und Kooperationsfähigkeit sowie Integrationsfähigkeit. Unter schwierigen Bedingungen nimmt er sich bzgl. der Aktivitäts-/Handlungskompetenz sehr stark zurück.

Abb. 18: Kompetenzprofil

Im nächsten Abschnitt des Kompetenzreports ist die Kompetenzbilanz enthalten. Unter Kompetenzbilanz wird das Verhältnis zwischen den Handlungsdimensionen – die auch mit Ideal, Absicht, Verhalten, und Wirkung umschrieben werden könnten – verstanden.

Konkret misst die Kompetenzbilanz die folgenden vier Dimensionen:

Dimension		Zugeordnete Fragestellungen (Auszug)
- Handlungsideal	(HI):	Was ist für mich wichtig? Was sollte es sein?
- Handlungserwartung	(HE):	Was nehme ich mir vor? Was will ich erreichen?
- Handlungsvollzug	(HV):	Was mache ich? Wie verhalte ich mich?
- Handlungsresultat	(HR):	Was habe ich erreicht? Wie komme ich bei anderen an?

Eine beispielhafte Kompetenzbilanz für die Sozial-kommunikative Kompetenz (S) wird nachfolgend dargestellt. Die Dimensionen Personale Kompetenz (P), Aktivitäts- und Handlungskompetenz (A) sowie Fachlich-Methodische Dimension werden auf die gleiche Art und Weise in dem Kompetenzreport dargestellt.

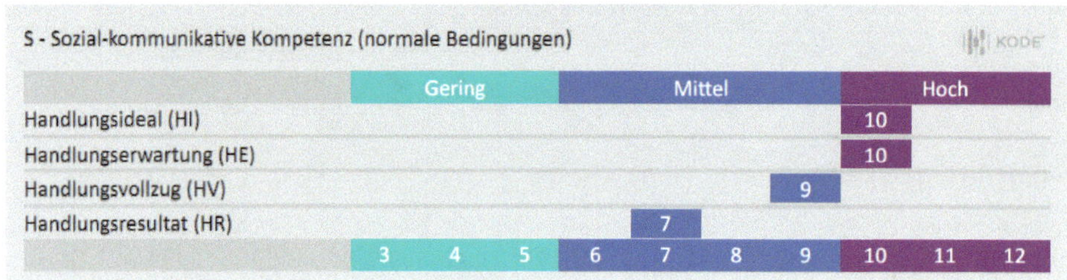

Herr Grohmann möchte unter normalen Lebens- /Arbeitsbedingungen im Bereich der Sozial-kommunikativen Kompetenz viel erreichen. Die Handlungserwartungen sind hoch und werden durch ebenfalls stark ausgeprägte persönliche Werte und Handlungsideale gestützt. Allerdings wird nur auf mittlerem Niveau agiert, um die selbst gesteckten Handlungserwartungen zu erfüllen. Und die tatsächlichen Handlungsresultate befinden sich ebenfalls auf mittlerem Niveau. Die Kompetenzbilanz weist somit noch Reserven auf.

Verbesserungen der eigenen Kompetenzbilanz im Bereich der Sozial-kommunikativen Kompetenz könnten dadurch erfolgen, dass Herr Grohmann den eigenen Handlungsvollzug (richtige Handlungsweisen, ausreichend...?) kritisch prüft und ggf. Handlungsänderungen bzw. -Verstärkungen (Zeit-, Kraft-, Energieeinsatz) vornimmt. Der bisherige mittlere Zeit-, Kraft-, Energieaufwand führt noch nicht zu dem auf sehr hohem Niveau erwünschten Resultat. Es wäre zu prüfen, ob das erwartete Handlungsresultat mit anderen Handlungsweisen oder mit mehr Aufwand erreicht werden kann.

Abb. 19: Auszug Kompetenzbilanz

Im Abschnitt KompetenzAtlas des Kompetenzreports wird ein anhand des ermittelten KODE® Profils ein eingefärbter KompetenzAtlas jeweils für normale und schwierige Lebens- und Arbeitsbedingungen dargestellt. Anhand der Einfärbungen können in einem gemeinsamen Gespräch die Stärken einer Person auf der Ebene der Schlüsselkompetenzen reflektiert werden. Ebenso können mit Hilfe der Farbhinterlegungen in dem KompetenzAtlas Weiterentwicklungsgebiete identifiziert werden, die dann durch die Hinzunahme von 64 modularen KompetenzEntwicklungsProgrammen (KEP) bzw. zusätzlicher 22 führungskraft-spezifischer KEPs unterstützt werden.

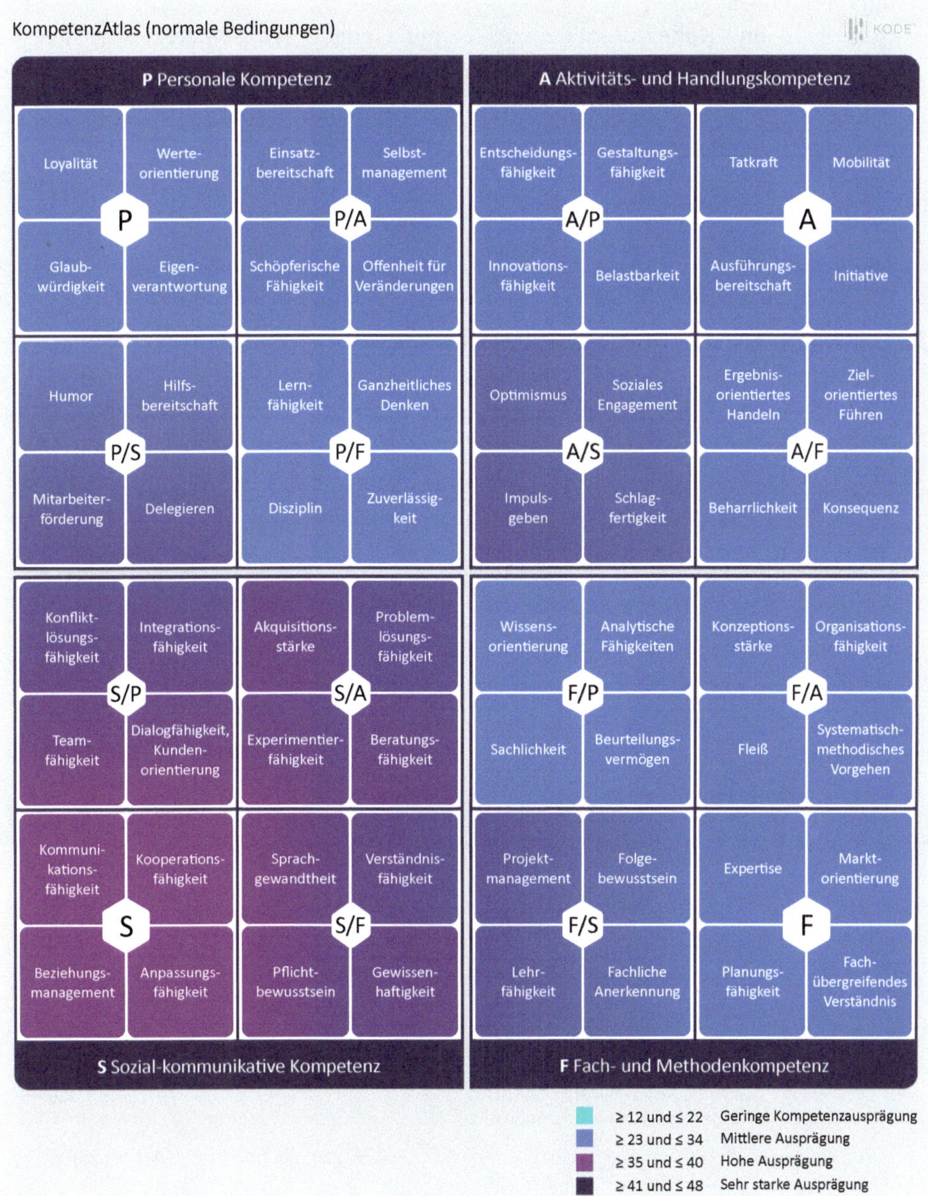

Abb. 20: KompetenzAtlas für normale Lebens- und Arbeitsbedingungen

Darüber hinaus wird der Kompetenzreport durch vielfältige Textbestandteile, die sowohl die aktuellen Ist-Ausprägungen als auch Entwicklungspotenziale formulieren, ergänzt:

- Interpretationsangebote
  Gesprächs- und Reflexionsangebote, die auf vielfach beobachtetem Verhalten beruhen und Anregungen zum Auseinandersetzen mit dem eigenen Handeln anbieten
- Umgang mit anderen
  Verhalten gegenüber Personen mit höheren Kompetenzausprägungen in Bereichen, in denen die eigenen Kompetenzen geringer ausgeprägt sind
- Zeitmanagement
  Folgerungen aus den KODE® Ergebnissen in Bezug auf das individuelle Zeitmanagement
- Lernverhalten
  Rückschlüsse aus den KODE® Ergebnissen in Bezug auf das individuelle Zeitmanagement
- Kompetenzcluster im Team
  Analyse der KODE® Ergebnisse in Bezug auf eine Teamrolle
- Übungsempfehlungen
  Anregung zum Selbsttraining mit dem Ziel der Kompetenzentwicklung

HERR GROHMANN

- ☐ geht auf andere offen und wohlwollend zu, knüpft schnell Kontakte und baut sie aus
- ☐ handelt mit Wertschätzung gegenüber den Kommunikationspartnern
- ☐ hört gut zu und geht auf Gesprächspartner ein, begegnet Einwänden sachlich und frustrationstolerant
- ☐ agiert redegewandt, hat Verhandlungsgeschick, spricht und schreibt verständlich und drückt sich partnergerecht aus
- ☐ ist von den eigenen Argumenten überzeugt und vertritt sie mit hoher Überzeugungsfähigkeit
- ☐ handelt auf der Grundlage ausgeprägter sozialer Koordinierungserfahrungen
- ☐ konzentriert sich stark auf Teambildung und auf eine gute Teamarbeit, auf ein produktives Miteinander und motiviert damit Kollegen und Mitarbeiter
- ☐ setzt sich aktiv für gegenseitige Akzeptanz - als grundsätzlicher Einstellung- ein, schätzt die Ergebnisse anderer und wertet Konsensfähigkeit hoch
- ☐ arbeitet offensiv mit den personellen Ressourcen des Unternehmens, verfolgt personelle Synergien
- ☐ bringt sich in schwierigen sozialen Situationen, insbesondere im Rahmen des Teams, des Bereiches, des Unternehmens ziel- und ergebnisorientiert ein
- ☐ zeigt Stolz auf gemeinsam Erreichtes und anerkennt die entsprechenden Leistungen anderer
- ☐ nimmt die Anforderungen an die Anpassungsfähigkeit und Flexibilität des Unternehmens als Anforderung an die eigene Anpassungsfähigkeit an
- ☐ vermittelt aktiv zwischen unterschiedlichen Interessen (-Gruppen) und wirkt auf Grund der persönlichen Integrationsfähigkeit und Toleranz beziehungsstiftend
- ☐ nimmt sich in den eigenen Stärken und Schwächen an und realisiert dieses auch bei Dritten, akzeptiert unterschiedliche Persönlichkeiten

Abb. 21: Auszug aus einem Interpretationsangebot

Der KODE® Report ist nicht statisch, sondern kann fallweise über ein Auswahlmenü zusammengestellt werden. Dies ermöglicht sowohl Kurzgutachten als auch umfangreiche Individualgutachten.

Abb. 22: KODE® Auswertung drucken

Neben Einzel-Auswertungen können ebenso Mehrfachauswertungen erstellt werden. Stellvertretend für die diversen Einsatzmöglichkeiten sollen hier Auswertungen über Studierende oder Personengruppen/Teams eines oder mehrerer Organisationsbereiche genannt werden.

6.2 KODE® Brücke

Die KODE® Brücke stellt eine Verbindung zwischen den KODE® Ergebnissen und einem Kompetenz-Anforderungsprofil her. Insbesondere wenn es um die Besetzung von Positionen (z.B. im Recruitingprozess), der Laufbahnplanung oder eines betrieblichen Stellenwechsels geht, kann die KODE® Brücke eingesetzt werden.

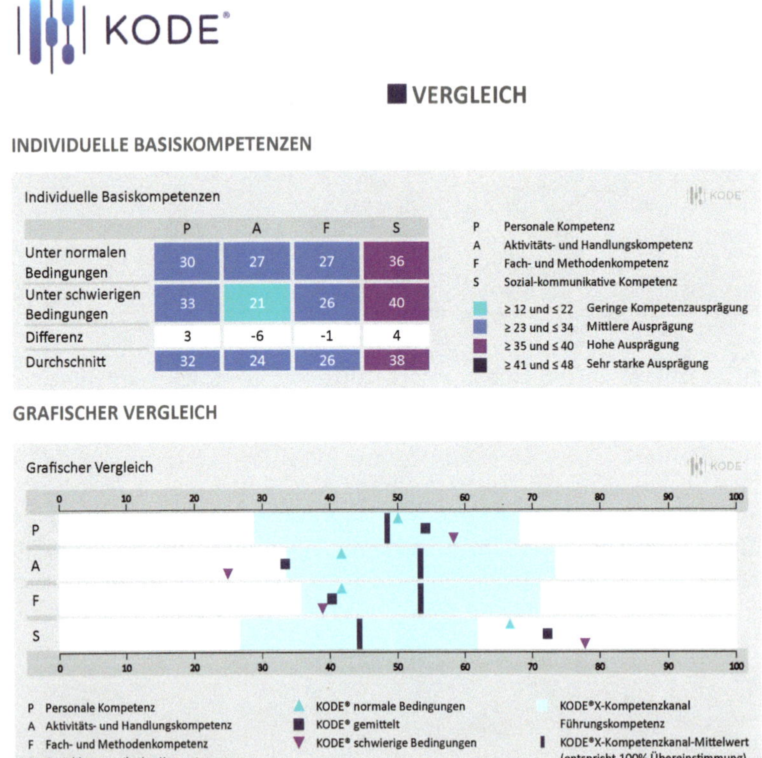

	P	A	F	S
Unter normalen Bedingungen	30	27	27	36
Unter schwierigen Bedingungen	33	21	26	40
Differenz	3	-6	-1	4
Durchschnitt	32	24	26	38

Abb. 23: KODE® Brücke

Zunächst sind in der Brücken-Auswertung die KODE® Ergebnisse im Überblick dargestellt.

Darauffolgend wird die generelle Passfähigkeit der KODE® Ergebnisse der betrachteten Person bezogen auf das gewählte Kompetenzsollprofil dargestellt. Im obigen Beispiel ist erkennbar, dass die betrachtete Person im Bereich der Personalen Kompetenz (P) die Kompetenzanforderungen („Soll“) erfüllt, im Bereich der Sozialen Kompetenz (S) übererfüllt, im Bereich der Fachlich-methodischen Kompetenzen (F) und Aktivitäts- und Handlungskompetenz (A) Entwicklungsbedarf besteht oder aber diese Kompetenz-Gaps durch andere Personen einer Organisationseinheit wahrgenommen werden sollten.

Für nummerisch orientierte Personen wird der grafische Vergleich in Form einer Ergebnis-Matrix dargestellt, wobei 100% bedeuten, dass die Ist-Ausprägung der betrachteten Person im Mittelfeld der Kompetenzanforderung („Soll“) liegt. Z.B. liegt die Übereinstimmung bei der Personalen Kompetenzen (P) unter normalen Lebens- und Arbeitsbedingungen (N) bei 103%. Unter schwierigen Lebens- und Arbeitsbedingungen (S) liegt die Fachlich-Methodische Kompetenz bei 73%, erfüllt somit (siehe grafischer Vergleich) gerade noch die Kompetenzanforderung.

Das zentrale Element der KODE® Brücke bildet die Kompetenz-Detail-Auswertung. In dieser Darstellung werden die KODE® Werte in Beziehung zu den einzelnen Schlüsselkompetenzen dargestellt.

KOMPETENZ-DETAILS

KOMPETENZ-DETAILS

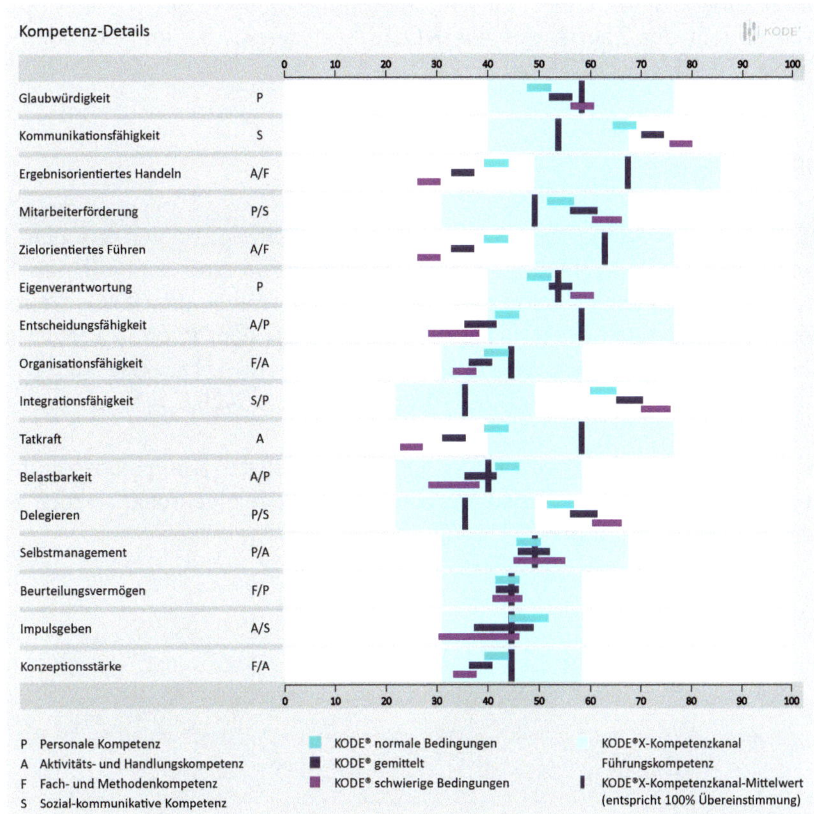

Abb. 24: Kompetenz-Details für normale Lebens- und Arbeitsbedingungen

In allen Fällen, in denen die Ist-Ausprägung (aus KODE®) innerhalb der Soll-Anforderung des Profils liegt, stimmt das geforderte Soll mit dem vorhandenen Ist überein. Ist die Lage unterhalb oder oberhalb des Kompetenzkanals, besteht Handlungsbedarf. Im ersten Fall in Form einer Kompetenzentwicklung, im zweiten Fall durch bewusste Rücknahme des persönlichen Handelns.

Besondere Stärke weist die Beispielperson Grohmann im Bereich der Kommunikationsfähigkeit auf, da die hohe KODE® S-Ausprägung gleichläufig zu den hohen Anforderungen des Tätigkeitsbereiches sind.

Entwicklungsbedarf besteht beispielsweise in Bezug auf Ergebnisorientiertes Handeln, da die KODE® Werte für die Kompetenzbereiche A/F niedriger ausgeprägt sind, als im Kompetenzprofil gefordert.

Bezogen auf jede einzelne Schlüsselkompetenz wird somit ein qualifiziertes Feedback zwischen Soll- und Ist-Ausprägung möglich. Im Einsatz innerhalb der obligatorisch stattfindenden KODE® Feedbackgespräche ermöglicht diese Auswertung, dass Weiterentwicklungsgebiete gemeinsam zwischen der beratenen und der beratenden Person identifiziert und wenn nötig auch Zielvereinbarungen dokumentiert werden.

Wie bereits in KODE® dargestellt wird in der KODE® Brücke auf den KODE® Atlas inklusive der farblichen Einfärbung referenziert.

Des Weiteren besteht der Zugriff auf das KODE® Interview, das im nächsten Abschnitt dargestellt wird.

6.3 KODE® Interview

Das KODE® Interview stellt über 500 kompetenzorientierte Fragen zu den 64 Schlüsselkompetenzen zur Verfügung. Kompetenzinterviews sind sinnvoll, um die Kompetenzausprägungen einer Person qualifiziert zu hinterfragen oder festzustellen.

Dazu wird zunächst ein Interview angelegt, in dem aus dem Pool an Fragen die gewünschten identifiziert und gegebenenfalls angepasst werden. Das Interview wird dann in Zusammenhang mit der KODE® Brücke oder der KODE®X-Auswertung eingesetzt.

Um ein Kompetenzinterview anzulegen, muss zunächst das Kompetenzsollprofil ausgewählt werden, zu dem die Kompetenzinterview-Fragen zugeordnet werden sollen, z.B. zum Kompetenzsollprofil „Führungskompetenz“.

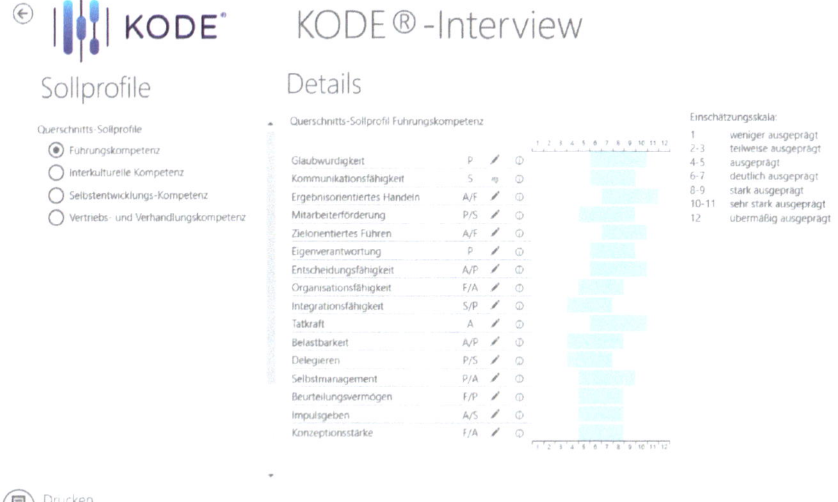

Abb. 25: Auswahl des Kompetenzsollprofils

Durch einfaches Klicken auf das Bleistift-Symbol neben der jeweiligen Kompetenz (z.B. „Kommunikationsfähigkeit“) öffnet sich ein Editor-Fenster.

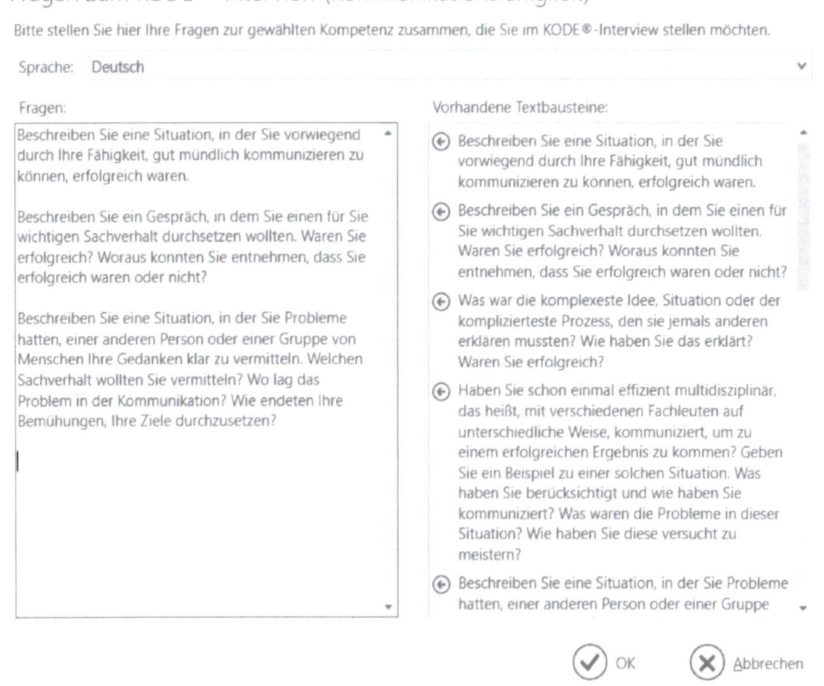

Abb. 26: Hinterlegen von Kompetenz-basierten Fragen

Im linken Bereich sind die Fragen aufgeführt. Dazu kann auf die im rechten Fensterbereich vorhandenen Texbausteine zurückgegriffen werden. Ergänzend zu der vorhandenen Fragen-Bibliothek können auch individuelle Fragen ergänzt werden.

KODE®-INTERVIEW

Kompetenzen	Notizen	
Kommunikationsfähigkeit		
Beschreiben Sie eine Situation, in der Sie vorwiegend durch Ihre Fähigkeit, gut mündlich kommunizieren zu können, erfolgreich waren.		1 2 3 4 5
Beschreiben Sie ein Gespräch, in dem Sie einen für Sie wichtigen Sachverhalt durchsetzen wollten. Waren Sie erfolgreich? Woraus konnten Sie entnehmen, dass Sie erfolgreich waren oder nicht?		1 2 3 4 5
Beschreiben Sie eine Situation, in der Sie Probleme hatten, einer anderen Person oder einer Gruppe von Menschen Ihre Gedanken klar zu vermitteln. Welchen Sachverhalt wollten Sie vermitteln? Wo lag das Problem in der Kommunikation? Wie endeten Ihre Bemühungen, Ihre Ziele durchzusetzen?		1 2 3 4 5
Zielorientiertes Führen		
Stellen Sie Ihren Mitarbeitern klare Ziele und beobachten dann auch die Zielerreichung? Geben Sie ein konkretes Beispiel.		1 2 3 4 5
Berichten Sie von einem wichtigen Ziel, dass Sie sich stellten, aber nicht erreichten. Was war der Grund dafür, dass Sie das Ziel nicht erreichen konnten? War es zu hoch gesetzt? War es der Standard?		1 2 3 4 5
Beschreiben Sie eine Situation, in der Sie sich zu niedrige Ziele setzten. Wie merkten Sie, dass die Ziele ein nur niedriges Niveau hatten?		1 2 3 4 5

1 Kompetenz ist nicht oder kaum ausgeprägt / entspricht nicht den Anforderungen.
2 Kompetenz ist nicht vollständig ausgeprägt / entspricht den Anforderungen bedingt - Kompetenzentwicklung wird empfohlen.
3 Kompetenz ist vollständig ausgeprägt / entspricht den Anforderungen vollständig - der Erhalt des Kompetenzeinsatzes soll regelmäßig überprüft werden.
4 Kompetenz ist sehr gut ausgeprägt / übersteigt die Anforderungen - ohne Gefahr der Kompetenzübertreibung.
5 Kompetenz ist übermäßig ausgeprägt / Gefahr der Kompetenzübertreibung - Evaluation von Übertreibungssituationen wird empfohlen.

Abb. 27: KODE® Interview Bewertungsbogen im Zusammhang mit der KODE® Brücke

Anwendung findet das Kompetenzinterview beispielsweise im Zusammenhang mit der KODE® Brücke, mit dem Zweck, die durch Recruiter geführten Gespräche in identischer Art- und Weise durchzuführen.

7 Künftige Entwicklungen

KODE® kann hinsichtlich der Verbesserung von individuellen Kompetenzen und Leistungen weiterentwickelt werden. Dabei können umfangreiche Trainingsmodule entwickelt und herangezogen werden. Besonders wichtig sind solche Verbesserungen in Bezug auf die Innovationsfähigkeit von Einzelnen in Teams, Unternehmen und Organisationen. Hier kann das KODE® Verfahren seine spezifischen Vorzüge entfalten. Es ist ein Analyse- *und* Entwicklungsinstrument, das, gegründet auf moderne Selbstorganisationstheorien, die vier Grundkompetenzen direkt und zuverlässig bewertet, das unmittelbar auf Kompetenzentwicklung und nicht nur auf Kompetenzfeststellung ausgerichtet ist und das Individuen, Teams und Organisationen unter einem gemeinsamen Blickwinkel zu analysieren gestattet.

Ein wichtiger, künftig weiter zu entwickelnder Wesenszug ist, dass KODE® direkt mit Idealen und Werthaltungen korreliert ist. In seiner neuen Form erfasst das KODE® System Differenzen von Ideal und Wirklichkeit in Bezug auf Kompetenzen, indem es zu hinterfragen gestattet, ob und inwieweit Kompetenzideal und -wirklichkeit übereinstimmen. Damit bietet es zwei grundsätzlich neue Möglichkeiten für Personalentwicklung und Training.

Es gestattet zum einen, Diskrepanzen zwischen Wollen und Können zu messen und zu erklären, und es ermöglicht zum anderen, die Ideale und die realen Absichten besser in Übereinstimmung zu bringen, entweder indem neue Ideale gewonnen oder indem die realen Absichten den Idealen genähert werden.

Es gestattet außerdem, Werthaltungen zu erkennen, zu verstehen und weiter zu entwickeln. In Bezug auf die grundlegenden Kompetenzen lassen sich, in Abwandlungen H. Klages folgend, je nach Bevorzugung, vier grundlegende *individuelle Werttypen* unterscheiden: *Selbstentfaltungsorientierte Idealisten*, bei denen personale Kompetenzen im Vordergrund stehen (Kreativität, Spontaneität, Selbstverwirklichung, Eigenständigkeit; Emanzipation von Autoritäten, Autonomie als Wertvoraussetzungen; oft weit reichende ethische, religiöse, kulturelle Ideale), *aktivitätsorientierte Realisten*, bei denen aktivitätsbezogene Kompetenzen betont sind (Handlungsziele als zentraler Wert; Emanzipation von Autoritäten und Autonomie; wertbetonte Ideale), *wissensorientierte Legalisten* bei denen fachlich-methodische Kompetenzen vornan stehen (Handlungsziele vor allem durch fachliche und methodische Gesetzmäßigkeiten (lat. leges) gesetzt; Disziplin, Pflichterfüllung, Treue und Fleiß; oft auch Bescheidenheit, Selbstbeherrschung) und *kommunikationsorientierte Relativisten,* deren sozial-kommunikative Kompetenzen besonders ausgeprägt sind (Relativität vieler Wertmaßstäbe; folglich Gewinn gemeinsamer Wertmaßstäbe erst im Gespräch mit Freunden, im Team, in der Organisation; oft auch Genuss, Abwechslung, Ausleben emotionaler Bedürfnisse als wichtige Werte).

Analog lassen sich auch Teams und Organisationen je nach vorherrschenden Werttypen (selbstentfaltungsorientierter Idealismus, aktivitätsorientierter Realismus, wissensorientierter Legalismus, kommunikationsorientierter Relativismus) klassifizieren. Hier kommt der Vorzug des KODE® Systems zum Ausdruck, auf moderne Selbstorganisationstheorien (Synergetik) gegründet zu sein und deshalb die Kompetenzen der „Systeme“ Individuum, Team und Unternehmen/Organisation analog behandeln und messen zu können. Ein zum KODE® Verfahren analog aufgebauter Kompetenzen-Werte-Check KODE®W gestattet es, die „hinter“ den Grundkompetenzen stehenden Grundwerte – Genuss-, Nutzens-, ethische- und politische Werte – qualitativ-quantitativ zu charakterisieren.

Auf diesem Gebiet können weitere praxisorientierte Instrumente entwickelt werden.

Ferner wird KODE® noch umfassender mit funktions- oder tätigkeitsbezogenen Kompetenz-Sollprofilmustern hinterlegt.

8 Lizenzausbildung

Die KODE GmbH bildet *auf Nachfrage* KODE® Berater aus.

Diese Intensivausbildungen finden stets in kleinen Gruppen statt, so dass die Intensität und persönliche Unterstützung gewährt sind.

Im Leistungspaket vor Ort sind enthalten:

- zwei Tage (16h) Intensivausbildung in einer Kleingruppe (4–9 Personen)
- umfangreiche KODE® Materialien
- 4 Wochen persönliche Nachbetreuung zum KODE® Verfahren per Telefon/E-Mail
- 30 Einheiten zur Erstellung von KODE® Auswertungen
- Software-Dongle
- Lizenzgebühr der Software für das erste Jahr
- KODE® Lehrbuch „Grundstrukturen menschlicher Kompetenzen"
- Installations- und Anwendungssupport bzgl. der Software via Telefon/E-Mail
- Aufnahme in das internationale KODE® Netzwerk mit fakultativem jährlichen Treff

Ziele: Im Rahmen des Lizenzseminars erlernen die Teilnehmer das notwendige KODE® Know-how mit dem Ziel, dass Sie das KODE® System jederzeit in ihrer täglichen Praxis einsetzen können.

Dauer: 2 Tage, Beginn: 9.00 Uhr. Ende am zweiten Tag um 17.00 Uhr. Fortführende Leistungen: ein Monat intensive Nachbetreuung, Vertiefungstage, Hotline, regelmäßige Newsletter, KODE® BRUSH UP (fakultativ).

Inhalte:

- Einführung in die Themen Kompetenzen und Selbstorganisationstheorie
- Was ist KODE®?
- Darstellen des KODE® Systems
- Durchführen einer Selbsteinschätzung mit KODE®
- Auswerten der persönlichen KODE® Selbsteinschätzung (individuell/Kleinstgruppe)
- Analysieren der Kompetenzen in günstigen und ungünstigen Situationen
- Durchführung eines KODE® Auswertungsgespräches
- Arbeit mit dem KompetenzAtlas
- Nutzen des KompetenzAtlas für den Abgleich mit den Anforderungsprofilen
- von den Unternehmen
- Ableiten differenzierter individueller Entwicklungsmaßnahmen
- Einsetzen von KODE® als konstruktives und veränderungs-orientiertes Feedbackinstrument
- Unterstützung einer bewussten und qualitativ hochwertigen Führungsarbeit durch KODE® und Förderung der Übernahme von Verantwortung durch die Mitarbeiter

- Erkennen der (zum Teil verdeckten) Kompetenz-Potenziale, insbesondere unter dem Aspekt der heutigen Herausforderungen (dynamische und komplexe Rahmenbedingungen)
- Deutliche Unterscheidung zwischen tatsächlich vorhandenen und Schein-Qualifikationen und -Kompetenzen bei Bewerbern
- Übungen anhand von Fallbeispielen
- Umgang mit dem KODE® Softwarepaket
- Anwendungs- und Abschlussdiskussion
- Übergabe der Lizenzurkunde

Umfassende KODE® Unterlagen

Im Rahmen der KODE® Lizenzierung erhalten die Teilnehmer ein umfangreiches Unterlagenpaket, das es Ihnen ermöglicht, das Gelernte schnell und effektiv in die Praxis umzusetzen. Mit geringen Vorbereitungen haben die Teilnehmer alles zur Hand, was sie für ihren KODE® Einsatz in der täglichen Praxis benötigen, z.B. für den Einsatz und die Auswertung der KODE® Fragebögen (zur Selbsteinschätzung, Fremdeinschätzung, ...), für die indvidiuelle Interpretation der Ergebnisse oder für zielgerichtete Gespräche mit Ihren Klienten und Klientinnen

Folgende Unterlagen sind im KODE® Lizenzpaket enthalten (Mindestbeschreibung):

- Allgemeine Informationen über das KODE® System
- Hintergrundinformationen zum Thema Kompetenzen und Varianten der KODE® Fragebögen
- Hinweise zur KODE® Kompetenzanalyse
- KompetenzAtlas
- Informationen zur Auswertung der KODE® Kompetenzanalyse
- Umfangreiche Interpretationsangebote für die unterschiedlichsten Auswertungsergebnisse
- Fallbeispiele von Personen mit unterschiedlichen Kompetenzausprägungen
- Empfehlungen zum Mentoring, Training und Coaching
- KODE® Softwarepaket zur KODE® Anwendung
- Unterlage zu Gütekriterien und Verfahrensbesonderheiten
- KODE®/KODE®X-Lehrbuch

Die KODE® Academy bietet vielfältige Weiterbildungsmöglichkeiten für linzenzierte KODE® Berater.

Zudem findet einmal jählich der KODE® BRUSH UP statt, die internationale KODE® und KODE®X-Leitkonferenz.

Zielsetzung: Ziel dieses jährlichen Brush up-Tages ist es, die lizenzierten Berater über die neuesten KODE® Entwicklungen und -Forschungen zu informieren. Außerdem haben sie im Rahmen dieses Tages die Möglichkeit des Erfahrungsaustausches bzw. die Gelegenheit, offene Fragen oder Problemstellungen zu besprechen.

Dauer: 1,5 Tage

Termine: in der Regel jährlich am 3. Freitag/Sonnabend im Oktober

III. Kapitel: Qualitätsanforderungen an KODE®

1 Zum Dilemma notwendiger technischer Gütekriterien von Auswahl- und Beurteilungsverfahren

Volker Heyse, John Erpenbeck

Die DIN-Norm 33430 („Anforderungen an Verfahren und deren Einsatz bei berufsbezogenen Eignungsbeurteilungen") unterstützt die Qualitätssicherung bei der Personalauswahl und -bewertung und fordert Einhaltung und Nachweis der wichtigsten Gütekriterien eignungsdiagnostischer Verfahren: Objektivität, Reliabilität, Validität.

In Bezug auf die klassischen und immer wieder nachgefragten Charakteristika psychologischer Tests Objektivität, Reliabilität und Validität ist zunächst einmal zu betonen, dass *Kompetenzen keine bloßen psychischen Eigenschaften* sind, die methodisch unreflektierte Anwendung jener Charakteristika also problematisch ist. Schon das einfache Reden über „die Kompetenzen" ist falsch. Wir haben es vielmehr mit einer schichtförmig aufgebauten *Kompetenzarchitektur* zu tun:

Das Fundament bilden – analog zu den Metakognitionen – so zu nennende *Metakompetenzen,* die auf die allgemeinsten Fähigkeiten zur Selbstorganisation bezogen sind. Sie sind weitgehend *kontextfrei* und umfassen beispielsweise Selbsterkenntnisvermögen, Selbstdistanz, Wertrelativismus, Humor, Empathie, Situations- und Kontextidentifikationsfähigkeit, Interventions- und Lösungsfähigkeit, also Selbstorganisationsdispositionen eines „Beobachters 2. Ordnung" (das ist nach Luhmann (2008) der Beobachter, der einen Beobachter beobachtet, der die Einheit, an der er selbst teilnimmt, zu beobachten versucht).

Die *Grund- oder Basiskompetenzen* (key competences), personale, aktivitätsbezogene, fachlich-methodische und sozial-kommunikative Kompetenzen, die dem KODE® zugrunde liegen, sind in sehr allgemeiner Weise auf gegenständliches und kommunikatives Handeln bezogen und insofern *kontextabhängig.* Misst man sie wie bloße Persönlichkeitseigenschaften, führt dies in die Irre.

Detailliertere *abgeleitete Kompetenzen,* wie sie im Unternehmensalltag umfangreich (Assessments, Stellenbeschreibungen usw.) benutzt werden, sind in ihrem *Kontextbezug noch stärker* und unmittelbarer meist auf betriebliche oder umfassendere Problemsituationen bezogen. Bei der Entwicklung des KODE®X-Verfahrens wurde die Fülle von hunderten „herumgeisternden" abgeleiteten Kompetenzbegriffen auf ein überschaubares Gitter von 64 reduziert.

Querschnittskompetenzen, wie interkulturelle Kompetenz, Führungskompetenz, Verhandlungs-/Vertriebskompetenz, Selbstentwicklungskompetenz … sind schließlich wesentlich *vom Kontext her determiniert.*

Metakompetenzen, Basiskompetenzen, abgeleitete Kompetenzen und Querschnittskompetenzen können weiterhin auf die *Akteursebenen* Individuum, Gruppe, Organisation/Unternehmen oder Netzwerkorganisation bezogen sein, wie es der Team- und der Unternehmens-KODE® im Feld der Basiskompetenzen demonstrieren.

Wir haben also folgende Kompetenzarchitektur zu vergegenwärtigen:

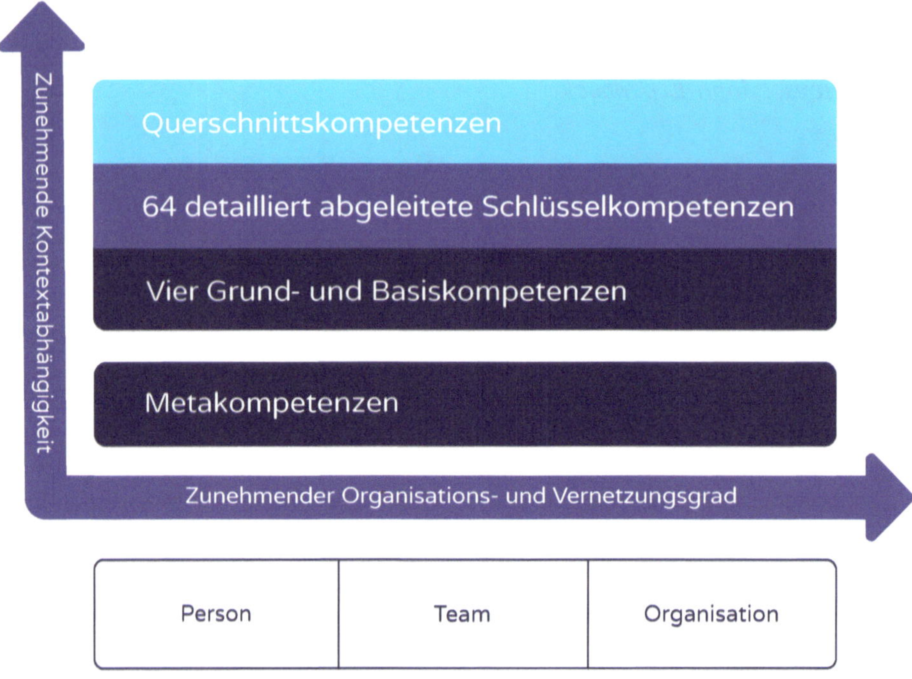

Abb. 28: Kompetenzarchitektur

Die zunehmende Kontextabhängigkeit hat nun gravierende Folgen für die Ermittlung von Objektivität, Reliabilität und vor allem von Validität. Das KODE® System ist im Rahmen von vielfältigen Untersuchungen – vor allem innerhalb qualitativer Sozialforschung – entstanden, um die Kontextabhängigkeit des Handelns besser zu verstehen; es ist *nicht* als psychometrischer Test konzipiert. Es baut auf einem differenzierten, selbstorganisationstheoretisch untermauerten Kompetenzmodell auf, das sich in der Praxis vielfach als tragend erwiesen hat. Es weist aber *keine kontextfreien Persönlichkeitsaspekte* nach, sondern schließt aus der Performanz der Handlungsergebnisse auf implizite Dispositionen (Verhaltensvoraussetzungen) oder Fähigkeiten, auf Kompetenzen, die zu eben jenen Handlungsergebnissen führten. Solche Dispositionen, die implizite Erfahrungen in bestimmten Kontextsituationen einschließen, sind messmethodisch schwer zugänglich. Es werden also *keine* wie immer konstruierten *psychischen Eigenschaften* gemessen, sondern *Dispositionen*, welche die Güte von kreativem Handeln charakterisieren. Insofern haben Aussagen zu Re-Test, Reliabilität und Validität stets eine eingeschränkte Gültigkeit. Sie sind nur zutreffend, wenn das Verfahren, entgegen seinen Intentionen (Anregung von Entwicklungs-/Veränderungsprozessen), gerade nicht in Kompetenzentwicklungsprozessen benutzt wird. Viel wichtiger allerdings ist, ob KODE® wirklich sinnvoll als Instrument der Unterstützung und Entwicklung von Kompetenzen eingesetzt werden kann, dabei akzeptiert wird und sich bewährt. Diese Akzeptanz wird im Sinne einer sozialen Validität fast ausnahmslos bestätigt. Sie ist bei Kompetenzen vor allem in Anpassungsleistungen und Bewährungen in neuen oder besonders komplizierten Handlungssituationen zu prüfen. Deshalb können keine herkömmlichen Tests zum 1:1-Validitätsnachweis einbezogen werden. KODE® *regt die Befragten zu Entwicklungsschritten an. Das ist der wesentliche Zweck und Wert von* KODE®. Insofern hat das Konzept „Validität" eine falsche epistemologische Konnotation, wenn damit eine „wahre" äußere Abbildung innerer Zustände gemeint wäre.

In der Praxis steht man oft vor einer paradoxen Situation: Einerseits gehen immer mehr Unternehmen zum Aufbau von *Kompetenz*-Managementsystemen über. Andererseits dominieren dabei noch oft traditionelle Modelle, die wieder relativ unbeeinflussbare Persönlichkeits-*Eigenschaften* in den Vordergrund stellen – allerdings hinter einer Kompetenz-Fassade. Und es werden einseitig und dogmatisch die Gütekriterien an psychometrische Verfahren auch auf theoretisch anders basierte Verfahren mechanistisch übertragen.

Da KODE® ein komplexes Verfahren zur Kompetenzermittlung *und -Entwicklung* ist, muss der Nachweis von Kompetenzverstärkungen oder -veränderungen insbesondere im Rahmen biografischer Prozess-Evaluationen erbracht werden.

Dennoch prüft A.C.T (Audit. Coaching. Training, Entwicklerin des KODE®-KODE®X-Systems) – eingedenk aller damit verbundenen theoretischen Probleme – auch die klassischen Gütekriterien, um so auch hybride Verfahrenszusammenstellungen und Kooperationen mit an klassischer Testtheorie orientierten Diagnostikern zu ermöglichen:

- Objektivität
- Reliabilität
- Validität

Großen Wert legen wir auf die Prüfung der sozialen Validität (Akzeptanz) aus Nutzersicht sowie auf den Nachweis des praktischen Nutzens von KODE®. Es kann nachgewiesen werden, dass KODE® ein breites wissenschaftliches Fundament besitzt und den klassischen Gütekriterien nicht nur genügt, sondern sie größtenteils „sehr gut" erfüllt und sich insbesondere der Nachweis eines hohen praktischen Nutzens erbringen lässt. Letzteres ist ein großes Manko bei vielen psychometrischen Verfahren. Ferner wird seit Jahren ständig an den wissenschaftlichen Grundlagen, an der Methodik sowie an der Software weitergearbeitet; es besteht ein ständiger Abgleich mit der Praxis. Auch das ist bei vielen Testverfahren nicht der Fall.

2 Objektivität

Objektivität ist dann gegeben, wenn unterschiedliche Personen mit dem gleichen Verfahren zu gleichen oder hoch übereinstimmenden Ergebnissen kommen. Sie zeigt sich in dem Ausmaß, in der das Ergebnis der Messung unabhängig ist von jeglichen Einflüssen außerhalb der untersuchten Person.

Das setzt auf der Verfahrensseite insbesondere klare Strukturen, eindeutige Zuordnungen, hohe Prägnanz und Verständlichkeit der Aussagen sowie differenzierte Einzelaussagen voraus. Auf der Anwenderseite wiederum setzt das umfassende Schulungen an gleichen Standards voraus sowie weitestgehende Unvoreingenommenheit, Neutralität gegenüber den Bewerbern und schließlich die Kenntnis über häufig anzutreffende Beurteilerfehler und die Möglichkeit ihrer Umgehung.

Die Wahrscheinlichkeit hoher Objektivität in ihren verschiedenen Seiten (Durchführungs-, Auswertungs- und Interpretationsobjektivität) wächst mit dem Grad der wissenschaftlichen und praktischen Verifizierung der Verfahren, des Umfangs klarer Standards, dem Vorliegen klarer Vergleichsmaßstäbe und Auswahlkriterien und eindeutiger Auswertungs- und Interpretationsunterlagen (nach Möglichkeit computergestützt). Auch sollten Trainingsmöglichkeiten des zu Beratenden oder des Bewerbers in Rekrutierungsprojekten ausgeschlossen werden.

Dafür, dass die Objektivität des KODE® Verfahrens von Anfang an kontinuierlich in hohem Maße gegeben ist, sprechen:

- eine standardisierte mehrtägige Lizenzausbildung der KODE® Berater und eine sechswöchige Beratungshotline zum sicheren und einheitlichen Umgang mit dem Verfahren,
- ständig weiterentwickelte Software,
- eine jährliche Brush-up-Begegnung mit Beispielen des Einsatzes, der Auswertung und Interpretation von KODE® – entsprechend dem neuesten Entwicklungsstand,
- schriftliche Trainerinformationen sowie Refreshing-Angebote.

Dabei muss zwischen dem Einsatz des Verfahrens in Form von paper-/pencil und der softwarebasierten (auch online-)Form unterschieden werden.

Untersuchungen in den Jahren 2005–06 konnten an jeweils 10 eigenständig agierenden KODE® Beratern durch 43 Paarvergleiche folgende Objektivitätsmaße nachweisen:

a) Fragebogen in Papierform und händischer Bedienung vor Ort:

- Durchführungsobjektivität
(gleiche Instruktion, Aussagen, Situationsgestaltung):
95% Übereinstimmung

- Auswertungsobjektivität
(Qualifikation, Erfahrung des Auswerters):
95% Übereinstimmung

- Interpretationsobjektivität
  (Regeln, Itemisierung, Skalen, feste Vorgaben):
  93% Übereinstimmung ohne HI/HE/HV/HR,
  88% Übereinstimmung mit HI/HE/HV/HR.

b) Softwarebasierte Durchführung: Das KODE® Softwarepaket kann über einen Dongle genutzt werden und ist durchgehend standardisiert.
Die KODE® Berater können die Anzahl der Auswertungs- und Interpretationsangebote wählen, haben jedoch keine Veränderungsmöglichkeit bzgl. der einzelnen Textbausteine. Die Objektivität ist hierbei definitionsgemäß zu 100% gewährleistet. Individuelle Unterschiede beziehen sich nur in Einzelfällen auf über die Softwarevorgaben (Interpretationsangebote) hinausführende Kompetenzentwicklungsangebote.

Problematisch ist das Einhalten der Objektivität hingegen bei allen qualitativen Kompetenz-Diagnoseverfahren, zumal wenn freie Antworten der einzuschätzenden Personen abgefordert werden, die missverstanden werden und nur in einem umfassenderen lebensbiografischen Kontext verstanden werden können.

3 Reliabilität

Reliabilität umfasst die Messgenauigkeit und die entsprechende Fehlerfreiheit. Fragen nach dem Schwierigkeitsindex der verschiedenen Tools, der Trennschärfe von Fragen und Antworten, der internen Tool- sowie Wiederholungsgenauigkeit bei mehrmaligem Einsatz bei ein und derselben Person spielten hier eine wichtige Rolle. Und: Die Eignungskriterien müssen *unabhängig* von Geschlecht, Alter, Religion u.a. Aspekten sowie wiederholt und mit gleichem Ergebnis erhoben werden können.

Die klassische *Wiederholungsreliabilität* ist bei KODE® schwerer nachzuweisen als bei psychometrischen Tests.

Zur *Reliabilität* insgesamt wurde ermittelt, dass die Halfsplit- und Wiederholungsreliabilitäten zwischen 0,65 und 0,87 liegen. Je mehr allerdings KODE® zur Anregung des bewussten Selbstlernens und Selbsttrainings eingesetzt wird, desto niedriger wird bei Zweitmessungen die Wiederholungsreliabilität in der beeinflussten Kompetenzrichtung. Werden andererseits die 4 Reliabilitätskoeffizienten bezüglich P (Personale Kompetenzen), A (Aktivitätsbezogene Kompetenzen), F (Fachlich-methodische Kompetenzen), S (Sozial-kommunikative Kompetenzen) gemittelt und in einer Wiederholungsreihe die mittleren Koeffizienten verglichen, kann die Reliabilität als „hoch" und testgerecht eingeschätzt werden. Letzteres setzt jedoch voraus, dass jede kompetenzentwicklungsfördernde Auswertung der KODE® Ergebnisse unterbleibt. Das aber widerspricht dem KODE® Prinzip und wurde nur für Forschungszwecke realisiert.

Mehrere anspruchsvolle Untersuchungen (Rödel, 2004; Schwarz, 2004; Rhein, 2005 u.a.) führten zur 2. revidierten Fassung der KODE® Selbst- und Fremdfragebögen sowie des Teamfragebogens mit weiter verbesserter innerer Konsistenz.

Im Rahmen von Revisionsuntersuchungen wies Schwarz (2004) Verbesserungen der internen Konsistenz der 4 Kompetenzgruppen nach (n: 367. α = Cronbach-Alpha). Die danach umfassend durchgeführte 2. Revision (Heyse, 2005) führte zu weiteren Verbesserungen (n: 87. α = Cronbach-Alpha):

Tab. 5: Vergleich der unrevidierten und der revidierten Fassungen (Selbsteinschätzung)

	unrevidierte Gruppen (Schwarz 2004)	revidierte Gruppen (Schwarz 2004)	unrevidierte Gruppen (Rödel 2004)	revidierte (neue) Gruppen (Heyse 2005)
4 Gruppen	α	α	α	α
P	0,56	0,76	0,54	0,75
A	0,76	0,78	0, 74	0, 81
F	0,75	0,76	0, 75	0, 78
S	0,82	0,82	0, 82	0, 84

Analoges trifft für die Fremdeinschätzungen zu. Zwischen unrevidierter und revidierter Fassung gab es folgende Unterschiede[1]:

Tab. 6: Vergleich der unrevidierten und der revidierten Fassungen (Fremdeinschätzung)

	unrevidierte Gruppen (Siemann, 2005)	revidierte Gruppen (Heyse, 2008)
4 Gruppen	α	α
P	0,53	0,76
A	0,85	0,84
F	0,79	0,81
S	0,88	0,84

Half split-Reliabilität (Cronbach-Alpha)/Siemann, N= 27/Heyse, N= 62.

Im Jahre 2005 wurden seitens A.C.T insbesondere die Trennschärfenindices – hier vor allem bei der Gruppe der Personalen Kompetenzen – erhöht. Zugleich wurden die Verständlichkeit der Items und ihre interne Widerspruchsfreiheit in den KODE® Selbst- und Fremdeinschätzungsbögen verbessert und an unterschiedlichen Zielgruppen getestet.

Eine Reliabilitätsanalyse bezüglich der Wiederholungsreliabilität bei N = 43 (Rhein, 2005: revidierter Fragebogen; Zeitraum zwischen erster und zweiter Messung: 7 Monate) wurde durchgeführt und mit den Untersuchungen von Schwarz (2004, N=195, unrevidierter Fragebogen; Half split) verglichen. Die Werte veränderten sich zum Teil deutlich.

	Alt	→	Neu
bei P:	r = 0,56	→	r = 0,73
bei A:	r = 0,76	→	r = 0,80
bei F:	r = 0,75	→	r = 0,79
bei S:	r = 0,82	→	r = 0,87

Alles was r = 0,8 (aufgerundet) und höher ist, ist als ein „sehr guter“ Wert anzusehen. Die Half-split-Reliabilität ist in der Regel eingeschränkter als die Wiederholungsreliabilität.

In allen Untersuchungen war eine höhere Komplexität der Gruppe P auffallend. Sie ist schwieriger erfass- und beschreibbar. Beinhauer (2008) verglich KODE® mit

1 In der Erfassung gab es allerdings größere Unterschiede. Während Siemann nur jeweils zwei Fremdeinschätzungen ungleicher Kenntnisdauer pro Person einbezog, waren es bei Heyse vier bis fünf mehrjährige Mitarbeiter.

sieben anderen Verfahren[2], die zur Einschätzung der Führungsvoraussetzungen einer Person dienen können. Keines dieser Verfahren sah eine Messung der personalen Kompetenz oder ähnlicher Konstrukte vor. Insofern nahm KODE® eine Sonderstellung ein. Die P-Ergebnisse sind auch gegenwärtig zur Diagnose völlig ausreichend.

Stabilität

Die KODE® Test-Retest-Reliabilität nach 2 Jahren bei Studenten ohne Training und ohne „Veränderungsverträge mit sich selbst" (FHM 2003, N = 67) lag im Gesamtdurchschnitt bei r = 0,83.

Ebenfalls wurde bei einer Gruppe chinesischer Studenten an der Fachhochschule des Mittelstandes, FHM, (N= 46) die Half-split-Reliabilität geprüft. Der Gesamtdurchschnitt lag bei r = 0,76. Hier sind mit hoher Wahrscheinlichkeit Sprachprobleme als ergebnismindernd zu berücksichtigen. Dennoch ist das Ergebnis auch bei diesem Spezialfall der Reliabilitätsprüfung ermutigend.

Je mehr allerdings KODE® zur Anregung des bewussten Selbstlernens und Selbsttrainings eingesetzt wird, desto niedriger wird bei Zweitmessungen die Wiederholungsreliabilität in der beeinflussten Kompetenzrichtung. Werden andererseits die 4 Reliabilitätskoeffizienten gemittelt und in einer Wiederholungsreihe die mittleren Koeffizienten verglichen, kann die Reliabilität als „hoch" und testgerecht eingeschätzt werden.

Interrater-Reliabilität

Hier greifen dieselben Argumente wie bei der Objektivität. Intensives Training, inhaltliche Konsistenz und in Dokumenten und Software festgelegte Beurteilungsmaßstäbe der beobachteten Sachverhalte sichern eine hohe Interrater-Reliabilität; unabhängige Beobachter beurteilen denselben Sachverhalt gleich.

Fremdeinschätzer-Reliabilität

25 Führungskräfte wurden von jeweils 4–5 mehrjährigen Mitarbeitern unabhängig voneinander und anonym mittels des KODE® eingeschätzt (Heyse, 2008). Die KODE® Zwischenwerte der 121 Mitarbeiter (w: 46, m: 75) wurden – bezogen auf ihre jeweiligen Vorgesetzteneinschätzungen – miteinander in vier Bewertungsgruppen auf Übereinstimmung bzw. Divergenz geprüft: Kompetenzausprägungen „unter dem Durchschnitt", „durchschnittliche", „starke" und „überdurchschnittliche". Die Übereinstimmungen (in %) der Fremdeinschätzungen betrugen:

---

2 THOMAS VPA, INSIGHTS® MDI®, BIP, LMI, CAPTain, DNLA®, NEO FFI

Tab. 7: Vorgesetzteneinschätzungen

Bedingungen	P	A	F	S	Ø Gesamt
normale	81	89	85	93	87
schwierige	74	86	81	91	83
Ø Gesamt	**77,5**	**87,5**	**83**	**93,5**	85

Auch bei diesen Ergebnissen wird deutlich, dass die Sozial-kommunikativen Kompetenzen die höchste Übereinstimmung bei Fremdeinschätzungen erfahren, wohingegen die Personalen Kompetenzen gegenüber den anderen Gruppen eine geringere Übereinstimmung haben.

Grundsätzlich gilt für KODE®: Je mehr die Ergebnisse zur Anregung des Selbstlernens und Selbsttrainings eingesetzt werden, desto niedriger wird die *Wiederholungsreliabilität* bei einer Zweitmessung in der beeinflussten Kompetenzrichtung ausfallen

4 Validität

Validität ist die Gültigkeit bzw. Authentizität eines Verfahrens, der Nachweis, dass ein Verfahren auch tatsächlich das misst, was es zu messen vorgibt. Der Validitätskoeffizient ist damit ein Ausdruck für den Gebrauchswert eines Verfahrens (Diekmann, 2007). Es ist das schärfste, zugleich aber auch das am schwierigsten zu erfüllende Gütekriterium.

Wir analysieren im Folgenden:
- Voraussetzungen von Validitätsüberlegungen
- empirische und systematische Aspekte der Konstruktvalidität
- inhaltliche Validität
- Kriteriumsvalidität
- prognostische Validität
- inkrementelle Validität
- externe Validität
- Augenscheinvalidität
- soziale Validität, Akzeptanz.

Voraussetzungen von Validitätsüberlegungen

Voraussetzung jeglicher Überlegungen zur Validität ist ein hinreichender theoretischer und praktischer Forschungsvorlauf, auf den sich die Überlegungen beziehen können. Ein solcher ist besonders in Deutschland deutlich vorhanden.

Deutschland ist in der Kompetenzforschung international führend. Es liegt eine große Fülle von Arbeiten vor, die meisten benutzen auch Verfahren der Kompetenzerfassung. Auf sie kann und muss sich KODE® zunächst beziehen. Insbesondere ist auf die Ergebnisse des BMBF-Programms „Lernkultur Kompetenzentwicklung“ zu verweisen.[3] Im Gesamt der dort entstandenen Veröffentlichungen gibt es u.a. eine klare Orientierung der Kompetenzanforderungen an den lang-, mittel- und kurzfris-

3 Wir haben hier umfangreiche Forschungsprojekte der ABWF und QUEM (Qualifikations Entwicklungs Management) im Auftrag des BMWF der Bundesrepublik Deutschland und der EU im Auge. Allein über Projektaufträge des BMBF/ESF wurden im Zeitraum 1995–2007 in Deutschland ca. 140 Mio. Euro in die Kompetenzforschung investiert, und es wurden international beachtliche Ergebnisse der Grundlagenforschung, der Angewandten Forschung sowie der praktischen Umsetzung realisiert. Eine Vielzahl von Universitäten, Stiftungen sowie Unternehmen und Verbände waren daran beteiligt. Insbesondere über die ABWF e.V. (www.abwf.de) und QUEM e.V. wurden im Zeitraum 1996 bis 2007 jährlich ein Handbuch „Kompetenzentwicklung“ mit Beiträgen aus Wissenschaft und Praxis herausgegeben (Arbeitsgemeinschaft QUEM, 1996–2007), ferner 22 Bücher der „Edition QUEM“ mit umfangreichen Studienergebnissen, 100 QUEM Reports, ebenfalls mit vielfältigen Studienergebnissen und Praxisempfehlungen für die HR-Bereiche und das unternehmensinterne Management. Und es kam jährlich sechs Mal das QUEM-Bulletin heraus. Diese Forschungsergebnisse wurden bei der Entwicklung von KODE®, KODE®X und des CeKom®-Netzwerkes weitgehend berücksichtigt.

tigen Strategien deutscher Unternehmen. Letzteres trennt deutlich die US-amerikanische von der deutschen Sichtweise, worauf auch Malik (2005) hinweist.[4]

In der Arbeit an und mit dem KODE® haben sich acht theoretisch und empirisch abgesicherte Kernpunkte herausgestellt, die für uns Voraussetzungen für alle weiteren Validitätsüberlegungen bilden:

1. KODE® baut auf einem theoretisch abgesicherten, differenzierten und praktisch vielfach bewährten Kompetenzmodell auf.
2. KODE® regt die Klienten zu Entwicklungsschritten an. Das ist der wesentliche Zweck und Wert von KODE®. Die Diagnose ist „nur“ Mittel zum Zweck der Kompetenzentwicklung (auf den Ebenen Individuum, Team und Organisation). Das wird in Gütenachweisen besonders berücksichtigt und über Kriterien der „sozialen Validität“ nachgewiesen.
3. Es gibt gegenwärtig keine KODE® vergleichbaren quantitativen Verfahren zur Kompetenzermittlung und Kompetenzentwicklung.
4. KODE® ist kein psychometrischer Test!
5. KODE® ist kein Persönlichkeitseigenschafts-, sondern ein handlungszentriertes Verfahrenssystem und basiert auf der handlungsorientierten Selbstorganisationstheorie. Letztere kann nicht auf traditionelle Persönlichkeitstheorien hingebogen werden. Moderne psychologische Handlungstheorien (vgl. Hacker/Skell, 1993) sowie der pädagogische Konstruktivismus (Arnold/Siebert, 2004) stehen ihr jedoch nahe.
6. Das Verfahrenssystem KODE® und das dahinter liegende theoretische Modell wurden von vornherein mit der Zielstellung ihres praktischen, unkomplizierten Einsatzes im Rahmen der betrieblichen Organisations- und Personalentwicklung ausgerichtet.
7. Kompetenzen integrieren (via Erfahrungen) Persönlichkeitsaspekte. Letztere werden jedoch nicht gesondert gemessen.[5] Deshalb können auch keine herkömmlichen Persönlichkeitstests 1:1 zum Validitätsnachweis für KODE® herangezogen werden. Folglich hat das Konzept „Herkömmliche Validität“ eine falsche erkenntnistheoretische Konation, wenn eine „wahre“ Abbildung innerer Zustände gemeint ist.
8. KODE® liegt sowohl als Selbst- als auch als Fremdfragebogen vor, so dass Fehlerquellen wie Impressions Management oder Sozialer Erwünschtheit entgegen gewirkt werden kann.

Untersuchungen zur Güte des Verfahrens und damit immer auch der Validität wurden systematisch durchgeführt. Jährlich wurden seit 1998 Untersuchungen zur Güte und

---

4 Er setzt sich intensiv mit dem US-Management auseinander und fordert ein Ende der unkritischen Nachahmung amerikanischer Managementmethoden. Man sollte sich auf die eigenen Stärken und Fähigkeiten besinnen und zu vernünftigem Wirtschaften und einer vernunftbasierten Personalentwicklung zurückkehren.

5 Gleichwohl können jedoch – in Abhängigkeit von den Aufgabenstellungen und Wünschen des Kunden – hybride Verfahren zum Einsatz kommen: KODE® plus qualitative Kompetenzdiagnostik-Instrumente und/oder Persönlichkeitstests. In der Praxis gibt es zum Beispiel Kombinationen von DISG® und KODE® oder INSIGHTS® und KODE®.

zu Entwicklungsmöglichkeiten von KODE® und ab 2001 auch für KODE®X durchgeführt.

Die wichtigsten Qualitätshinweise kamen und kommen von den ausgebildeten KODE® Beratern.[6] Parallel dazu wurden seit 2001 seitens der Verfahrensentwickler jährlich mehrere Dipl.-Arbeiten sowie auch Dissertationen angeregt.

Soweit bekannt, übersteigt die Anzahl der im deutschsprachigen Raum zum Thema „Kompetenzen“ mit klarem Bezug zu dem Modell von Erpenbeck/Heyse sowie zu KODE® geschriebenen Arbeiten derjenigen zu anderen Verfahren um ein Vielfaches.

6 Im Jahre 2008 waren es rund 600 aktive im deutschsprachigen Raum. Im KODE® Netzwerk waren im Jahre 2008 allein 16 bekannte Professoren von deutschsprachigen Universitäten und Fachhochschulen.

5 Empirische Ergebnisse

Konstruktvalidität

Für einen Vergleich von diagnostischen Verfahren mit theoretischen Konstrukten ist es notwendig, letztere zu operationalisieren, beobachtbar und bewertbar zu gestalten sowie die Vergleiche korrelativ aufzuarbeiten.

Differenzen können durch unterschiedliche theoretische Ausgangspunkte bei der Definition von Konstrukten einerseits und der Konstruktion der Verfahren andererseits aufkommen. Das trifft in Bezug auf die heutigen Kompetenzmodelle voll zu und erschwert den Nachweis der Konstruktvalidität von KODE®: Es stehen grundsätzlich die Modelle, die Kompetenzen mit Persönlichkeits*eigenschaften* gleichsetzen (psychologische Richtung) bzw. die Kompetenzen zu (Schlüssel-)*Qualifikationen* zählen (pädagogische Richtung), dem Selbstorganisationsmodell (handlungsorientierte Richtung) gegenüber, das wiederum KODE® zugrunde liegt. Direkte Vergleiche dieser Modelle sind nicht möglich; das trifft auch auf die Verfahren zu. Am nächsten zu KODE® liegen vielfache qualitative Erfassungsinstrumente. Letztere können jedoch weitgehend nicht für korrelative Vergleiche hinzugezogen werden. Das wird auch im Rahmen der Verfahrensvergleiche von Erpenbeck und von Rosenstiel (2007) deutlich.

Beinhauer (2008) untersuchte die interne Struktur des KODE® Fragebogens in Bezug auf das Kompetenzmodell von Erpenbeck/Heyse und dem daraus abgeleiteten KompetenzAtlas (Heyse/Erpenbeck, 2007).

Eine rotierte Faktorenanalyse (N: 152 Führungskräfte. Selektionskriterium: Eigenwerte über 1) zeigte eine 3-Faktoren-Lösung. Eine Lösung mit vier weitgehend voneinander unabhängigen Faktoren konnte zwar nicht bestätigt werden, die ermittelten Faktoren sind jedoch gut interpretierbar:

Faktor 1 beinhaltet aktivitätsbezogene Kompetenzen (positive Ladung) und soziale Kompetenzen (negative Ladung).

Faktor 2 enthält fast komplementär personale Kompetenzen (positive Ladung) und fachlich-methodische Kompetenzen (negative Ladung).

Diese beiden Faktoren bilden damit relativ gut den KODE®X-KompetenzAtlas ab, der durch zwei Achsen (Achse der aktivitätsbezogenen sowie sozial-kommunikativen Kompetenzen und die Achse der personalen sowie der fachlich-methodischen Kompetenzen) aufgespannt wird.

Gewisse Unschärfen ergeben sich bei der vorliegenden Stichprobe vorwiegend bei der Gruppe der Personalen Kompetenz, deren Bewertung unter günstigen und ungünstigen Bedingungen auf zwei verschiedenen Faktoren lädt.

Die dem KODE® zugrunde liegende Theorie kann also durch die vorliegende Studie weitestgehend bestätigt werden.

Tab. 8: Ergebnisse der Faktorenanalyse, 3 Faktoren

Kompetenzen		Komponenten		
		Faktor 1	Faktor 2	Faktor 3
Personale Kompetenzen	Günstige Bedingungen			**.902**
	Ungünstige Bedingungen		**.645**	
Aktivitätsbezogene Kompetenzen	Günstige Bedingungen	**.564**		**-.563**
	Ungünstige Bedingungen	**.812**		
Fachlich-methodische Kompetenzen	Günstige Bedingungen		**-.809**	
	Ungünstige Bedingungen		**-.877**	
Sozial-kommunik. Kompetenzen	Günstige Bedingungen	**-.855**		
	Ungünstige Bedingungen	**-.821**		

Faktorenanalyse *KODE®* nach Beinhauer (2008)
Zeigt nur Faktorenladung über .5 und unter -.5
Extraktionsmethode: Hauptkomponentenanalyse; Rotations-Methode: Varimax mit Kaiser Normalisation

Beckschäfer (2006) kam auf der Grundlage einer Untersuchung von betrieblichen KODE® Nutzern (Personalmanager, Personalentwickler, betrieblichen Coaches) und im Vergleich mit anderen Verfahren u.a. zu folgenden Schlussfolgerungen:

Erstens: Auf der Grundlage aller mündlichen Interviews wurden vier Kategorien gebildet und mit den Arbeitshypothesen verglichen. Dabei prüfte sie auch, inwieweit sich der Anspruch von KODE® (und auch KODE®X), gleichfalls zur Teamdiagnostik und -entwicklung geeignet zu sein, in der praktischen Anwendung des Verfahrens bestätigen lässt. Sie kam zu *vier Kernaussagen:*

Tab. 9: Vier Kategorien. Vergleich mit den Arbeitshypothesen

Kategorie 1	Kategorie 2	Kategorie 3	Kategorie 4
KODE® und KODE®X zeigen Dynamiken und Konflikte in einem bestehenden System auf und bilden eine Grundlage für Teamentwicklung und Neuorganisation der Gruppenzusammensetzung und tragen so zur Stabilisierung bei.	KODE® und KODE®X definieren die Kernkompetenzen eines Teams und zeigen auf, welche Defizite ausgeglichen werden können. Anhand eines so generierten Idealprofils können gezielt neue Mitarbeiter rekrutiert werden.	Mit KODE® und KODE®X wird die Disposition des Einzelnen evaluiert, seine Person im Team zu erkennen; die Eigenverantwortung und der Veränderungswille werden gestärkt.	Die Probanden erkennen sich in den KODE® Profilen wieder; dies bietet eine gute Grundlage zur eigenmotivierten Weiterentwicklung.

(Beckschäfer, 2006)

„Durch den Einsatz von KODE® und KODE®X in Unternehmen können die Strukturen eines Teams, die Dynamiken der Selbstorganisation, aufgezeigt werden. Die

Kompetenzprofile geben Aufschluss darüber, wie die einzelnen Teammitglieder in verschiedenen Situationen handeln sollen (z.B. aktivitäts- und handlungsorientiert, sozial-kommunikativ). Dies kann Konfliktlinien im Team erklären und Ansatzpunkte für Veränderung geben, indem die Aufgabenverteilung im Team neu überdacht wird, weitere gezielte Rekrutierungen vorgenommen oder Einzelcoachings angeboten werden."

Zweitens: „Durch die hohe Akzeptanz von KODE® (und KODE®X) auf Seiten der Probanden ist die Veränderungswilligkeit des Einzelnen hoch. Dynamiken werden nachvollziehbar aufgezeigt. Der hinzugezogene Berater kann durch KODE® (und KODE®X) eine Beobachtung zweiter Ordnung durchzuführen, die die Selbstorganisationsdispositionen jedes Teammitgliedes evaluiert. Hier entstehen Ansatzpunkte zur Strukturveränderung, indem konkrete Ansatzpunkte aufgezeigt werden, die Dynamiken zu verändern. Sowohl durch Hinzunahme weiterer Faktoren (Neurekrutierungen) oder Entwicklung des bestehenden Systems (Teamentwicklung, Coaching)."

Drittens: „Es sind ausgewählte Kompetenzdiagnostikverfahren dargestellt worden, die in der systemischen Beratungspraxis einen fest etablierten Platz haben. Deutlich wurde sichtbar, dass das in Zusammenhang mit KODE® (und KODE®X) diskutierte Kompetenzverständnis sich von mechanistischen, linearen und kausalen Erklärungsmustern menschlichen Handelns absetzt. Der Ansatz, Selbstorganisation und Intersubjektivität zu fördern, wie es z.B. von Beratungen basierend auf KODE® (und KODE®X) geleistet werden kann, wurde einer eingehenden Analyse unterzogen und anhand von Experteninterviews in Hinblick auf Ergebnisse in der Praxis untersucht. Hierbei hat sich gezeigt, dass systemische Beratung, und insbesondere Kompetenzdiagnostik, Systemdynamiken aufzeigen kann, die dem einzelnen Systemmitglied verschlossen bleiben. Somit kann man folgern, dass durch einen externen systemischen Berater eine Beobachtung bereitgestellt werden kann, die hilft, den Teufelskreis der bürokratischen Verstarrung nach Crozier durch Kompetenzbilanzierungen aufzubrechen. Es können Möglichkeiten gefunden werden, wie durch Änderungen in der Kompetenzverteilung im Team neue Dynamiken geschaffen werden können."

Viertens: „Die Verwendung eines systemisch-konstruktivistisch fundierten Verfahrens erscheint aus mehreren Gründen besonders geeignet. Durch KODE® (und KODE®X) wird die Konstruktion des Systems durch die Evaluation der Kompetenzverteilung aufgezeigt, und jedes Teammitglied wird als dynamisches Element und als Größe in einem Entwicklungsprozess beschrieben. Die Probanden werden sich ihrer Position im System bewusst, und der Wille zur Veränderung wird gestärkt. Die ‚Offenlegung' systeminterner Prozesse (Funktionsweisen) fördert die reflektierte Auseinandersetzung mit bestehenden Barrieren und kann bis hin zur Veränderung konkreter Handlungsmuster nützlich sein. Es werden konkrete Ansätze zur Teamentwicklung aufgezeigt, z.B. Teamentwicklungsmaßnahmen, Einzelcoachings, oder Neurekrutierung zum Ausgleich und zur Optimierung systeminterner Prozesse. Der Anspruch systemischer Berater, bereits systemimmanente Lösungsansätze sichtbar zu machen, der Beharrungstendenz des Systems entgegen zu wirken und somit neue Handlungsspielräume und Perspektivwechsel zu bewirken, kann mit Hilfe von Kompetenzdiagnostik erreicht werden."

Beinhauer (2008) vergleicht im Rahmen seiner Suche nach geeigneten Verfahren zur Ermittlung individueller Führungsvoraussetzungen verschiedene bekannte Verfahren[7] und kommt betreffs KODE® zu folgenden Ergebnissen:

Erstens: „Im Vergleich mit der Thomas VPA beobachten wir einige starke Zusammenhänge (bis r = .454). Wir verglichen die Skalen des Selbstbildes (Thomas VPA) mit den Gruppen der personalen, aktivitätsbezogenen, fachlich-methodischen und sozialen Kompetenz (KODE®) jeweils unter günstigen Bedingungen. Die Korrelationsmatrix erlaubt einen guten Vergleich zwischen den Verfahren. Die durch KODE® ermittelte personale Kompetenz deckt konzeptionell einen Bereich ab, der von der Thomas VPA nicht erhoben wird und korreliert daher nur schwach mit den Skalen der Thomas VPA. Anders sieht es dagegen bei der aktivitätsbezogenen und sozialen Kompetenz aus, die mit den durch Thomas VPA erhobenen Skalen wie erwartet korrelieren. Eine Person, der durch KODE® eine hohe aktivitätsbezogene Kompetenz zugestanden wird, würde durch Thomas VPA tendenziell als dominant und initiativ, aber als wenig stetig und gewissenhaft beschrieben. Eine sozial kompetente Person würde als wenig dominant und eher stetig beschrieben. Diese Zusammenhänge entsprechen den Erwartungen und sind logisch gut nachvollziehbar."

Tab. 10: Vergleich KODE® mit VPA

Thomas VPA	KODE® Personale Kompetenz	Aktivität/ Handlungs-kompetenz	Fach- und Methoden-kompetenz	Sozial-kommunikative Kompetenz
Thomas D	-.025	.454 (**)	-.012	-.421 (**)
Thomas I	-.219 (**)	.213 (*)	-.147	.106
Thomas S	.119	-.469 (**)	.006	.373 (**)
Thomas C	.078	-.387 (**)	.185 (*)	.131

Korrelationen: Kompetenzen unter günstigen Bedingungen (KODE®) und Selbstbild (Thomas VPA)
N = 152. Partielle Korrelationen, Alter und Geschlecht kontrolliert
** Korrelation ist bei 0.01 Niveau signifikant (2 seitig).
* Korrelation ist bei 0.05 Niveau signifikant (2 seitig).

Zweitens: „Im Vergleich mit dem Verfahren INSIGHTS® finden wir, wie erwartet, ebenso starke Zusammenhänge (bis r = .544). Die Korrelationsmatrix auf der Grundlage des Vergleiches der vier Kompetenzgruppen (KODE®) mit den Skalen des Basisstils (INSIGHTS®) zeigt ein eindeutiges Bild. Die durch KODE® ermittelte personale Kompetenz deckt konzeptionell einen Bereich ab, der von INSIGHTS® nicht erhoben wird und korreliert daher erwartungsgemäß nicht signifikant mit den Skalen von INSIGHTS®. Anders sieht es bei den aktivitätsbezogenen und sozialen Kompetenzen aus, die mit den INSIGHTS®-Skalen wie erwartet korrelieren. Eine Person, der durch KODE® eine hohe aktivitätsbezogene Kompetenz zugestanden wird, würde durch INSIGHTS® tendenziell als dominant und initiativ, aber als wenig stetig und gewissenhaft beschrieben. Eine sozial kompetente Person würde als weniger do-

7 THOMAS VPA, INSIGHTS® MDI, KODE®, BIP, LMI, CAPTain, DNLA®, NEO FFI

minant und eher stetig beschrieben. Fachlich-methodisch kompetente Personen wären eher wenig initiativ und gewissenhaft. Diese Zusammenhänge entsprechen genau den Erwartungen und sind logisch sehr gut nachvollziehbar."

Tab. 11: Vergleich KODE® mit INSIGHTS®

Kompetenzgruppen	**INSIGHTS®** D	I	S	G
KODE® Personale Kompetenz	-.061	-.075	.042	.071
Aktivität/Handlungsk.	.544(**)	.299(**)	-.528 (**)	-.363
Fach-Methodenkompetenz	-.132	-.264(**)	.090	.347(**)
Sozial-kommunikative Kompetenz	-.355(**)	.037	.398 (**)	-.057

Korrelationen: Kompetenzen unter günstigen Bedingungen (KODE®) und Basisstil (INSIGHTS®)
N = 147. Partielle Korrelationen, Alter und Geschlecht kontrolliert
** Korrelation ist bei 0.01 Niveau signifikant (2 seitig).

Drittens: „CAPTain ist deutlich von KODE® zu unterscheiden und hat weitgehend unterschiedliche konzeptionelle Wurzeln. Von größeren Zusammenhängen ist nicht auszugehen. Jedoch verfolgt auch CAPTain das Ziel, Verhaltensweisen bzw. Verhaltensdispositionen am Arbeitsplatz zu erheben. Die Korrelationsmatrix ergibt erwartungsgemäß nur wenige relevante[8] Korrelationen zwischen den Verfahren.

Im Bereich der Arbeitsleistung gibt es relevante Zusammenhänge zwischen der aktivitätsbezogenen Kompetenz unter günstigen Bedingungen und Zielorientierung (r = 0.320) und Selbstständigkeit (r = .312), zwischen aktivitätsbezogener Kompetenz unter ungünstigen Bedingungen und Arbeitsleistung (r = 0.352) sowie zwischen sozialer Kompetenz unter ungünstigen Bedingungen und Arbeitsleistung (r = -.301). Im Bereich der Führungs*eigenschaften* (nach CAPTain) finden wir wie erwartet kaum Zusammenhänge; die einzige nennenswerte Korrelation wurde zwischen aktivitätsbezogener Kompetenz unter günstigen Bedingungen und subjektiver Autoritätsorientierung (r = .314) ermittelt."

Viertens: „Ebenfalls deutlich verschieden von KODE® ist die Konzeption von DNLA®, und dieses schlägt sich vorhersagegemäß auch in nur relativ niedrigen Korrelationen nieder – insbesondere zwischen der aktivitätsbezogenen Kompetenz (KODE®) unter günstigen Bedingungen und Kritikstabilität (r = .381), Misserfolgstoleranz (r = .381) und Flexibilität (r = .303). Sozialkommunikative Kompetenz unter ungünstigen Bedingungen korreliert negativ mit Selbstvertrauen (r = -.316) und Motivation (r = -.307). Die durch DNLA® erhobene Statusmotivation korreliert positiv mit personaler Kompetenz unter ungünstigen Bedingungen (r = .386) sowie negativ mit fachlich-methodischer Kompetenz unter ungünstigen Bedingungen (r = .303) … Die höchste positive Korrelation besteht zwischen aktivitätsbezogener Kompetenz unter günstigen Bedingungen und dem Führungsaufwand nach DNLA® (r = .395)."

8 Ausgegangen wurde hier ausschließlich von signifikanten Zusammenhängen > 0.3 oder > -0.3

Fünftens: „Größtenteils den Arbeitshypothesen entsprechend zeigen sich Zusammenhänge zwischen den Kompetenzen (KODE®) unter günstigen Bedingungen und dem BIP. Personen mit ausgeprägten aktivitätsbezogenen Kompetenzen werden durch das BIP tendenziell als durchsetzungsstärker, flexibler, kontaktfähiger gesehen und weisen eine höhere Führungs- und Gestaltungsmotivation auf. Im Gegensatz dazu schneiden sozial kompetente Personen in vielen Dimensionen des BIP schlechter ab. Sie werden als weniger belastbar, durchsetzungsstark, handlungsorientiert und stabil sowie weniger gestaltungsmotiviert bewertet. Fachlich-methodische Kompetenz korreliert erwartungsgemäß positiv mit Gewissenhaftigkeit. Dennoch ist zu beachten, dass beide Verfahren von ihrer Konzeption und ihren theoretischen Grundlagen relativ weit voneinander entfernt sind. Außerdem fehlt dem BIP der Bereich der personalen Kompetenzen."

Tab. 12: Vergleich KODE® mit BIP

		KODE® **P**	**A**	**F**	**S**
BIP	Belastbarkeit				-.443
	Durchsetzungsfähigkeit		.414		-.385
	Flexibilität		.353		
	Führungsmotivation		.415		
	Gestaltungsmotivation		.320		-.358
	Gewissenhaftigkeit			.341	
	Handlungsorientierung				-.447
	Kontaktfähigkeit		.347		
	Leistungsmotivation				
	Selbstsicherheit				
	Sensibilität				
	Soziabilität				
	Stabilität				-.331
	Teamorientierung				

Korrelationen: Kompetenzen unter günstigen Bedingungen (KODE®) und BIP
N = 103. Partielle Korrelationen, Alter und Geschlecht kontrolliert
Nur Korrelationen > r = .3 oder > r = -.3. Alle Korrelationen bei 0.01 Niveau signifikant (2 seitig).

Sechstens: „LMI und KODE® sind konzeptionell deutlich unterschiedlich. KODE® erhebt Kompetenzen, die sich als Verhaltensdispositionen verstehen, nicht jedoch die Leistungsmotive von Personen (im Einzelnen). Die Verfahren sind deshalb nur sehr eingeschränkt vergleichbar. Dennoch gibt es einige interessante Zusammenhänge: Personen mit hoher aktivitätsbezogener Kompetenz weisen eine höhere Schwierigkeitspräferenz und Selbstständigkeit auf. Im Gegensatz dazu ist diese bei Personen mit hoher sozialer Kompetenz niedriger; dazu ist von einer tendenziell geringeren Lernbereitschaft auszugehen."

Tab. 13: Vergleich KODE® mit LMI

		KODE® P	A	F	S
LMI	Engagement				
	Flow				
	Internalität				
	Komp.-Anstrengung				
	Lernbereitschaft				-.346
	Schwierigkeitspräferenz		.306		-.420
	Selbstständigkeit		.354		-.357
	Selbstkontrolle				
	Statusorientierung				
	Wettbewerbsorientierung				
	Zielsetzung				

Korrelationen: Kompetenzen unter günstigen Bedingungen (KODE®) und LMI
N = 103. Partielle Korrelationen, Alter und Geschlecht kontrolliert
Nur Korrelationen > r = .3 oder > r = -.3. Alle Korrelationen bei 0.01 Niveau signifikant (2 seitig).

Siebtens: „Im Vergleich mit den Big Five (NEO FFI) wurden keine Zusammenhänge zwischen Extraversion, Offenheit, Neurotizismus, Gewissenhaftigkeit und Verträglichkeit und den KODE® Ergebnissen unter günstigen oder ungünstigen Bedingungen gefunden, die über einen Wert von > .3 oder > -.3 hinausgingen."

Die Untersuchungen von Beinhauer (2008) belegen sehr deutlich:

1. Es gibt gegenwärtig keine adäquaten Verfahren zur ganzheitlichen quantitativen Kompetenzermittlung im Vergleich mit KODE®, und die wichtige Seite der personalen Kompetenzen wird von allen anderen Vergleichsverfahren bis heute ausgeblendet.
2. Die Vergleichsverfahren haben andere Konzeptionen und folgen vorwiegend dem klassischen Muster der Eigenschaftsdiagnostik und weniger der handlungszentrierten Diagnostik. Insofern durften entsprechend den Arbeitshypothesen mehrheitlich keine hohen Korrelationen nachgewiesen werden.
3. Bei einzelnen Skalen, bei denen auch andere Vergleichsverfahren mehr die Handlung, das konkrete Verhalten betonten, wurden signifikant hohe Korrelationen (über r > .45 oder r = > -.45) erwartet. Ihr Eintreffen wurde nachgewiesen.

Im Rahmen der Personalbewertung und -auswahl können Verfahren mit einem Validitätskoeffizient > r = +/- 0.3 als „gut" und solche mit einem Koeffizienten von r = +/- 0.5 als „sehr gut" bezeichnet werden. Zu inhaltlich wichtigen und relativ vergleichbaren Aspekten konnten Validitätskoffizienten zwischen .31 und .54 nachgewiesen werden. Weuster (2008) gibt einen Überblick für die Validität verschiedener Auswahlverfahren (Ausschnitte):

Tab. 14: Validität verschiedener Auswahlverfahren

Auswahlinstrument	Kriterium/Gruppe/Methode	Validität	Quelle/Hinweis
Arbeitsproben	Metaanalyse	.33	Roth et al. 2005
Arbeitsproben	Leistung	.38 - .54	Robertson/Smith 1993
Arbeitsproben	Metaanalyse	.28 - .40	Robertson/Kandola 1982
Arbeitsproben	Metaanalyse	.54	Hunter/Hunter 1984
Arbeitsproben *plus* GMA (General Mental Ability)	Leistung	.54	Schmidt/Hunter 1998 b
Assessment-Center	Metaanalyse, total	.36	Arthur et al. 2003
Assessment-Center	Leistung	.36	Gaugler et al. 1987
Assessment-Center	Potenzialbeurteilung	.53	Gaugler et al. 1987
Assessment-Center	Trainingserfolg	.35	Gaugler et al. 1987
Assessment-Center	Kommunikation	.33	Arthur et al. 2003
Assessment-Center	Engagement (Drive)	.31	Arthur et al. 2003
Assessment-Center	Organisation und Planung	.37	Arthur et al. 2003
Assessment-Center	Probleme lösen	.39	Arthur et al. 2003
Assessment-Center plus GMA	Leistung	.37	Schmidt/Hunter 1998 b
Ausbildungszeit plus GMA	Leistung	.10	Schmidt/Hunter 1998 b
Beurteilung der Vorgesetz-ten/Kollegen	Leistung	.43	Robertson/Smith 1993
Biografische Daten	Verschiedenes	.14 - .52	Reilly/Chao 1982
GMA	Leistung	.62	Salgado et al. 2003
GMA	Verkaufspersonen	.61	Hunter/Hunter 1982
GMA	Manager	.53	Hunter/Hunter 1982
GMA	Bürokraft/Sachbearbeiter	.54	Hunter/Hunter 1982
GMA	Ausbildungsbeurteilung durch den Vorgesetzten	.36	Hulsheger et al. 2006
Grafologie	Verschiedene Kriterien	.14 - .21	Neter/Ben-Shakhar 1989
Notenschnitt/Schule	Ausbildungserfolg	.41	Baron-Boldt et al. 1989
Peer Rating + GMA	Leistung	.49	Schmidt/Hunter 1998 b
Persönlichkeitsfragebogen	Bewährung	.15 - .20	Rosenstiel et al. 1994
Persönlichkeit (Big Five)	Arbeitsleistung	.03 - .23	Barrick/Mount 1991
Persönlichkeit (Big Five)	Trainingserfolg	.07 - .26	Barrick/Mount 1991
Persönlichkeit + Jobanalyse	Arbeitsleistung	.38	Tett et al. 1991
Probezeit	Erfolg in Einstiegsjobs	.57	Hunter/Hunter 1984
Probezeit + GMA	Leistung	.44	Schmidt/Hunter 1998 b
Selbstbewertung	Berufliche Leistung	.22 - .30	Moser 1999
Test Fachkenntnisse + GMA	Leistung	.51	Schmidt/Hunter 1998 b
Tests, mentale Fähigkeiten (GMA)	Leistung	.51	Schmidt/Hunter 1998 b
Tests, situative Urteile	Metaanalyse	.34	McDaniel et al. 2001
Tests, Integrität + GMA	Leistung	.41	Schmidt/Hunter 1998 b

Tests, Interessen	Leistung in Einstiegsjobs	.10	Hunter/Hunter 1984
Tests, Interessen	Verkaufserfolg	.50	Vinchur et al. 1998
Tests, projektive	Metaanalyse	.18	Reilly/Chao 1982
Tests, Verkaufsfähigkeit	Verkaufserfolg	.37	Vinchur et al. 1998
Vorstellungsgespräch	Verschiede Kriterien	.03 - .87	Salgado/Moscoso 2002

Für die aufgeführten Titel siehe Erpenbeck/Heyse, 2014.

So betrachtet, schließt KODE® in den bisher vorliegenden Vergleichen *gut bis sehr gut* ab. Das hängt mit Sicherheit auch damit zusammen, dass jährlich neben den A.C.T-eigenen auch weitere wissenschaftliche Arbeiten (Diplom- und Masterarbeiten, Dissertationen) in Kooperation mit dem A.C.T zum Kompetenzmodell, dem Atlas, zum diagnostischen Material und dessen Ergebnissen und zu Kompetenz-Entwicklungsprozessen an verschiedenen Hochschulen in Deutschland, Österreich und der Schweiz durchgeführt und gründlich im A.C.T ausgewertet werden.

Heyse (vgl. Heyse/Erpenbeck 2004) entwickelte auf der Grundlage des Kompetenzmodells von Erpenbeck/Heyse ein zweites Kompetenzmessverfahren, das methodisch völlig verschieden zu KODE® ist. Es wird als PAS[9] in den CeKom® (Centren für Kompetenzbilanzierung im deutschsprachigen Raum) erfolgreich genutzt. Eine erste Studie 2006 mit N = 23 ergab folgende Rangkorrelationen zwischen PAS und KODE®:

Personale Kompetenz: R = .56
Aktivität/Handlungskompetenz: R = .81
Sozial-kommunikative Kompetenz: R = .75

Die Vergleiche werden mit einer größeren Stichprobe fortgesetzt.

Erpenbeck (2007) vergleicht auf der Grundlage der Verfahrenssammlung im „Handbuch Kompetenzmessung“ (Erpenbeck, von Rosenstiel, 2007) unterschiedliche quantitative Verfahren, die anscheinend engere Bezüge zu KODE® aufweisen, und kommt, zunächst in Bezug auf übergreifende Kompetenzgitter, zu folgenden Ergebnissen:

Der *Kompetenzkompass®*, eines der ersten explizit auf Kompetenzen gerichteten Messverfahren, gestattet es, eine große Fülle von nebeneinander gestellten Kompetenzbegriffen skalierend abzuschätzen und mit Sollforderungen zu vergleichen. Das Verfahren wurde in großen Unternehmen angewandt. Es differenziert nicht zwischen Basiskompetenzen und darauf aufbauenden, diesen zuzuordnenden Teilkompetenzen (wie KODE® und KODE®X), es kennt auch nicht die Frage nach normalen und belastenden Situationen und nach Absicht, Verhalten, Wirkung und Ideal differenzierenden Einschätzungen, wie sie der KODE® benutzt. Auch werden die fachlich-methodischen Kompetenzen sehr stark in den Vordergrund gerückt. Für den Ein-

9 P: Personale Kompetenz, A: Aktivität/Handlungskompetenz, S: Sozial-kommunikative Kompetenz

tritt in ein Assessment, für eine Kompetenzmessung mit wenig Aufwand empfiehlt sich KODE® eher, für eine Kompetenzevaluation eines gesamten Unternehmens ist der *Kompetenzkompass®* ähnlich wie KODE®X – allerdings mit höherem Aufwand – geeignet. KODE® und *Kompetenzkompass®* können fruchtbringend neben- oder nacheinander eingesetzt werden, wie die zeitweise strategische Allianz zwischen ihnen dokumentierte.

nextexpertizer® und *nextcoach®* nach P. Kruse und Mitarbeitern gehen von einem ähnlichen Selbstorganisationsansatz wie KODE® aus. Ziel ist allerdings neben der Bestimmung individueller Kompetenzen vor allem die Kompetenzcharakteristik von Teams und Unternehmen. Deshalb sind beide als Unternehmensberatungstools konzipiert. Einbezogen sind die frühen Überlegungen von A. Kelly. Die spezifische Kombination von qualitativen und quantitativen Momenten macht das Verfahren einzigartig und hoch originell. Allerdings ist es ebenfalls für einfache und schnell durchzuführende Kompetenzmessungen zu komplex und auch ökonomisch sehr aufwendig.

Während *nextexpertizer®* und *nextcoach®* in die Komplexität sozialen Zusammenwirkens von Team und Gruppe gehen, dringt das *Entwicklungsorientierte Scanning (EOS)* von J. Kuhl und Mitarbeitern in die Komplexität des Individuums vor und erlaubt in einem aufwendigen Verfahren differenzierte Aussagen zu den psychischen Mechanismen zu gewinnen, die den Grund- und abgeleiteten Kompetenzen zugrunde liegen. KODE® ist damit kompatibel, schneller und ökonomischer durchzuführen, erlaubt aber keine so differenzierenden Aussagen zu individuellen Grundlagen der Kompetenzen.

Das ELIGO-System und das PERLS-Tool von H. Wottawa und Mitarbeitern stellen internetbasierte Raster dar, in die Kompetenzmessinstrumente eingebaut werden können. Sie sind keine eigenen Kompetenzmessmethoden aber – im Prinzip auch für den KODE® geeignete – Darbietungstools.

In der Gruppe der übergreifenden Kompetenzgitter behauptet KODE® also einen eigenen, unverzichtbaren Platz als sehr ökonomisches, aber gleichwohl differenziert über die bloße Feststellung von Grundkompetenzen hinausgehendes Kompetenzmessinstrument.

In Bezug auf weitere bekannte, breit eingesetzte kommerzielle Verfahren lässt sich die eigene Stellung von KODE® ebenfalls herausarbeiten: *OPUS®* und der *Knowledge Management Skill Test des Fraunhofer Instituts* haben umfassende Organisations- und Potentialuntersuchungsaufgaben im Blick und rentieren sich auch nur bei solchen. Das *Behavioral Event Interview (BEI)* und das *Emotional Competency Inventory (ECI)* analysieren nur Teilaspekte der Kompetenzen. Die vier Verfahren liegen also außerhalb des selbstgesetzten Rahmens von KODE®.

INSIGHTS® MDI® und *DISG®* weisen eine größere Nähe zu *KODE®* auf, bleiben jedoch in erster Linie Verfahren zur Diagnostik von übersituativen, nicht veränderbaren Persönlichkeits*eigenschaften.*[10] Alle drei Verfahren kommen in Bezug auf Grundkompetenzen zu ähnlichen Ergebnissen mit ähnlicher Genauigkeit, allerdings die

10 Letzteres ist keine Wertung. Beide Verfahren gehen theoretisch auf Moulton William Marston (1928) zurück und präferieren psychologische Persönlichkeitsprofile und keine Kompetenzaussagen, die es zu der Entstehungszeit auch gar nicht gab.

weitergehende Differenzierung von KODE® in Handlungsfähigkeiten unter a) normalen Arbeits- und Lebensbedingungen und b) schwierigen Arbeits- und Lebensbedingungen sowie in Handlungserwartung, Handlungsvollzug, Handlungsresultat und Handlungsideal ermöglichen weitergehende Aussagen in gleichen Messzeiträumen. KODE® ist also gut zusammen, oder für zahlreiche Aufgaben auch als ökonomischere Variante anstelle von INSIGHTS® MDI® und DISG®, einsetzbar.

Eine weitere Zusammenstellung (Heyse/Erpenbeck, 2004) bezieht sich auf die inhaltliche und zeitliche Entstehung dieser und weiterer quantitativer Verfahren, die sich – teilweise erst später – als Kompetenzmessverfahren darstellten.

Es ergaben sich folgende Beziehungen:

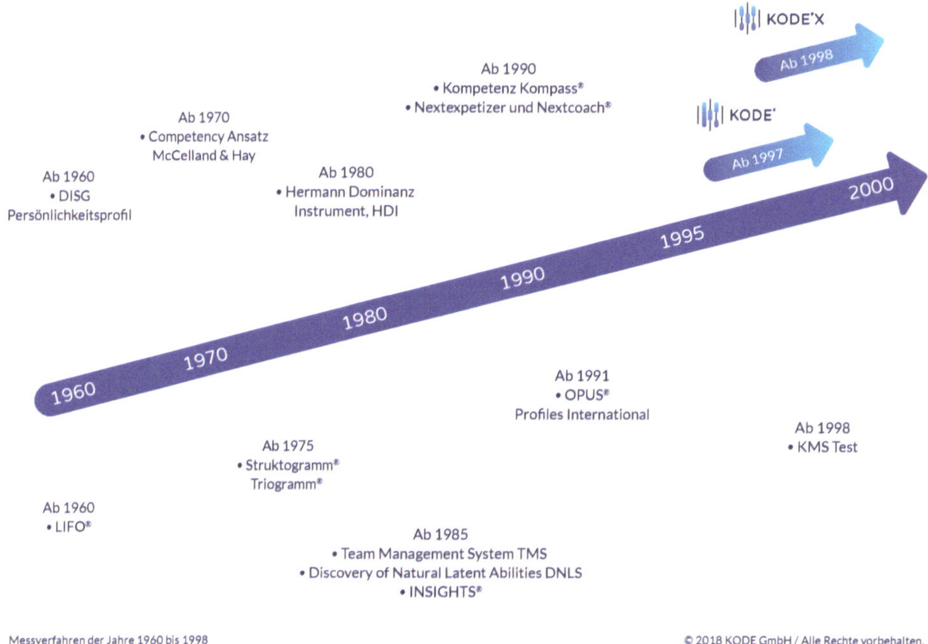

Abb. 29: Messverfahren der Jahre 1960 bis 1999

Aus dieser Analyse geht deutlich hervor, dass KODE® deutliche Vorteile gegenüber den anderen Verfahren aufweist, indem dieses Verfahren

- die Kompetenzfeststellung sowie -entwicklung klar in das Zentrum der Anwendung stellt und dafür auf ein ausgereiftes theoretisches Handlungsmodell zurückgreift; die Kompetenzen sind strukturiert und empirisch ausreichend abgesichert (KompetenzAtlas),
- nicht bei starren Typologien stehen bleibt, sondern vielfältige Kompetenzkombinationen unter unterschiedlichen Verhaltensbedingungen beachtet und diesen Kombinationen auch adäquate Selbsttrainingsangebote unterlegt,

- sich an organisationsspezifischen Tätigkeits- und Funktionsprofilen orientiert und Kompetenzaussagen nicht an übersituative psychologische Normen (Normwerte) bindet, sondern an den konkret gegebenen. Kompetenzaussagen können an organisationskonkreten Kompetenz-Sollanforderungen gespiegelt werden.

Letzteres wird auch in einem Gutachten der Wirtschaftsuniversität Wien (2007) hervorgehoben. Die Wirtschaftskammer Österreich (WKO) ließ im April 2007 ein unabhängiges Gutachten über sechs Verfahren, die für ein internes Kompetenzmanagement aller österreichischen Wirtschaftskammern interessant sein könnten, von der Wirtschaftsuniversität Wien anfertigen. Folgende Verfahren wurden kritisch beleuchtet: KODE®/KODE®X, ASSESS/INSIGHTS®, DISG®, Kompetenzrad von North, Kassler Kompetenzraster, Potenzialanalysen der österreichischen WIFIs.

Das KODE® /KODE®X-System erhielt als einziges durchgehend „sehr gute“ bis „gute“ Bewertungen:

	Haupterfolgsfaktor					
		Sehr gut		***Durch-schn.***		***Ungenü-gend***
1.	Strategiebezug					
2.	Handhabbarkeit					
3.	Quantifizierung					
4.	Qualifizierung					
5.	Marktfähigkeit					
6.	Breite (Anwenderkreis)					
7.	Nicht manipulierbar					
8.	IT/Aufwand					
9.	Wiss. Fundierung					
10.	Kompatibilität (PE-Tools)					
	Gesamt					

Abb. 30: KODE® /KODE®X-Bewertungen der Wirtschaftsuniversität Wien

Hervorgehoben wurde u.a., zum KODE®X-*System:*

- „Einziges Instrument mit klarer Einbindung der Unternehmensstrategie in Bezug auf strategische und operative Kompetenzen“
- „Abdeckung zentraler Anforderungen an ein Kompetenzmanagementsystem“
- „Klare wissenschaftliche Fundierung“
- „Klarer praktischer Nutzen“.

Schwierigkeiten direkter Vergleiche

Trotz interessanter Ergebnisse im Rahmen der Prüfung der Konstruktvalidität muss auf grundsätzliche methodologische Schwierigkeiten hingewiesen werden. Sie ergeben sich vor allem hinsichtlich folgender zwei Aspekte:

Unterschiedliche Konzepte: Psychologische und pädagogische Persönlichkeitstheorien/Eigenschaftsorientierung vs. Selbstorganisationstheorie/Handlung- und Veränderungsorientierung. Ferner: In Deutschland dominiert andererseits die Erfassung formalen Wissens und Könnens und Kompetenzen werden diesen untergeordnet (Garcia, 2003).

Unterschiedliche Interpretationsrahmen: Die eigenschaftsorientierten Verfahren gehen von wenigen stabilen Persönlichkeitsfaktoren bzw. Persönlichkeitstypen aus ohne Bezugnahme auf arbeitsspezifische Verhaltensanforderungen. KODE® hingegen bleibt nicht bei den vier Kompetenzgruppen stehen, sondern differenziert zwischen 64 Teilkompetenzen und deren unterschiedliche Kombinationen (2er, 3er, 4er Kombinationen).

So kann beispielsweise auch nicht der Persönlichkeitsfaktor „Gewissenhaftigkeit" im NEO-FFI mit der Kompetenzgruppe „Fach- und Methodenkompetenz" im KODE® gleichgesetzt werden. Der KompetenzAtlas enthält eine eigene Teilkompetenz „Gewissenhaftigkeit" – als S/F-Verhaltensmix.

Zukünftige Validitätsuntersuchungen müssen auf die 64 Teilkompetenzen eingehen; ein Vergleich der vier Kompetenzgruppen mit anderen Verfahren ist viel zu grob. Versuche, KODE® formal in andersweitige Konzepte zu pressen oder mit ihnen zu vermengen, müssen zwangsläufig zu Fehlaussagen führen. So versuchte Siemann (2005) vergeblich, die sechs Typen des DC-AC[11] (Stratege, Leader, Change Agent, Unternehmer, Knowledge Manager, Kommunikator) mit den vier Kompetenzgruppen von KODE® direkt zu vergleichen.

Die Konstruktvalidität muss bezüglich Kompetenzmessverfahren auch aus einem weiteren Grund problematisiert werden: Führen angenommene und isolierbare Variablen mit einer bestimmten Wahrscheinlichkeit zu voraussagbaren Resultaten (zum Beispiel Weiterbildungsabschluss zu Berufserfolg)? Solche Wenn-Dann-Aussagen können bei Kompetenzen nur sehr bedingt gemacht werden. Die Variablen (auch Basiskompetenzen!) sind stark variierend:

- kontextabhängig
- biografieabhängig
- von Regeln, Werten, Normen abhängig
- selbstorganisativ verstärkungsbeeinflusst und lebensgeschichtlich nur beschränkt vorhersagbar.

Validierungsverfahren bezüglich selbstorganisativer Grundannahmen sind bisher nur in Anfängen entwickelt.

11 Kompetenzmodell von DaimlerChrysler

Inhaltliche Validität

Verfahren müssen inhaltlich stimmig sein und theoretisch begründbar. Auch wenn KODE® immer wieder auf Grund des in der Praxis noch überwiegenden testorientierten Denkens fälschlicherweise als Persönlichkeitstest betrachtet wird, ist die Inhaltliche Validität gegeben. KODE® misst entsprechend seinem Einsatzzweck, was gemessen werden soll.

Die Überprüfung der Gültigkeit von Modellannahmen (zum Beispiel zur faktoriellen Validität) geschah auf zwei Wegen:

- Festlegung der faktoriellen Zusammensetzung für ausgewählte Berufsgruppen und Prüfung der Prognosefähigkeit (Heyse, 2008)
- Selbstorganisationsmodelle, die für die vier Kompetenzgruppen modelliert und durchgerechnet wurden (Erpenbeck/Scharnhorst, 2005).

KODE® und KODE®X besitzen als einzige Kompetenzmessverfahren ein derart theoretisch verankertes Modell.

Kriteriumsvalidität

Die Ergebnisse eines Verfahrens müssen mit bestimmten Leistungs-, Erfolgs-, Misserfolgs- oder Versagenskriterien korrelieren.

In der Regel werden die zu Grunde gelegten Einschätzungen durch die Vorgesetzten vorgenommen. Unterschiedliche Vorgesetzte differenzieren sehr verschieden; in den wenigsten Fällen werden zuvor Beurteilungstrainings durchgeführt.

Seit 2003 wurde KODE® in Verbindung mit KODE®X-Bewerber-Sollprofilen bei der Auswahl von Studienbewerbern eingesetzt. Detailergebnisse wurden im Rahmen der Kompetenzentwicklung der Studenten verwendet. (Brezowar/Mair, 2004, 2008) Es wurde klar nachgewiesen, dass sich das Niveau so angenommener Studenten deutlich von früheren Jahrgängen unterscheidet:

- Höhere Passfähigkeit zu den Soll-Anforderungen
- Weniger Studienabbrecher (früher hingegen mehr durch erlebte eingeschränkte Passfähigkeit)
- Verbesserung der Studienatmosphäre (Innensicht sowie Feedback der externen Lehrbeauftragten)

Eine andere Arbeit führte Vergleiche zwischen KODE® Fremdeinschätzungen und Beobachterprotokollen von zuvor trainierten Beobachtern auf der Grundlage mehrstündiger betrieblicher Strategiediskussionen durch (Heyse, 2008). Die Beobachterlisten waren ebenfalls auf die vier Kompetenzgruppen gerichtet. Eingeschätzt wurden die Mitglieder der jeweiligen Strategie-Diskussionsgruppe.

Bei N=53 gab es folgende Übereinstimmungen (in %):

P	A	F	S
71%	92%	88%	84%

Prognostische Validität

Die prognostische Validität ist zwar die wichtigste Validitätsart; sie wird jedoch durch viele kaum aufdeckbare Faktoren begrenzt. Es werden die Ergebnisse eines Auswahlverfahrens mit dem zeitlich späteren Erfolgskriterium verglichen (Performance-Einschätzung durch den Vorgesetzten, Trainingserfolg oder Entwicklungen im Unternehmen ...). Es soll also mittels eines Verfahrens der spätere Arbeitserfolg vorausgesagt werden. Für KODE® ist damit die Einheit von diagnostischer Valenz und erfolgreicher Umsetzung von Kompetenzentwicklungszielen und -maßnahmen angesprochen. Inwieweit werden die Entwicklungsziele erreicht und wie schlägt sich das in nachfolgenden KODE® Messungen nieder?

Untersuchungen zu dieser Validität laufen an mehreren Hochschulen, bei denen sich besonders gut Erfolgskriterien formulieren lassen. Zumindest die subjektiven Einschätzungen nach einem Kompetenzmesszyklus mit KODE® lassen eine hohe prognostische Validität erwarten. Größere Längsschnittuntersuchungen zur prognostischen Validität laufen seitens A.C.T in Zusammenarbeit mit der Steinbeis-Hochschule, Berlin/School of International Business and Entrepreneurship (SIBE) in den Jahren 2009–2011. An anderen Hochschulen werden ähnliche Überlegungen angestellt (Fachhochschule des Mittelstandes, FHM, Frankfurt School of Finance and Management, FhB, Fachhochschule Wien, Institut Tourismus Management). Ähnlich aufschlussreiche Ergebnisse sind aus dem Bereich des Übergangs Schule–Beruf, insbesondere bei Bildungsfernen, nachgewiesen (BMG Langer, Sachsen) oder zu erwarten (GSM, Kiel).

Inkrementelle Validität

Ein Validitätszuwachs kann durch Erweiterung der in der Personalauswahl eingesetzten Verfahren erfolgen. Allerdings sollten die zusätzlich einbezogenen Verfahren sowohl inhaltlich erweitern als auch selbst im Einzelnen ausgewiesene vertretbare Validitätsnachweise haben. So werden häufig sogenannte hybride Verfahren in einer Mischung von quantitativen und qualitativen Teilverfahren bevorzugt.

Im Vordergrund der Arbeit des *CeKom*®-Netzwerkes (www.cekom.de) stehen hybride Verfahren in einer Mischung von quantitativen Verfahren (KODE®, KODE®X, PAS-Inventar, *APV*) und qualitativen Verfahren (Europäischer Lebenslauf, selbstfokussiertes kompetenzbiografisches Interview, schriftliche Selbst-Kompetenzinventur). Ab 2004 werden diese Verfahren je nach Ziel- und Aufgabenstellungen hybrid eingesetzt. CeKom® geht dabei von einer unlösbaren Verbindung von Erkennen (von

Kompetenzen) – Fördern – Begleiten aus. Als besonders vorteilhaft und aussagekräftig hat sich die Kombination von KODE®X (Anforderungsprofile), KODE®, Europäischer Lebenslauf (mit *CeKom*®-spezifischer Erweiterung) erwiesen.

Seit 2008 werden in gemeinsamen Pilotprojekten die qualitativen CHQ-Kompetenzanalysen (Schweiz) mit KODE® zu einem hybriden Verfahren verbunden.

Externe Validität

Die externe Validität (auch als „research validity", „operational validity", „ökologische Validität" bekannt) sagt etwas über die praktischen Bestätigungen wissenschaftlicher Annahmen, Konstrukte außerhalb der Forschungssituation sowie des Labors aus und darüber, inwieweit wissenschaftliche Erkenntnisse in der Praxis Bestätigung erhalten.

Interessant ist die Frage nach der externen Validität bei der *Überführung neuer wissenschaftlicher Erkenntnisse in die Praxis*. Für die diagnostischen Verfahren hingegen ist diese Art der Validität nicht so bedeutsam, es sei denn, es erfolgt eine direkte Umsetzung der Forschungsergebnisse in neu entwickelte Verfahren, die nun im doppelten Sinn in der Praxis validiert werden sollen. Letzteres ist mit der Entwicklung von KODE® geschehen, aber nicht unter dem speziellen Blickwinkel der externen Validität diskutiert worden.

Das Kompetenzmodell von Erpenbeck und Heyse[12] ist insbesondere seit 2004 zunehmend stark von Wissenschaftlern wie Praktikern in Deutschland und Österreich adaptiert und in Kompetenzmanagementsystemen in unterschiedlichsten Organisationen benutzt worden. Das schlägt sich sowohl in der steigenden Zahl von Zitaten (Bücher, Fachzeitschriften, Internet) als auch in der steigenden Zahl betrieblicher Beratungsprojekte sowie ausgebildeter KODE® /KODE®X-Berater nieder.

Mühlbacher (2006) hebt hervor: „Der KompetenzAtlas von Heyse und Erpenbeck setzt einen bisher in der Literatur nicht erreichten Standard und kann als Referenzgrundlage für die weitere Entwicklung betrachtet werden." Das Kompetenzmodell hat den wissenschaftlichen sowie den Praxistest bestanden.

Augenscheinvalidität

Dies ist keine testtheoretisch vergleichbare Validitätsart, sondern interessiert hier bzgl. der Motivierung der Auftraggeber sowie der Einzuschätzenden. Die Augenscheinvalidität (auch „face validity" genannt) ist taktisch nicht uninteressant, jedoch unwissenschaftlich. Hierbei wird nach der Plausibilität, der Überzeugungswirkung von diagnostischen Ergebnissen für Laien gefragt. Diese „untechnisch-suggestible Anscheinend-Gültigkeit" (Weuster, 2008) ist bei der Akquisition sowie hinsichtlich der späteren Akzeptanz der Ergebnisse nicht uninteressant.

---

12 Einschließlich KompetenzAtlas

KODE® ist ein Kompetenzentwicklungsverfahren, und die effiziente Verwertung der kompetenzdiagnostischen Ergebnisse setzt stets eine mündliche Auswertung mit gemeinsam entwickelten Entwicklungsvorschlägen und -maßnahmen voraus. Geschieht dieses, dann ist die Zufriedenheit der Eingeschätzten in der Regel „sehr hoch“ – analog zur Höhe des eingeschätzten Nutzens durch die Auftraggeber und die langjährigen KODE® Berater (s.w.u.).

Nachbefragungen (fernmündlich, E-Mail, Fax) einen Monat nach der mündlichen Auswertung bei N= 138 ergaben folgende Ergebnisse (Heyse, 2008)[13]:

Bewertung 1–3	Bewertung 4–6:	Bewertung 7–9:
2 Personen (1,5%)	11 Personen (8%)	125 Personen (90,5%)

Bewertungsskala: 1 = sehr geringe Zufriedenheit, …, 5 = durchschnittliche, …, 9 = sehr hohe Zufriedenheit

13 Die Auswertungsgespräche waren von neun KODE® Beratern vorgenommen worden.

6 Akzeptanz der Verfahren/Soziale Validität

Es mögen gute technische Voraussetzungen gegeben sein und dennoch werden Verfahren in der Praxis oft nicht oder nur sehr distanziert angenommen. Das kann wiederum einen – schwer kontrollierbaren – Einfluss auf die Ergebnisse haben. Neben den technischen Qualitätsvoraussetzungen (Objektivität, Reliabilität, Validität) ist somit auch die *Akzeptanz* auf Seiten des Auftraggebers und der einzuschätzenden Person entscheidend.

Diese schließt insbesondere die Ökonomie (des Einsatzes), die Praktikabilität, die Verständlichkeit, die Prozess- und Ergebnisgerechtigkeit ein.

Im Zeitraum 12/2008 bis Ende 2/2009 wurden seitens A.C.T 35 Personen nach der Akzeptanz von KODE® befragt. 31 verwertbare Antworten lagen vor: 14 PE'ler/betriebliche Nutzer und 17 KODE® Berater mit mehrjährigen KODE® Erfahrungen. Es wurde jeweils nach der Akzeptanz a) der paper-pencil-Variante und händischer Auswertung und b) der softwarebasierten Auswertung mit „Competenzia" gefragt. Der Beantwortung wurde eine 9-stufige Bewertungsskala zugrunde gelegt: 1 = sehr gering, ..., 5 = durchschnittlich, ..., 9 = sehr hoch. Die Ergebnisse (Mittelwerte und Streuungen) dieser Expertenbefragung werden im Folgenden jeweils unter den einzelnen Akzeptanzaspekten wiedergegeben.

Die ***Ökonomie*** bezieht sich einerseits auf die Beschaffungs-, Aneignungs- und Anwendungskosten konkreter Personalauswahlverfahren, andererseits jedoch auf den gesamten Auswahlprozess (einschließlich Verwaltungs-, Bewerber-, Berichts- und Entschädigungskosten).

	KODE® Berater	Unternehmensvertreter
KODE® händisch	4,8 (s: 3–6)	5,8 (s: 3–9)
KODE® mit Software „Competenzia"	7,5 (s: 7–8)	7,9 (s: 6–9)

Die *Praktikabilität* bezieht sich auf die Erlernbarkeit des Verfahrens, Einfachheit im Umgang, Modifizierbarkeit gegenüber unterschiedlichen Anforderungen und auf einen vertretbaren Aufwand bei der Anwendung (zeitlich, personell, räumlich, Verfügbarkeit der Ergebnisse).

	KODE® Berater	Unternehmensvertreter
KODE® händisch	5,5 (s: 5–6)	5,9 (s: 2–9)
KODE® mit Software „Competenzia"	7,5 (s: 7–8)	8,0 (s: 6–9)

Die *Verständlichkeit* wiederum meint eine schnelle Erlernbarkeit seitens des Anwenders auf Grund klarer Verfahrensaufbau- und -ablaufprinzipien sowie klarer Regeln und Anweisungen für die Durchführung und Auswertung.

	KODE® Berater	Unternehmensvertreter
KODE® händisch	6,0 (s: 4–8)	7,6 (s: 5–9)
KODE® mit Software „Competenzia“	6,0 (s: 4–7)	7,6 (s: 5–9)

Die *Prozess- und Ergebnisgerechtigkeit* sind Kernstück der Überlegungen zur „sozialen Validität“ (Schuler, 2002).

Die *Prozessgerechtigkeit* schließt folgende wichtigen Aspekte ein (Weuster, 2008):

- Arbeitsplatzbezug
- Qualitätsbezug und Akkuratheit (technische Qualitätsnachweise: Objektivität, Reliabilität, Validität)
- Chancengleichheit bei der Demonstration der individuellen Eignung
- Vorurteilsfreiheit
- Transparenz in der Öffentlichkeit und gegenüber dem Bewerber
- Ethikstandards (werden ausgewiesen und eingehalten)
- Feedbackangebot: dem Bewerber sollte ein Recht auf Antwort eingeräumt werden
- Informationspflicht (gegenüber dem Bewerber über den Gesamtablauf)
- Korrekturmöglichkeit bzgl. der Einzelergebnisse durch Hinzuziehen weiterer/anderer Verfahren
- Professionalitätssicherung: Die Verfahren dürfen nur von Profis entwickelt und eingesetzt werden
- Partizipationsgarantie: Einerseits sollen unternehmensinterne Personen bei der Entwicklung der Verfahren einzubeziehen sein und andererseits sollten die Bewerber – je nach Erfordernis – auch die Möglichkeit erhalten, auf andere Weise ihre Eignung zu beweisen.

	KODE® Berater	Unternehmensvertreter
KODE® händisch	6,8 (s: 5–8)	7,2 (s: 2–9)
KODE® mit Software „Competenzia“	6,8 (s: 5–8)	7,7 (s: 5–9)

Die **Ergebnisgerechtigkeit** geht davon aus, dass Auswahlverfahren seriös und beiden Seiten (Anwendern, Bewerbern) gegenüber als Hilfsinstrumente im Rahmen sorgfältiger Beratung ausgewiesen werden müssen. Das schließt ein (Schuler, 2002, Weuster, 2008):

- sorgfältige Informationen über das Unternehmen, die zu besetzende Stelle oder Funktion und die damit verbundenen Entwicklungsmöglichkeiten
- die Anpassung der Auswahlverfahren an die jeweiligen Bedarfe des konkreten Unternehmens – unter Einbeziehung wichtiger Vertreter des Unternehmens

- die Transparenz und die Nutzensdarstellung bzgl. der eingesetzten Auswahlverfahren
- die aufrichtige Kommunikation der Auswahlergebnisse, einschließlich eines Feedbacks gegenüber dem Bewerber.

Unter *Ergebnisgerechtigkeit* wird in der Praxis verstanden:
- Leistungsgerechte Verteilung der Stellen entsprechend einer validen Eignungsrangreihe (Top-Down-Zuordnung). Maßgeblich für eine gerechte Verteilung ist die Prozessgerechtigkeit mit all ihren Aspekten.
- Gleichverteilung: Hier sollte jede Person – unabhängig von ihren unterschiedlichen Teilleistungen – das gleiche Ergebnis erhalten. Bei Auswahlprozessen ist das zwar eingeschränkt und auf eine leistungsgerechte Auswahl begrenzt (Personen mit gleichen Leistungen sollen gleiche Chancen zur Stellenbesetzung haben – und werden ggf. durch den Einsatz weiterer Kriterien untereinander unterschieden). Allerdings sollen die Chancen bezogen auf das eingesetzte Verfahren gleich verteilt sein und keine anderen Kriterien und Verfahren während des Auswahlprozesses eingeführt werden.
- Bedürfnisgerechte Verteilung: Diese schließt die Bevorzugung bestimmter Gruppen (Migranten, Behinderte, AGG ...) ein – allerdings nur unter der Vorbedingung gleicher Eignung.
- Transparente Ergebnisdarstellung: Das schließt eine wahrhaftige, neutrale Berichtserstattung gegenüber dem Auftraggeber wie auch – wenn erwünscht – gegenüber dem Bewerber ein und sogen. Kodierungen wie auch Überinterpretationen aus.

	KODE® Berater	Unternehmensvertreter
KODE® händisch	7,0 (s: 6–7)	7,2 (s: 5–9)
KODE® mit Software „Competenzia“	7,5 (s: 6–8)	7,4 (s: 5–9)

Auf-/abgerundet ergeben sich für die Akzeptanz von KODE® also insgesamt folgende Werte:

	KODE® Berater	Unternehmensvertreter
KODE® händisch	6	7
KODE® mit Software „Competenzia“	7	8

Diese Ergebnisse bestätigen KODE® von Seiten der Akzeptanz her und zeigen den Akzeptanzzugewinn durch die Software „Competenzia“ auf. Diese Befragung soll im Rahmen der Qualitätssicherung ab 2009 jährlich mit wechselnden Personen durchgeführt werden.

Im Rahmen der Sicherung einer hohen Prozess- und Ergebnisgerechtigkeit bespricht A.C.T mit den Klienten zwei vertrauensbildende Maßnahmen:

- eine Verpflichtung zu Ethos, Qualität, Seriosität von A.C.T (siehe Anhang)
- eine Vereinbarung mit den Teilnehmenden der KODE® Analyse und -Auswertung

Ferner gibt A.C.T die Zusicherung, dass KODE® Unterlagen ohne Einverständnis des Klienten nicht an Dritte weitergegeben werden.

7 Nutzeneinschätzung

Das gleiche gilt für die Einschätzung des *Nutzens* der KODE® Ergebnisse. Bei den gleichen Bewertergruppen wurde in dem o.g. Fragebogen nach dem Nutzen gefragt: Nach Wert der Ergebnisse für das weitere Leben und die eigene Kompetenzentwicklung:

- Wiedererkennen des eigenen Verhaltens in den Ergebnissen
- Ansporn zur Verhaltensbestärkung und/oder bewusste Reduzierung von Schwächen durch Stärken-Übertreibung und/oder Kompetenzerweiterung
- Ansporn zu weiterer Selbstreflexion über das eigene Verhalten mit dem Ziel des Verstehens bzw. einer Verhaltensänderung.

	KODE® Berater	Unternehmensvertreter
KODE® händisch	7,0 (s: 6–8)	7,8 (s: 6–8)
KODE® mit Software „Competenzia“	7,7 (s: 7–8)	8,5 (s: 8–9)

Sowohl die soziale Validität als auch der zugesprochene Nutzen sind also in beiden Bewertergruppen hoch. Untersuchungen von Beckschäfer (2006) wiesen ebenfalls hohe Akzeptanz- und Nutzenswerte in Bezug auf Kompetenzdiagnostik und -entwicklung in Teams auf.

Eine unabdingbare Forderung an die KODE® Berater ist, die KODE® Auswertungen stets mit einem mündlichen Anregungs- und Entwicklungsgespräch zu verbinden und damit Kompetenzentwicklungen personenkonkret zu ermöglichen. Siemann (2005) bestätigt in ihren Untersuchungen eine damit erhöhte Aufnahmebereitschaft und Ergebniszufriedenheit.

Untersuchungen in den Jahren 2002–2007 bestätigten ebenfalls eine hohe Identifikation mit den Ergebnissen nach mündlichen Auswertungsgesprächen: 89% bei N = 217[14]; Befragung nach 6 Monaten (Heyse, 2007). Ebenfalls als „hoch“ war die ermittelte Quote an Umsetzungsversuchen bzgl. der besprochenen Kompetenzentwicklung: 69% bei N = 217.

Aktualisierte Befragungsergebnisse zur Verfahrensqualität von KODE® (Befragung 2014)

N insgesamt = 174
(Es wurden nur die Rückläufer gezählt, die 3 und mehr Seiten des Fragebogens beantwortet haben).
Die Fragen 7 bis 12 bezogen sich auf die Verfahrensqualität:

14 Führungsnachwuchskräfte in Managementtrainings

Ergebnisse der Fragen 7 bis 12

Anmerkung:

- AVG = Mittelwert, STD = Standardabweichung

7 ÖKONOMIE

Schätzen Sie bitte das Kosten-/Nutzenverhältnis der Anwendung des KODE®-Verfahrens ein.

Zu den Kosten zählen u. a. Beschaffungs- und Durchführungskosten sowie administrative Kosten, als Nutzen können u. a. Elemente wie Passfähigkeit auf eine Stelle, Erhöhung der Performance als auch nicht-monetäre Elemente, z. B. besseres Betriebsklima einbezogen werden.

	Sehr gering				Mittelmaß				Sehr hoch
	1	2	3	4	5	6	7	8	9
Anzahl (n)	1	0	1	0	2	2	9	13	4
Prozent	0,44%	0%	1,31%	0%	4,37%	5,24%	27,51%	45,41%	15,72%
Ergebnis	N = 32	MIN = 1	MAX = 9	AVG = 7,16	STD = 1,68	SUM = 229			

8 PRAKTIKABILITÄT

Ein Verfahren ist praktikabel, wenn dieses mit akzeptablem Ressourceneinsatz anwendbar ist.

Bitte schätzen Sie das KODE®-Verfahren in Bezug auf die Einfachheit im Umgang/Anwendung, den Einsatz in unterschiedlichen Anforderungssituationen sowie den zur Durchführung notwendigen Ressourcen (zeitlich, räumlich, personell) ein.

	Sehr gering				Mittelmaß				Sehr hoch
	1	2	3	4	5	6	7	8	9
Anzahl (n)	0	0	0	1	1	3	9	13	5
Prozent	0%	0%	0%	1,67%	2,09%	7,53%	26,36%	43,51%	18,83%
Ergebnis	N = 32	MIN = 4	MAX = 9	AVG = 7,47	STD = 1,15	SUM = 239			

9 VERSTÄNDLICHKEIT

Bitte schätzen Sie das KODE®-Verfahren bezüglich der folgenden Kriterien ein:

Wie verständlich sind...

- der Verfahrensaufbau- und dessen Ablauf
- KODE®-Regeln und Anweisungen für die Durchführung die KODE®-Auswertung

für Sie?

	Sehr gering				Mittelmaß				Sehr hoch
	1	2	3	4	5	6	7	8	9
Anzahl (n)	0	0	0	0	3	4	8	14	3
Prozent	0%	0%	0%	0%	6,41%	10,26%	23,93%	47,86%	11,54%
Ergebnis	N = 32	MIN = 5	MAX = 9	AVG = 7,31	STD = 1,10	SUM = 234			

10 PROZESSGERECHTIGKEIT

Unter Prozess- und Ergebnisgerechtigkeit gilt es zu bewerten, inwiefern ein Verfahren aus Sicht der begutachteten Person als auch aus Sicht des Begutachters faire Ergebnisse liefert.

Bitte schätzen Sie die **Prozessgerechtigkeit** anhand der Kriterien Arbeitsplatzbezug, Chancengleichheit, Vorurteilsfreiheit, Transparenz der Ergebnisse, Einhaltung von Ethikstandards, Feedbackeinräumung (gegenüber der begutachteten Person), Korrekturmöglichkeit, Professionalität (von Profis entwickelt und eingesetzt) ein.

	Sehr gering				Mittelmaß				Sehr hoch
	1	2	3	4	5	6	7	8	9
Anzahl (n)	0	0	0	0	1	2	6	18	5
Prozent	0%	0%	0%	0%	2,02%	4,84%	16,94%	58,06%	18,15%
Ergebnis	N = 32	MIN = 5	MAX = 9	AVG = 7,75	STD = 0,90	SUM = 248			

11 ERGEBNISGERECHTIGKEIT

Die **Ergebnisgerechtigkeit** geht davon aus, dass Auswahlverfahren seriös und beiden Seiten (Anwendern, Bewerbern) gegenüber als Hilfsinstrumente im Rahmen sorgfältiger Beratung ausgewiesen werden müssen, Kriterien sind u.a.

- sorgfältige Informationen über das Unternehmen, die zu besetzende Stelle oder Funktion und die damit verbundenen Entwicklungsmöglichkeiten
- Anpassung der Auswahlverfahren an die jeweiligen Bedarfe des konkreten Unternehmens
- Transparenz und die Nutzendarstellung

Bitte schätzen Sie die Ergebnisgerechtigkeit ein.

	Sehr gering				Mittelmaß				Sehr hoch
	1	2	3	4	5	6	7	8	9
Anzahl (n)	0	0	0	0	2	5	7	15	3
Prozent	0%	0%	0%	0%	4,24%	12,71%	20,76%	50,85%	11,44%
Ergebnis	N = 32	MIN = 5	MAX = 9	AVG = 7,38	STD = 1,05	SUM = 236			

12 NUTZENEINSCHÄTZUNG

Bitte schätzen Sie den Wert der KODE®-Ergebnisse für das weitere Leben, den beruflichen Einsatz und die Kompetenzentwicklung unter Berücksichtigung folgender Punkte ein:

- Wiedererkennung des eigenen Verhaltens in den Ergebnissen
- Ansporn zur Verhaltensstärkung / Reduzierung von Übersteigerungen und Schwächen
- Anstoß zu weiterer Selbstreflexion

	Sehr gering				Mittelmaß				Sehr hoch
	1	2	3	4	5	6	7	8	9
Anzahl (n)	0	0	0	0	0	5	3	14	10
Prozent	0%	0%	0%	0%	0%	11,86%	8,30%	44,27%	35,57%
Ergebnis	N = 32	MIN = 6	MAX = 9	AVG = 7,91	STD = 1,01	SUM = 253			

8 Gütekriterien: Bilanz und Ausblick

Die aufgeführten Untersuchungen zu den Gütekriterien von KODE® haben den Nachweis erbracht, dass KODE®

a) in einem hohen Maße dem unterstellten Kompetenzmodell entspricht. Mit der Verifizierung und Operationalisierung des Modells ist ebenso das Mess- und Entwicklungsverfahren selbst bestätigt,

b) die anspruchsvollen Gütekriterien *Objektivität, Reliabilität, Validität,* die an psychometrische Verfahren gestellt werden, umfassend erfüllt – obwohl KODE® erklärtermaßen *kein* psychometrisches Verfahren ist,

c) die Nutzenanforderungen in hohem Maße erfüllt – und das sowohl aus der Sicht von betrieblichen Auftraggebern als auch von professionellen KODE® Beratern.

Die vorliegenden Ergebnisse rechtfertigen einerseits die Verwendung von KODE® als Verfahren zur Messung von Kompetenz- und Stärkenausprägungen. Andererseits legitimieren sie eine weiterführende Beratung zur gezielten Kompetenzentwicklung. Letztere ist umso wirksamer, wenn Kompetenz-Soll-Profile für bestimmte Tätigkeiten und Funktionen vorliegen, an denen die ermittelten Kompetenzausprägungen verglichen werden können.

IV. Kapitel: KODE®X

1 KODE®X Strategien – Kompetenzanforderungen – Potenzialanalysen

Volker Heyse

Obwohl stets beschworen wird, dass Organisations- und Personalentwicklung Hand in Hand gehen müssen, geschieht vieles in einer Organisation noch parallel, wenig strategiebasiert und als Aktionismus. Im Rahmen der Entwicklung eines praxisorientierten Kompetenzmodells und darauf aufbauender Führungs- und Beraterinstrumente wurde seit dem Jahre 2000 das Verfahrenssystem KODE®X entwickelt und danach schwepunktmäßig weiterentwickelt.

KODE®X verfolgt vor allem folgende Ziele:

- Ermittlung organisationsspezifischer Kompetenzanforderungen von strategischer Bedeutung und deren Übersetzung in personenspezifische Kompetenzanforderungen;
- Ableitung von tätigkeits- bzw. aufgabenspezifischen Kompetenzanforderungen;
- Diagnose personenspezifischer Kompetenzpotenziale und Kompetenzausprägungen und perspektivische Nutzung dieser;
- Diagnose individueller Führungsqualitäten;
- Vergleich der Anforderungen in Bezug auf Kernpositionen und des Erfüllungsgrades seitens der Kernpersonen;
- differenzierte Anregungen zur selbstorganisierten Kompetenzentwicklung.

Um Kompetenzen weiter zu entwickeln, zu variieren und zu kombinieren, ist die Fähigkeit zum kontinuierlichen Lernen bedeutsam. KODE®X unterstütz dies gezielt. Das KODE®X-System stellt dazu ContextModule, Kern- sowie AktionsModule für betrieblich organisierte als auch selbstorganisierte Weiterbildungsmaßnahmen auf den Ebenen Mitarbeiter sowie Führungskräfte zur Verfügung.

KODE®X ist eine bewusst gewählte Kombinationslösung, ein hybrid approach. Das Verfahrenssystem ermöglicht es auf verblüffend einfache Art und Weise, alle wichtigen Seiten der Kompetenzermittlung sowie der Erarbeitung von Kompetenzprofilen zu beherrschen.

KODE®X richtet sich an Führungskräfte, Verantwortliche für Unternehmensstrategie und -organisation, Organisations- und Personalentwickler, Change agencies, Personalberater und weitere Interessierte für ganzheitliche Prozessberatung.

Was ist das Neue an diesem Verfahren? Es arbeitet auf einer wissenschaftlichen Grundlage und mit einem klaren Praxisbezug. KODE®X

- geht von einer unternehmensstrategischen Standortbestimmung aus und leitet alle späteren Personalmanagement-Anforderungen und -Schritte aus den strategischen Zielen einer Organisation ab,
- stellt die Praxis der Ableitung von Job- und Funktionsanforderungen vom Kopf auf die Füße und formuliert die Einheit von strategischen Kompetenzanforderungen und operativen Wissens- und Qualifikationsanforderungen neu,
- eröffnet der Kompetenzentwicklung von Personen und Teams neue Wege,
- arbeitet in hohem Maße zeitökonomisch, ressourcensparend und ergebniseffizient.

Die nachfolgende Darstellung baut auf dem von Erpenbeck/Heyse entwickelten Kompetenzmodell auf und erweitert dieses durch neue empirische Ergebnisse, z.B. durch das Arbeitsorientierte Kompetenz-Interview (KInt.) und die Methode zur Erfassung von Kernpositionen und -personen.

KODE®X steht also einerseits für ein entwicklungsoffenes Unternehmens- und Menschenbild, für eine zeitgemäße Methodologie des Kompetenzerkennens und -entwickelns und andererseits für einen Praxisleitfaden für alle, die ein progressives Personalmanagement vertreten.

2 KompetenzExplorer – das Wichtigste auf einen Blick

KODE®X steht als Abkürzung für **Ko**mpetenz**D**iagnostik und -**E**ntwicklung-**Ex**plorer.

Dieses Verfahrenssystem
- erkennt Grund- und Teilkompetenzen,
- entwickelt Kompetenzprofile,
- definiert Kompetenzentwicklungen und
- gibt konkrete Anregungen zur individuellen Kompetenzentwicklung.

Objektiver Trend

Die zunehmende Beschäftigung mit Kompetenzen, die Ablösung der Schlüsselqualifikations- durch die Kompetenz-„Denke" kommt nicht von ungefähr: Bei zunehmender Veränderung in der Gesellschaft, und vor allem in der Wirtschaft, rücken neben den spezifischen Qualifikationen zunehmend Fragen nach Lernfähigkeiten und -bereitschaft, nach der Anpassungsfähigkeit an veränderte Anforderungen, nach der Fähigkeit zum selbstorganisierten Lernen und Arbeiten, nach umfassenderen sozialkommunikativen Voraussetzungen in den Vordergrund betrieblichen Interesses.

Potenziale erkennen

Da Kompetenzen eher auf grundlegende Dispositionen abheben, sind sie *besser* als Qualifikationen geeignet, Potenziale erkennen zu lassen. Insofern bietet es sich an, die Kompetenzdiagnose in einem Training einzusetzen.

Die Ergänzung der Diagnose durch den Aspekt der Entwicklung, die im Instrument durch spezifische Vorschläge zur persönlichen Weiterentwicklung initiiert wird, spricht für dessen Einsatz in Coaching-Prozessen, in Lernpotenzial-AC, in Führungs-Nachwuchskräfte-Förderprogrammen u.v.a.m. Dabei liegt in der schnellen und unkomplizierten Ermittlung eines Kompetenzprofils ein Reiz, dem sich auch diejenigen nicht verschließen, die von sich aus nicht so selbstverständlich nach einem Coaching verlangen würden.

Das eigene Kompetenzprofil wird in der Regel in einem ersten Schritt durch Selbsteinschätzung gewonnen. Mithilfe einer Fremdeinschätzung kann es in einem zweiten Schritt zusätzlich geprüft und abgesichert werden. Benötigt werden Instrumente, die differenzierte Aussagen dazu erlauben, wie der Einzelne, aber auch Arbeitsgruppen und Teams, an die Lösung von neuen Problemen herangehen und welche (bisher möglicherweise unerkannten, schlummernden) individuellen bzw. Gruppenpotenziale tatsächlich vorhanden sind.

Drei Ansätze

In der Praxis gibt es drei unterschiedliche Ansätze bei der Entwicklung von Kompetenzprofilen:
- den forschungsbasierten Ansatz (*research-based competency approach*), z.B. mittels kompetenzbiografischer und vergleichender Untersuchungen;

- den strategiebasierten (*strategy-based* ...), z.B. über konsequente Ableitungen aus der Unternehmensstrategie und Konzentration auf besonders wichtige Zielgruppen;
- den (kultur-)wertbasierten Ansatz (*value-based competency approach*), z.B. über Visions- und Missionsdiskussionen.

Mit KODE®X ist in beispielhafter Weise eine Kombinationslösung, ein *hybrid approach*, gelungen. Das Verfahren ermöglicht es, auf verblüffend einfache Art und Weise alle wichtigen Seiten der Kompetenzermittlung sowie die Erarbeitung von Kompetenzprofilen zu beherrschen.

Kompetenzprofile

Kompetenzprofile sind *in*. Eine neue Modewelle baut sich in Europa in den letzten Jahren zunehmend auf. Die wachsende Popularität von Kompetenzanforderungen und -profilen bei der Überarbeitung von Tätigkeits-/Funktionsbeschreibungen und von Beurteilungssystemen sowie bei der Auswahl, Potenzialeinschätzung u.a. führt auch zu einem enormen Anwachsen methodisch oberflächlicher, eintagsorientierter, aktionistischer Entwicklungen und Angebote. Das Instrument KODE®X erlaubt differenzierte Aussagen darüber, wie der Einzelne an die Lösung von Problemen herangeht und welche individuellen (bisher möglicherweise unerkannten) Potenziale tatsächlich vorhanden sind. Als Maßstab gelten die zuvor erarbeiteten strategieorientierten betrieblichen Anforderungen. Als Ergebnis lässt sich in kurzer Zeit ein Kompetenzprofil ermitteln, dem dann ein entsprechendes Interpretationsangebot zugeordnet werden kann.

Perspektiven

Aber damit beginnt erst der eigentliche Wert dieses Instruments, denn das Kompetenzprofil und dessen Interpretation werden schließlich ergänzt durch geeignete differenzierte Vorschläge für individuelle Entwicklungsmöglichkeiten und individuelle Ableitungen für Selbsttraining, Coaching, Mentoring, Weiterbildungsangebote usw.

Profile, Praxisfälle

Eine große Anzahl von Kompetenzanforderungs-Profilen aus verschiedenen Branchen und Funktionsbereichen ist inzwischen mit KODE®X beispielhaft erfasst worden. Diese sind als Vorlage für die Formulierung eigener (unternehmensspezifischer) und funktionsspezifischer Anforderungsprofile zu verstehen. Sie können dann zur effektiven Personalauswahl mit den vorliegenden Kompetenz- und Qualifikations-*Soll*-Profilen der Führungskräfte, Mitarbeiter bzw. der Bewerber verglichen werden. Damit erweist sich KODE®X als ein in sich stimmiges Gesamtpaket, das Personal- und Organisationsentwicklung systematisch planbar und nach außen hin transparent macht.

Lernplattformen

KODE®X wird ständig gepflegt und weiterentwickelt. So werden zurzeit im Rahmen von KODE®X intensiv *ContextModule*, *AktionsModule* sowie *KernModule* für konkrete Weiterbildungsmaßnahmen auf den Ebenen Selbst, Führungskräfte und unternehmensinterne Lernplattform erarbeitet und erprobt.

Ziele

KODE®X verfolgt vor allem die Ziele:

A organisationsspezifische Kompetenzanforderungen von strategischer Bedeutung zu ermitteln,

B aufgabenspezifische Kompetenzanforderungen aufzuklären,

C personenspezifische Kompetenzpotenziale zu analysieren und perspektivisch zu nutzen und

D personenspezifische Kompetenzentwicklungen anzuregen.

Kompetenzen

Kompetenzen sind Dispositionen (persönliche Voraussetzungen) zur Selbstorganisation bei der Bewältigung von insbesondere neuen, nicht routinemäßigen Aufgaben.

KODE®X geht analog zu KODE® von vier Grundkompetenzen aus:

Kompetenzen

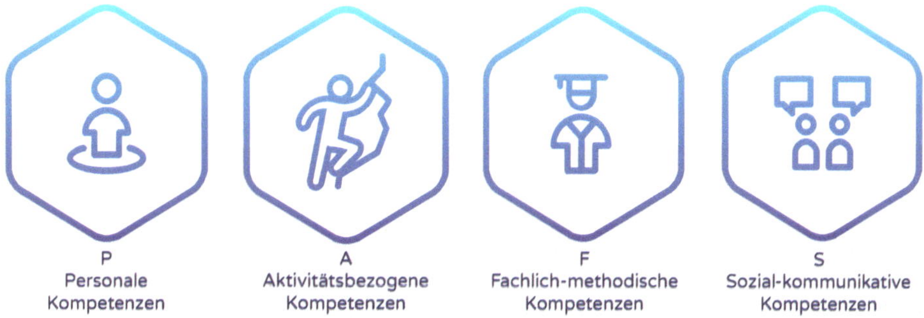

Disposition zur Selbstorganisation

Fähigkeit, selbstorganisiert und kreativ zu handeln

Basiskompetenzen nach Heyse/Erpenbeck

Abb. 31: Grundkompetenzen

KompetenzAtlas

Mit dem empirisch gewonnenen Instrument KODE®X lassen sich, über die vier Grundkompetenzen hinaus, differenziert Teilkompetenzen ermitteln. In einem KompetenzAtlas ist den Grundkompetenzen (als grundlegende Dispositionen) jeweils eine größere Anzahl von Teilkompetenzen zugeordnet.

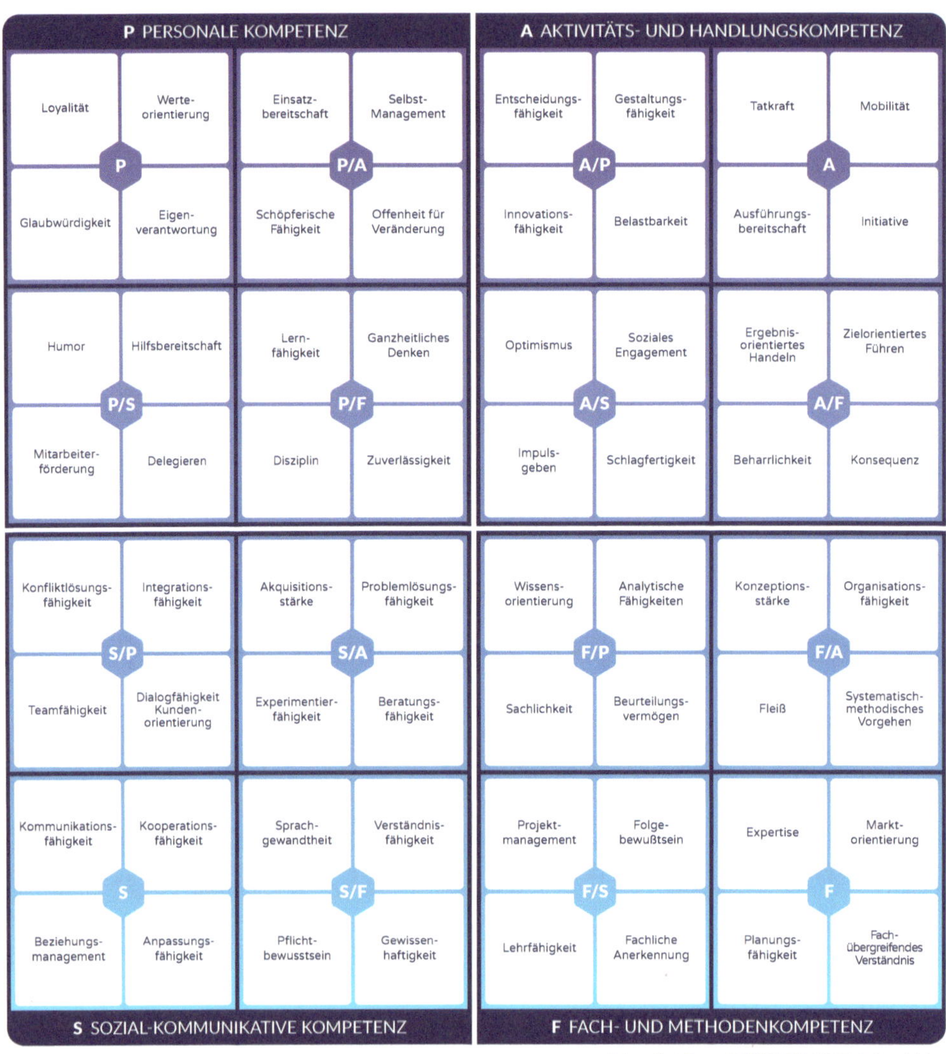

Abb. 32: KompetenzAtlas

Instrumente

KODE®X vereint verschiedene Instrumente in neuer Ausrichtung und Form:

Instrumente

- Anforderungsanalysen
- Potenzialanalysen
- Erkennen der High-Potentials
- Aufbau & Präzisierung von Beurteilungssystemen
- Ableitung von differenzierten PE-Maßnahmen
- Erkennen von Stärken und Schwächen
- Anregung zum selbstorganisierten Lernen

KODE®X Instrumente

Für eine zeitökonomische Arbeit mit KODE®X wurden zwei Softwareprogramme erarbeitet, die in eintägigen Intensivkursen beherrscht werden können.

Scharnierfunktion

KODE®X hat eine Scharnierfunktion, indem es die verschiedenen Teilgebiete und Instrumente fortgeschrittenen Personalmanagements verbindet und bewegt.

Wenn Personalentwicklung nicht auf Aus- und Weiterbildung „gestützt“ wird, sondern als geplante *Entwicklung* des Personals gefasst und davon ausgegangen wird, dass Organisations- und Personalentwicklung in der praktischen Arbeit ineinander übergehen, dann ist es sinnvoll, von neun Teilgebieten der modernen Personalentwicklung auszugehen:

1. Personalplanung/Personalcontrolling
2. Anforderungsgerechte Personalauswahl und anforderungsgerechter Personaleinsatz
3. Anforderungsanalysen
4. Ausbildung, Weiterbildung, Förderung
5. Leistungsorientierung, Beurteilung
6. Führung als Organisations- und Personalentwicklung
7. Personalmarketing intern/extern
8. Unternehmenskultur
9. Antizipative Personalfreisetzung

KODE®X bezieht sich in seiner Scharnierfunktion auf acht von neun Personalentwicklungs-Instrumente (siehe Abb. 33).

KODE®X hilft, komplexe Aufgaben des Personalmanagements in kurzer Zeit überschaubar zu lösen. Führungskräfte aller Ebenen verlieren durch die Arbeit mit KODE®X ihre Scheu vor der Verantwortung umfassenden Personalmanagements, indem sie die wichtigsten Schnittstellen und Zusammenhänge mühelos erkennen und mit KODE®X steuern und beherrschen lernen.

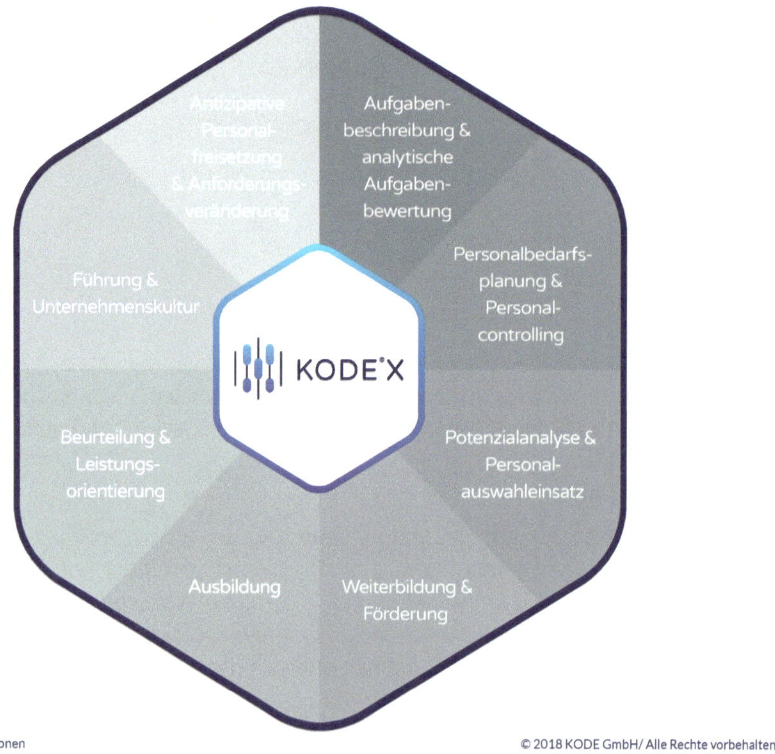

KODE®X Scharnierfunktionen

Abb. 33: Scharnierfunktion

Kundenorientierung

KODE®X orientiert *nicht* an irgendwelchen starren *skills*, Bedingungen und Maßnahmen, sondern an der Erfassung und Entwicklung von *just-in-time-Kompetenzen*. KODE®X ist quasi ein Instrumentenkasten *und* Kompass für die Praxisimplementierung zugleich. KODE®X ist *kein* fertiges, „ausdrückbares“ System, sondern exzellentes *Rohmaterial* zur Anpassung an die spezifischen betrieblichen Ziele, Strategien, kulturellen Werte und Akteure.

3 Benötigte Kompetenzen

> *„Unsere Anforderungen:*
> *Gutes Examen in Betriebswirtschaft und Informatik,*
> *einschlägige praktische Erfahrungen,*
> *sehr gute Englischkenntnisse,*
> *Hohe soziale Kompetenz, internationale Mobilität,*
> *Kommunikationsstärke, Kreativität, Teamfähigkeit,*
> *Konfliktfähigkeit, Durchsetzungsstärke, Selbstständigkeit,*
> *Offenheit, analytisches Denken, Mobilität,*
> *Selbstsicherheit."*

Täglich werden in Deutschland Tausende ähnlicher Anforderungsprofile verfasst und gelesen. Oft erscheinen sie willkürlich, wie von einer Phrasendreschmaschine ausgeworfen. Nicht selten entstehen solche Anzeigen wie auch Anforderungskataloge und -profile am Grünen Tisch. Während man das erforderliche fachliche Wissen und fachliche Skills einigermaßen korrekt beschreiben kann, wird es bei den überfachlichen Anforderungen bedeutend schwieriger. Nicht selten wird in der Luft herumgestochert nach dem Motto: „Was ist alles modern?“, „Was steht denn in anderen Stellenanzeigen?“, „Worauf legt der Chef am meisten Wert?“.

Welche wirklichen Kompetenzen verbergen sich jedoch hinter oft allgemeinen Begriffen? Welche Kompetenzen braucht ein Unternehmen, Ihr Unternehmen wirklich? Für welche Positionen? In welchem Ausprägungsgrad? Kennen Sie die notwendigen Kompetenzprofile? Wissen Sie, welche Mitarbeiter solche Profile – möglicherweise unerkannt – besitzen und welche völlig fehl am Platze sind?

Wenn eine oder mehrere dieser Fragen mit „nein“ beantworten werden muss, ist der *KompetenzExplorer* das richtige Instrument für die Personalentwicklung im betreffenden Unternehmen.

„Explorer“ kommt aus dem Englischen und meint: „Kundschafter, Erforscher“. Forschungssatelliten sind beispielsweise Explorer mit einer breiten Zielstellung, u.a. zur Erkundung globaler und detaillierter Strukturen der Erde und des erdualen Raumes (Strukturveränderungen, Potenzial- und Ressourcenerkundung). Analog verfolgt der KompetenzExplorer allgemeine Zielstellungen wie

- Erkundung von unternehmensstrategischen Kompetenzanforderungen,
- Erkundung von aufgabenspezifischen Kompetenzprofilen,
- Erkundung von personenspezifischen Kompetenzprofilen der Mitarbeiter und Führungskräfte für perspektivische Einsatzszenarien,
- Erkundung der zweckmäßigen Wege und Mittel effizienter Kompetenzentwicklung.

Der KompetenzExplorer KODE®X ist ein komplexes Instrument der Personalentwicklung, das es in unübertroffener Weise gestattet,

- die unterschiedlichsten Kompetenzbegriffe klar zu ordnen und sie vier Grundkompetenzen eindeutig zuzuordnen,
- einen organisationsspezifischen Anforderungskatalog an Kompetenzen herauszuarbeiten, der die Grundlage langfristiger Personalentwicklung darstellt,
- aufgabenspezifische Anforderungsprofile zu entwickeln, die den Kompetenzbedarf für bestimmte Aufgaben (Funktionen, Stellen, Tätigkeiten) in Form von Kompetenzkorridoren genau umreißen,
- die Kompetenzen jedes einzelnen Mitarbeiters im jeweiligen Anforderungsprofil exakt zu positionieren, eine Potenzialanalyse für besonders wichtige Unternehmenspositionen und -aufgaben durchzuführen,
- individuelle Anregungen und Anstöße zur gezielten Kompetenzentwicklung zu geben.

4 Am Anfang steht die Strategie

Nachfolgend wird demonstriert, wie mit KODE®X strategische Kompetenzanforderungen ermittelt und Kompetenz-Sollprofile abgeleitet werden können. Zu Anfang soll auf einige Grundsätze und typische Fehler bei der Arbeit mit Unternehmensstrategien hingewiesen werden.

Unser strategisches Verständnis

Entscheidend für den Erfolg eines Unternehmens ist die richtige Strategie. Sie gibt die Richtung an, richtet die Produktionsplanung aus und beeinflusst maßgeblich die Kommunikation nach innen und nach außen. Strategie ist das, was ein Unternehmen einzigartig macht. Strategische Überlegenheit wiederum setzt voraus, dass man sich sowohl der eigenen Strategie bewusst ist als auch diese offensiv kommuniziert. Eine gute Strategie sichert das Überleben auf dem hart umkämpften Feld der Wirtschaft. Sie dient der günstigsten Positionierung gegenüber den Wettbewerbern, der Positionierung durch Differenzierung.

Strategien sollten immer in gemischten Teams mit sehr guter Kenntnis des Geschäfts und der gültigen Geschäftspraktiken entwickelt werden und nicht top down. So ist es sehr wichtig, wie ein Strategieteam zusammengesetzt wird. Es müssen einerseits die wichtigsten Glieder der Wertschöpfungskette in persona vertreten sein. Andererseits muss eine brainstorming-ähnliche Diskussionsatmosphäre geschaffen werden, was voraussetzt, dass die Strategieteam-Mitglieder ziel- und lösungsorientiert sind und reinen Bedenkenträgern der Zugang ins Team erschwert wird.

Wenn von Strategie gesprochen wird, dann wird einerseits an Visionen gedacht und an Trendbetrachtungen über einen Zeitraum von 8, 10 oder mehr Jahren. Ein solcher Langblick ist insbesondere bei Unternehmen in einer Mehr-Generationsfolge wichtig. Immer dringlicher werden jedoch kürzere strategische Betrachtungen mit konkreten Zielen und Maßnahmen. Ein Fehler, der nicht selten in größeren Unternehmen anzutreffen ist, ist das typische (und ausschließliche) Top-down-Denken mit den damit verbundenen Mängeln:

- Zeitverschwendung an einer sehr allgemeinen, *nicht lebendigen* Unternehmensstrategie, die auch nicht kommuniziert wird und damit für alle Seiten unverbindlich bleibt;
- Unternehmensstrategien über einen langen Zeitraum (10 und mehr Jahre), die sich auf so genannte Forschungsberichte und Supertrends beziehen, die eine Voraussagbarkeit der Zukunft suggerieren. Je unberechenbarer die Welt wird, umso mehr wird versucht, längerfristige Voraussagen zu erhalten, nach denen entschieden werden kann, was zu tun ist;
- Weigerung, ein mögliches Scheitern einzukalkulieren. Keine Gegenszenarien für schwere Zeiten (z.B.: Einbruch des Umsatzes um 20%);
- Zurückhaltung und Zaudern, den gegenwärtigen Erfolg optimal zu nutzen und auszubauen.

Wenn von kurzfristigeren Strategien und strategischen Zielen gesprochen wird, dann wird an einen Zeitraum von 18 bis 24 Monaten gedacht. In einigen Branchen, z.B. IT und Multimedia, ist das schon wieder ein *sehr langer* Zeitraum. Generell kann jedoch eine solche Zeitspanne einerseits noch besser überschaut werden und andererseits entscheidet sich gerade in den nächsten zwei Jahren, ob der eingeschlagene strategische Weg richtig ist, ob die inzwischen eingetretenen Erfolge das weitere Vorgehen in dieser Richtung rechtfertigen oder ob gegebenenfalls die Strategie verändert werden muss. Immer mehr werden strategische Überlegungen auf den Weg und weniger auf starre langfristige Ziele fokussiert. Top-down-Denken sieht jedoch im Ziel ausschließlich das Ergebnis und setzt nicht selten unerreichbare Ziele. Anders ist es mit den strategischen Zielen eines begrenzten Zeitraums. Sie kennzeichnen das unbedingt zu Erreichende als Voraussetzung für die weitere erfolgreiche Entwicklung. Sie berücksichtigen die Kunst des Möglichen. Sie ermöglichen das Mobilisieren aller Kräfte und einen auf Hochtouren laufenden Entwicklungsprozess.

Strategische Ziele sollten sich stets an den Kernkompetenzen (Was kann das Unternehmen wirklich gut?) eines Unternehmens ausrichten und unternehmensspezifische Spezialisierungen ermöglichen.

Häufig werden jedoch Stärken eines Unternehmens mit Kernkompetenzen verwechselt. Kernkompetenzen genügen hingegen folgenden sechs Kriterien: wertvoll am Markt, selten, übertragbar auf mehrere Märkte, schwer imitierbar, beständig, nicht substituierbar. Und andererseits sind sich die Führungskräfte oft der vorhandenen Kernkompetenzen und ihrer Quellen nicht bewusst. Die Quellen von Kernkompetenzen sind: Unternehmensressourcen, Mitarbeiterkompetenzen, Wissen, Netzwerke und Beziehungen.

Die strategischen Ziele müssen sich durch Einfachheit und Erreichbarkeit auszeichnen. Nur so sind sie realistisch und erreichbar. Sie müssen davon ausgehen, was wirklich ist, den Gesetzen der Logik folgen und Eigeninteressen ausschalten.

Wichtig ist die Umsetzung. Die besten Führungskräfte wissen, dass die Richtung allein nicht ausreicht; die Richtung, die strategischen Ziele müssen nach innen gut verkauft werden, es muss geworben und mitgerissen werden. Die Richtung muss durch Worte und Taten erlebbar werden. Sie müssen klar, deutlich und konsequent *um*gesetzt werden (im Sinne von „aus dem Kopf ins unternehmerische Handeln“).

Die strategischen Ziele sollten sich nicht an Zahlen aufhängen, die nachfolgenden Maßnahmen schon. Verfolgt man die richtigen strategischen Ziele, dann folgen die Zahlen von allein. Wenn jedoch die Hauptaufgabe im Management darin gesehen wird, die Mitarbeiter nur auf die Erfüllung von Umsatzzielen zu dressieren, werden die eigene Gesundheit sowie die des Unternehmens riskiert. Artur Fischer, der Gründer der Fischer-Werke und Deutschlands größter Erfinder, sagte in einem Interview mit dem Autor: „Als Unternehmer muss ich mir immer wieder Ziele stecken, natürlich. Jedoch sollte man Ziele nicht an Zahlen orientieren, denn sobald man nur die Zahlen sieht, ist man gebunden, gefangen, eingeschränkt. Man muss Zahlen haben. Aber wenn ich die Ziele und Aufgaben erfülle, dann erfülle ich auch die Zahlen – und nicht umgekehrt. Denn die Zahlen können falsch sein, aber Ziele und Aufgaben stehen immer da. Nicht immer klar, aber sie sind da. … *Wenn* ich die Ziele und Aufgaben erledigt habe, dann klappt alles Weitere und der Umsatz stellt sich ein.“

Während in kleineren und mittleren Unternehmen überhaupt die konsequente Entwicklung von Strategien als sehr schwierig empfunden (und lieber umgangen) wird, scheint das in großen Unternehmen weniger ein Problem zu sein, zumal man auch gewohnt ist, zu solchen Fragen Berater ins Haus zu rufen. Gemeinsam sind jedoch der Mehrzahl der Unternehmen unterschiedlicher Größenordnung die Schwierigkeiten bei der *Umsetzung der Strategien*, beginnend bei der Ableitung und Kontrolle von konkreten Maßnahmen. Und was nur selten in die Umsetzung einbezogen wird, ist das Ableiten von Anforderungen an das Humanpotenzial aus der Strategie heraus sowie die zweckmäßigste Umsetzung dieser.

Hier wird eine große Kluft sichtbar: Auf der einen Seite steht die mehr oder weniger mühsam erarbeitete Strategie (ohne konkrete Umsetzung). Auf der anderen Seite steht die Personalentwicklung mit der Orientierung: „Macht mal Weiterbildung, aber nicht zu teuer!“ Damit wird ein Führungsversagen auf beiden Seiten und das Fehlen einer (Umsetzungs-)Brücke ersichtlich. Viel Humanpotenzial bleibt dadurch ungenutzt. Es gibt eine empfindliche Lücke zwischen dem Erkennen und dem sinnvollen Tun. Und viele Strategien verschwinden nach ihrer Formulierung und Bestätigung durch den Aufsichtsrat oder die Geschäftsleitung in irgendwelchen Geheimfächern.

Zur Umsetzung von Strategien ist es notwendig, eine kleine Zahl gemeinsamer Ziele und Prioritäten festzulegen und sich dann mit aller Kraft auf die wenigen Dinge zu konzentrieren, die die größte Auswirkung auf den Unternehmenserfolg haben.

Für die Umsetzung spielen ferner Transparenz, Messbarkeit und klare Verantwortlichkeit für die Ergebnisse eine große Rolle.

5 KODE®X-Arbeitsschritte

Kommen wir zu KODE®X zurück. Das A und O der Vorgehensweise mit KODE®X sind die Herausarbeitung der wichtigsten strategischen Ziele einer Organisation für einen überschaubaren Zeitraum von 1,5 bis 2 Jahren in einem TOP-Team und die nachfolgenden Arbeitsschritte dieses Teams in einem eintägigen Workshop.

Diese Arbeitsschritte, verbunden mit bewährten Bearbeitungszeit-Vorgaben, sind:

	Arbeitsschritte	Zeitbedarf (Minuten)
1.	Eröffnung, Mitteilung der Zielstellung und des Ablaufes	20
2.	Moderierte Diskussion zur Unternehmensstrategie, Ableitung von drei bis fünf strategischen Zielen (extern *und* intern gerichtet)	90–120
3.	Ableitung von zwölf bis 16 strategischen Kompetenzanforderungen mit allgemeiner Verbindlichkeit – auf der Grundlage der strategischen Unternehmensziele	60
4.	Präzisierung der Kompetenzanforderungen: Formulierung unternehmensspezifischer Identifikations- und Beurteilungsmerkmale	150
5.	Entwicklung von Muster-Anforderungsprofilen für unterscheidbare Job- und Funktionsgruppen	á 30

Zeitbedarf (ohne Pausen): rund 6 bis 6,5 Stunden

5.1 Ableitung strategischer Ziele der Organisation

Für die systematische und strategiebasierte Arbeit ist es notwendig, das Team so zusammenzusetzen, dass die wichtigsten Bereiche durch die wichtigsten Entscheider und Kernpersonen vertreten sind, angefangen beim Vorstand oder bei der Geschäftsleitung. Der Personalbereich muss ebenso durch einen Teilnehmer vertreten, darf jedoch nicht überpräsentiert sein.

Günstig ist ein TOP-Team mit sechs bis neun Personen, die an einem neutralen Ort (zum Beispiel in einem Tagungshotel), ohne Telefonunterbrechung und mit ganztägiger Präsenz zusammenkommen.

Die Diskussion zur Unternehmensstrategie kann sich in kleinen und mittleren Unternehmen bis ca. 2.500 Mitarbeitern auf das ganze Unternehmen beziehen. In größeren Unternehmen sollte sie sich auf Teilstrukturen beziehen, z.B. auf eigenständige Werke oder auf Querbereiche (z.B. auf den internationalen Vertrieb mit rund 2.300 Mitarbeitern eines großen, weltweit agierenden Unternehmens).

In der Regel geht die Moderation in vier Schritten vor:

Schritte/Fragen	Zeitbedarf
1. ***Woher*** kommt unser Unternehmen? Was sind unsere Wurzeln und vergangenen Kernkompetenzen?	1/8.
2. ***Wo*** stehen wir heute? Wie ist unsere Marktposition? Wer ist unser stärkster Wettbewerber und wie stehen wir ihm gegenüber?	1/8.
3. ***Wohin*** wollen wir? Was sollen zukünftig unsere Kernkompetenzen sein?	3/8.
4. ***Wie*** kommen wir dorthin? Welche Ziele müssen wir unbedingt in den kommenden (1,5–2) Jahren erreichen, um die längerfristigen Ziele zu realisieren?	3/8.

Bei kleineren bzw. gut zu überschauenden Organisationen mit einem langjährigen Führungskräftestamm wird häufig mit dem 3. Schritt begonnen, und die Moderation konzentriert sich dann auf die Schritte 3 und 4.

Interessant ist auch, an *aktuell erarbeitete* Visionen und Strategien (nicht länger als ein Jahr alt) anzuknüpfen oder *aktuelle* Ballance Scorcards zum Ausgangspunkt zu nehmen. Letztere sind in der Regel eine Mischung von strategischen Zielen und nachfolgenden Umsetzungsmaßnahmen.

Für die KODE®X-Strategiediskussion ist es wichtig, dass

- über die strategischen Ziele eines annähernd überschaubaren Zeitraumes nachgedacht wird, ohne deren Erreichung die weitere Entwicklung der Organisation beeinträchtigt oder gefährdet ist;
- im Rahmen der heterogenen Zusammensetzung die unterschiedlichsten Betrachtungen und Bewertungen eingefangen werden: Geschäftsleitung, Produktion, Entwicklung, Marketing, Vertrieb, Personal, Service, Betriebs-/Personalrat ... Insbesondere interessieren die marktnahen Erfahrungen;
- alle Teilnehmer davon ausgehen, dass im Ergebnis der Strategiediskussion immer etwas Unvollendetes stehen wird, eine Art Torso, der in den kommenden Monaten weiter ausgeformt und verifiziert werden muss. Die Anpassung der strategischen Ziele an den Markt mit seinen Veränderungen sollte in jährlichen Abständen erfolgen (in bestimmten Branchen ist das sogar eine zu große Zeitspanne, zum Beispiel in IT oder Multimedia). Wichtig ist nicht die Suche nach Vollständigkeit, sondern die Konzentration auf das Wesentliche, auf wenige Ziele, die jedoch umso konsequenter umgesetzt werden müssen;
- nach der Ableitung von drei bis fünf extern und intern zu verfolgenden Zielen auch eine konsequente Maßnahmeplanung zur Umsetzung dieser Ziele auf der Ebene aller Organisationseinheiten erfolgen und die Maßnahmenrealisierung in festzulegenden Zeitabständen kontrolliert werden muss;
- die erarbeiteten strategischen Ziele von allen Anwesenden mitgetragen und gegenüber den Mitarbeitern vertreten werden müssen.

Solcherart durchgeführte Strategiediskussionen erhalten von den Anwesenden einen hohen Zuspruch:

- In den meisten Organisationen kam man in einer solchen Runde noch nie zu einer Strategiediskussion zusammen.
- Diese Zusammensetzung führt Bereiche über ein für alle Seiten relevantes Thema zusammen, von denen zwar „Laterale Kooperation" erwartet wird, die aber im Alltag kaum an gemeinsamen strategischen Aufgaben arbeiten.
- Mit einer straffen, ergebnisorientierten Moderation werden in einer sehr kurzen Zeit praktikable Ziele erarbeitet, verbunden mit der Entwicklung weiterer Führungsinstrumente. Die anwesenden Führungskräfte und Kernpersonen lernen intensiv im Team und hautnah ihr eigenes OE- und PE-Management.

Die erarbeiteten strategischen Ziele sind sodann die Grundlage für alle weiteren KODE®X-Schritte. Ohne diese grundlegende Teamarbeit ist KODE®X nicht anwendbar.

Im Folgenden seien drei Praxis-Beispiele für strategische Ziele aufgeführt.

Beispiel 1: Mittelständisches Unternehmen des Werkzeugbaus; über 100 Jahre alt; drei nationale Standorte; wachstumsorientiert.

Es lag eine Unternehmensstrategie mit einem Orientierungswinkel von neun Jahren vor. Die KODE®X-Strategiediskussion baute auf dieser auf:

Erstens:	Verdopplung des *Unternehmenswertes* in den kommenden sieben Jahren
Zweitens:	Bindung der *Hauptkunden* zur nachhaltigen Unternehmenssicherung
Drittens:	Wachstum in den *Nicht-Hauptkunden*-bezogenen Bereichen

Damit sind verbunden:

- Wachstum im Ausland (bi-directional); Erweiterung des Leistungsspektrums (Servicebereitschaft weltweit; Produktion im Ausland ...)
- höhere Selbstständigkeit/Unabhängigkeit gegenüber den Hauptkunden
- Produkt-Nutzen-Abstand zum Wettbewerb vergrößern/Technologieführerschaft erreichen
- Kostenführerschaft erreichen
- flache, leistungsfähige Organisationsstruktur im Unternehmen

Als *strategische Ziele* für die kommenden 18–24 Monate wurden im KODE®X-Strategieteam herausgearbeitet:

➢	Märkte:	– vertriebsoffensive, neue Vertriebsstrategien – ansteuern neuer Märkte (Europa, Nord-Amerika,); Aufbau: Vertrieb, Service, Produktion im Ausland – entscheidende Stärkung der freien Marktsegmente (Ergebnis, Umsatz)
➢	Produktion:	– Verbesserung der laufenden Produkte (und Prozesse, Strukturen) – permanente KVP und Einsatz von Rationalisierungsmitteln und -instrumenten – neue intelligente „XXX" in den Markt einführen (Entwicklungstransfer) – Verringerung der eigenen Fertigungstiefe, Fremdbeschaffung zu niedrigen Preisen
➢	Organisation:	– unternehmensspezifische Konzepte zur Organisations- und Personalentwicklung – neue Organisationsstrukturen, prozessorientierte Ablauforganisation und unternehmerisch agierende Mitarbeiter

Beispiel 2: Starkes mittelständisches Unternehmen im Bereich Kunststoffverarbeitung; Familienunternehmen; wachstumsorientiert; mehrere nationale und internationale Standorte; technologiegetriebenes Unternehmen im notwendigen Wandel.

Ausgehend von der Balanced-Scorcard-Analyse mit einem Zeithorizont von sechs Jahren wurden in einem Top-Team folgende vier strategische Ziele nebst Prioritäten bei der Umsetzung dieser herausgearbeitet:

1.	Erzielen eines ROI von 12% in fünf Jahren; Schaffen der Voraussetzungen dafür insbesondere durch: Steigerung des Marktanteils in „XXX"-Technik und Steigerung der Kundenrentabilität.
2.	Jährliche Steigerung des Unternehmenswertes, insbesondere durch: Gewinnung von Neukunden und Reduktion der Abhängigkeit von Einzelkunden.
3.	Gewinnung neuer attraktiver Märkte und Ausbau der bestehenden, insbesondere durch: globale Präsenz für neue Märkte und lokale Belieferung.
4.	Lösungsanbieter für komplexe Baugruppen durch intelligente Integration, insbesondere durch: innovative Lösungen und Sichern bzw. Erhöhen der Kundenzufriedenheit.

Beispiel 3: Europaweiter Pharmaziekonzern; wachstumsorientiert; Neustrukturierung des großen Marketingbereiches mit den Teilbereichen medizinische Spezialisten/Berater und Produktmanager.

Es wurden *fünf* strategische Ziele herausgearbeitet, die qualitativ für alle Tätigkeitsgruppen und Mitarbeitern des Bereiches gleichermaßen gelten:

1. Marketing-Mix

Klaren Fokus auf „ROI“ im Marketing-Mix setzen! Das bedingt ein umfassendes Voneinander-Lernen und eine offensive Kommunikation.

2. Festlegen und Wahren der Spielregeln der Zusammenarbeit

Insbesondere soll die Zusammenarbeit mit dem Außendienst sowohl qualitativ als auch quantitativ verbessert und besser gesteuert werden. Insbesondere sollten verbessert werden:

- cross communication
- schnelles Verallgemeinern von Vor-Ort-Erfahrungen.

3. Testen der promotion materials

Fokus noch mehr auf den „Kunden“ und auf die entsprechenden Zielgruppen legen: Arzt, Patient *und* Außendienst! Hierfür noch feinere und flexiblere Konzepte erarbeiten *und* testen. Interaktion mit dem Außendienst im Rahmen der Tests intensivieren.

4. Scenarienplanung

Entsprechende Analysen *proaktiv, situationsbezogen, marktorientiert* anlegen und im Bereich Marketing schnell auswerten. Individuelle Verantwortung für entsprechende Datenanalysen und Scenarien-Erarbeitung. Setzt Marketingkenntnisse in beiden Tätigkeitsgruppen (Produktmanager, Med. Spez./Berater) voraus.

5. Erweiterung der Marktanteile

Umsatzsteigerung, Wachstum und Erweiterung der Marktanteile auf Feldern, die bisher sehr stark von der Konkurrenz besetzt sind, sind die Primärziele.

Die Darstellung der unterschiedlichen strategischen Ziele in den verschiedenen Gruppen wurde individuell vorgenommen, um damit das jeweils eigene Gesicht des einzelnen Unternehmens hervorzuheben.

5.2 Ableitung strategischer Schlüsselkompetenzen

Nach der Einigung auf die vorrangig zu verfolgenden strategischen Ziele wird das Teamergebnis für alle sichtbar an eine PIN-Wand oder an die Wand geheftet, und es erfolgt der nächste Schritt. Ableiten der notwendigen personellen strategischen Kompetenzanforderungen aus den strategischen Zielen heraus: Welche Kompetenzen, die im Unternehmen noch zu wenig ausgeprägt sind oder intensiv verstärkt oder neu gefordert werden müssen, sind notwendig, um die Ziele zu erreichen? Worauf muss in den nächsten Jahren bei der Rekrutierung, bei den Personalgesprächen und Zielvereinbarungen sowie im Rahmen einer differenzierten Personalentwicklung besonders geachtet werden?

Es wird der jeweilige Ausgangspunkt der Organisation („Wo stehen wir in Bezug auf ...?") geortet. Die Mitglieder des TOP-Teams bewerten nun die 64 Teilkompetenzen des KompetenzAtlas unter dem Gesichtspunkt ihrer jeweiligen Bedeutsamkeit für die Realisierung der strategischen Ziele – unabhängig von konkreten Personen. Diese Bewertung wird zuerst individuell mit einer Checkliste vorgenommen. Die bewertenden Personen arbeiten dabei wieder mit den Definitionen und Beispielen des KompetenzAtlas und sichern somit ein einheitliches Begriffs- und Inhaltsverständnis. Danach werden die Einzelwertungen zusammengetragen und verdichtet. Hierbei ist das Softwareprogramm Competenzia eine gute Hilfe; die Teilnehmer können die Eingabe der Bewertungen und deren Verdichtung über den Beamer verfolgen und gleich in eine Teamdiskussion übergehen.

Es muss nun ein Konsens im Team über die von allen zu vertretenden und offensiv zu fördernden zwölf bis 16 Teilkompetenzen erfolgen. Der erste Zugang ist der Vergleich der Mittelwerte und der Streuungen, der zweite ist die inhaltliche Bewertung – immer wieder rückbeziehend auf die strategischen Ziele. So kann es dazu kommen, dass bisher als „weniger bedeutsam" eingeschätzte Teilkompetenzen zu sehr „bedeutsamen" werden und in der Rangreihe nach oben rücken. Die Diskussion ist sehr wichtig, da es sich hierbei um einen normativen Prozess handelt und das Team die Grundlagen für das HRManagement herausarbeitet. Ohne es explizit zu sagen, wird an dieser Stelle der Teamarbeit ein zweites Mal über Stärken, Schwächen, Risiken und Chancen nachgedacht – dieses Mal jedoch gebrochen über das Personal.

Erst wenn alle mit den diskutierten und hervorgehobenen Teilkompetenzen einverstanden sind, kann der nächste Teilschritt unternommen werden: die Präzisierung der Teilkompetenzen. Im Rahmen der Moderation ist ein Verhandeln von Positionen ebenso auszuschließen wie machtvolles „Durchboxen" von Einzelmeinungen, oberflächlichen Diskussionen und Zerreden.

In der Praxis hat sich die Konzentration auf zwölf bis 16 Teilkompetenzen bewährt, zumal diese in den nachfolgenden Arbeitsschritten noch mit idealerweise vier Handlungsankern unterlegt werden. Unter zwölf Kompetenzen bleibt man zu undifferenziert und zu distanziert gegenüber den strategischen Zielen. Mehr als 16 führen zu einer Zersplitterung und Verdeckung des Wesentlichen.

Bei der Auswahl und Widmung sind verschiedene Varianten möglich:

- Alle zwölf bis 16 Anforderungen sind für alle Führungskräfte und Mitarbeitern gleichermaßen bedeutsam und verbindlich.
- Zwölf Teilkompetenzen gelten für alle Führungskräfte und Mitarbeiter und vier zusätzliche für die Führungskräfte.
- Zehn gelten für alle Unternehmen einer internationalen Gruppe. Darüber hinaus sind vier länderspezifisch verschieden sowie zwei zusätzlich für alle Führungskräfte der internationalen Gruppe.

Über diese in der Praxis bewährten Zuordnungen sind weitere Varianten vorstellbar. Diese Teilkompetenzen gelten im Sinne von Anforderungen *und* Beurteilungsgrößen für den Zeitraum der strategischen Ziele. Werden letztere erreicht oder präzisiert, muss auf der Ebene der strategischen Kompetenzen ebenfalls geprüft werden, ob die Kompetenzentwicklungsziele erreicht wurden, präzisiert oder korrigiert werden müssen. Bei neuen Zielen muss geprüft werden, welche anderen Kompetenzen nun in den Vordergrund treten müssen – zumal, wenn die bisherigen Kompetenzanforderungen im Allgemeinen erfüllt wurden.

Wie aus dem Vergleich der Organisationen ersichtlich wird (s. Tab. 15), haben alle drei insgesamt vier Teilkompetenzen als gleichermaßen besonders bedeutsam hervorgehoben. Es gibt darüber hinaus Überlappungen bei jeweils zwei Organisationen sowie deutliche weiterführende individuelle Züge aller drei Organisationen.

Vergleichbar ähnlich und zugleich unterschiedlich charakterisieren sich zum Beispiel auch verschiedene Unternehmen innerhalb einer Holding oder verschiedene große Bereiche in Großunternehmen.

Hier noch einmal unsere drei Beispielsunternehmen: In der Tabelle sind ihre strategieadäquaten Teilkompetenzen wiedergegeben.

Tab. 15: Strategische Teilkompetenzen

Nr.	zu Beispiel 1	zu Beispiel 2	zu Beispiel 3
1.	Dialogfähigkeit/ Kundenorientierung	Dialogfähigkeit/ Kundenorientierung	Dialogfähigkeit/ Kundenorientierung
2.	Werteorientierung	Werteorientierung	Werteorientierung
3.	ergebnisorientiertes Handeln	ergebnisorientiertes Handeln	ergebnisorientiertes Handeln
4.	Offenheit für Veränderung	Offenheit für Veränderung	Offenheit für Veränderung
5.	Tatkraft	Tatkraft	Folgebewusstsein
6.	Pflichtbewusstsein	Eigenverantwortung	Ausführungsbereitschaft
7.	Entscheidungsfähigkeit	Entscheidungsfähigkeit	Konfliktlösungsfähigkeit
8.	Akquisitionsstärke	Integrationsfähigkeit	Integrationsfähigkeit
9.	delegieren	delegieren	Projektmanagement
10.	Zuverlässigkeit	analytische Fähigkeiten	Zuverlässigkeit
11.	Mitarbeiterförderung	Kommunikationsfähigkeit	Beurteilungsfähigkeit
12.	Lernfähigkeit	Initiative	Initiative
13.	Marktorientierung	Marktorientierung	Beratungsfähigkeit
14.	Glaubwürdigkeit	Innovationsfähigkeit	Ganzheitliches Denken
15.	zielorientiertes Führen	systematisch-methodisches Vorgehen	Anpassungsfähigkeit
16.	Organisationsfähigkeit	Organisationsfähigkeit	Problemlösungsfähigkeit

5.3 Präzisierung der Schlüsselkompetenzen

Eine weitere Teamaufgabe besteht nun darin, die Teilkompetenzen zu beschreiben und überprüfbare Verhaltensanforderungen und -normen zu definieren. Als Grundlage dienen die gemeinsam herausgearbeiteten strategischen Ziele, die abgeleiteten (16) strategischen Kompetenzen sowie der KompetenzAtlas. Das Team teilt sich in Teilgruppen mit zwei bis drei Mitgliedern auf, die jetzt eine bestimmte Anzahl von Kompetenzen bearbeiten. So bekäme beispielsweise bei vier Gruppen á zwei Personen jede Gruppe vier Kompetenzen zur weiteren Bearbeitung.

Die Bearbeiter prüfen die jeweils im KompetenzAtlas zugeordneten Identifikationsmerkmale auf ihre Gültigkeit in ihrem Unternehmen und übernehmen diese, wenn sie wesentlich zur Erreichung der strategischen Ziele beitragen oder ändern sie ab oder definieren neue und zieladäquate. Sie fragen sich zum Beispiel:

- Was heißt Akquisitionsstärke für unser Unternehmen? Was müssen wir im Sinne des (eines bestimmten) bzw. der strategischen Ziele besser machen?
- Welche Forderungen müssen unsere Führungskräfte und Mitarbeiter an sich stellen?

- An welchen Verhaltensweisen erkennen wir unzureichend ausgebildete Kompetenzen bzw. entsprechende Verstöße gegen die Kompetenzanforderungen?
- Wie lassen sich unsere Unternehmensangehörigen zu entsprechendem Verhalten bewegen?

Die Bearbeiter entwickeln damit Verhaltensnormen und Anforderungen und – quasi nebenbei – ein den strategischen Zielen entsprechendes Beurteilungssystem. Die Ergebnisse werden im Plenum zusammengetragen, diskutiert, ggf. verändert oder präzisiert und schließlich als gemeinsam erarbeitetes und zu vertretendes Führungsinstrument angenommen. Die inhaltlich untersetzten Kompetenzen gehen als organisationsspezifischer Anforderungskatalog in die weitere Arbeit des Teams ein.

Tab. 16: Kompetenzmerkmale am Anfang und Ende der Bearbeitung (Beispiel aus einem Handelsunternehmen)

Selbstmanagement/**KompetenzAtlas** (Allgemeinvorlage)	Selbstmanagement/Handelsunternehmen X (präzisiert auf die Situation des Unternehmens)
hat ein zutreffendes Bild von den eigenen Handlungsmöglichkeiten und -begrenzungen	konzentriert sich auf die wichtigen eigenen Aufgaben, trennt Wesentliches von Unwesentlichem und Wichtiges von Dringlichem
schöpft die gegebenen Handlungsmöglichkeiten aktiv aus und versucht bewusst, sie auszuweiten	hat die wichtigsten Aufgaben im Rahmen des vorhandenen Zeitbudgets im Griff
handelt planvoll und überlegt, ohne durch Vorsicht den eigenen Wirkungsrahmen vorzeitig einzuengen	setzt Grenzen, steckt Aufgabengebiete ab und übernimmt nicht für alles die Verantwortung
sucht unaufgefordert nach Möglichkeiten, welche die eigenen Erfahrungen und das eigene Wissen erweitern	sucht unaufgefordert nach Möglichkeiten zur Entwicklung der eigenen Erfahrungen und des eigenen Wissens

Zielorientiertes Führen/siehe oben	Zielorientiertes Führen/siehe oben
schwört auch andere auf die Ziele ein und bündelt die Aktivitäten auf die Ziele hin	vermittelt anderen Ziele plausibel und achtet darauf, dass auch die anderen die Ziele kennen und umsetzen; führt MbO-Gespräche
verfügt über das zur Zielsetzung notwendige Sach- und Methodenwissen und setzt dieses aktiv ein	verfügt über Sach- und Methodenwissen für ein zielorientiertes Vorgehen
richtet das eigene Wirken auf klar beschriebene Ziele und Resultate und nicht auf spontane Aktionen aus	richtet das eigene Wirken auf klar beschriebene Ziele und Resultate und nicht auf spontane Aktionen aus
vermittelt den anderen die Ziele plausibel und achtet darauf, dass die Mitarbeiter die Ziele kennen und verinnerlichen	definiert Meilensteine zum strukturierten Vorgehen zur Zielerreichung

5.4 Ein zweiter Weg: Teilkompetenzen und deren Identifikationsmerkmale

Der KompetenzAtlas definiert 64 Teilkompetenzen und stellt eine Reihe von Identifikationsmerkmalen zu jeder Teilkompetenz zur Diskussion, die jedoch nicht unmittelbar auf ein Unternehmen übertragen werden können. Die Aufgabe des Unternehmens besteht insbesondere darin, auf der Grundlage der Unternehmenskultur und des jeweiligen Entwicklungsstandes (betriebswirtschaftlich sowie sozial betrachtet) die für die Zukunft wichtigen Anforderungen und Beurteilungsmerkmale abzuleiten und zu präzisieren. Damit wird der Einmaligkeit der Organisation Rechnung getragen. Mittels einer Bewertungsskala kann dann die individuelle Ausprägung eingeschätzt werden.

Für die Untersetzung der einzelnen (16) Teilkompetenzen durch die jeweiligen Expertengruppen ist es günstig, die jeweilige Teilkompetenz unter dem Aspekt der gegenwärtig geforderten und realisierten Verhaltensweisen sowie der zukünftigen Verhaltenserfordernisse zur Umsetzung der strategischen Ziele des Unternehmens zu betrachten. Aus dem Vergleich von *Ist* und *Soll* lassen sich in der Regel Verhaltensanforderungen ableiten.

Ein möglicher zweiter Weg ist das Zusammentragen von Verhaltensweisen, die auf folgenden fünf Leveln abgebildet werden können und die Entscheidung für die wichtigsten vier, die dann in das Beurteilungssystem aufgenommen werden:

- hervorragend
- übertrifft die Erwartungen
- entspricht den Erwartungen
- Bedarf noch Verbesserungen
- unakzeptables Verhalten

Aus solchen „Sammlungen“ von erwünschten und nicht erwünschten Einstellungen und Verhaltensweisen können dann die wichtigsten aus den Merkmalgruppen „hervorragend“ und „übertrifft die Erwartungen“ für die Atlas-Untersetzung entnommen werden.

Auf keinen Fall aber sollten diese Differenzierungen dazu verleiten, im Sinne einer Schulnotenskala Personen bewerten und in Schubladen stecken zu wollen. Die Übergänge sind fließend und es gibt durchaus lebendige Widersprüche dahingehend, dass eine Person Charakteristika der Level 2 und 4 zeitweilig in sich vereint. Nachfolgend werden für die zweite Herangehensweise einige Sammlungsbeispiele gegeben.

Dialogfähigkeit/Kundenorientierung

Hervorragend

- hat eine erstaunlich loyale Kundenbasis entwickelt;
- hat das volle Vertrauen der Kunden: Hält was er verspricht und kümmert sich um eine schnelle Reaktion gegenüber den Kunden;
- setzt sich ideenreich für das Finden von Lösungen für Kundenprobleme ein;
- die Beziehungen zu den Firmenkunden sowie zu den individuellen Kunden ist hervorragend.

Übertrifft die Erwartungen

- baut feste Kundenbeziehungen auf und pflegt diese;
- bringt stets Geduld gegenüber den Kunden auf, verhält sich kompetent und professionell gegenüber den Kunden;
- löst Kundenprobleme rasch und korrekt;
- repräsentiert das Unternehmen sehr gut;
- verhält sich gegenüber den Kunden würdig und taktvoll, auch unter starker Belastung;
- hat häufig die Loyalität der Kunden für das Unternommen gewonnen und gesichert.

Entspricht den Erwartungen

- tritt im Allgemeinen kompetent und professionell gegenüber den Kunden auf;
- ist höflich und verbindlich in der Kommunikation gegenüber den Kunden und kennt sich fachlich gut aus;
- präsentiert professionell;
- geht mit den Kundenbeziehungen verantwortlich um;
- bewältigt so gut wie alle herausfordernden Kundensituationen.

Bedarf noch Verbesserungen

- ist mitunter sarkastisch;
- legt ein lässiges, unbekümmertes Verhalten an den Tag;
- ist ungeduldig und angenervt von Kunden, die viele Fragen haben;
- das Wissen und Können hinsichtlich Aufbau und Erhaltung von Kundenbeziehungen bedürfen der Verbesserung;
- verliert immer wieder die Fassung bei Kunden;
- telefoniert während eines Kundengespräches.

Unakzeptables Verhalten

- ist gegenüber Kunden ausfällig;
- ist herablassend und ignorant gegenüber Kunden;
- verhält sich unhöflich bis abweisend;
- besitzt sehr schwache Kenntnisse über Kundenbeziehung.

Projektmanagement

Hervorragend

- akquiriert eigeninitiativ und erfolgreich Projekte;
- weiß, wie man das beste Team zusammenstellt, um ein Projekt anzupacken;
- ist hervorragend beim Koordinieren der zur Verfügung stehenden Personen bei der Projektbearbeitung;
- kommuniziert und kooperiert effektiv mit allen Projektbeteiligten;
- beherrscht die Feinheiten der Projektplanung.

Übertrifft die Erwartungen

- alle Teammitglieder sind stets gut informiert;
- hält das Budget eines Projektes stets gut ein;
- bringt Projekte erfolgreich zu Ende;
- entwickelt gute Ideen und Systeme, damit Projekte am Laufen bleiben.

Erfüllt die Erwartungen

- erkennt neue Probleme und kann sie in der Regel gut lösen;
- verwendet Instrumente und Techniken zur Projektplanung;
- die von dieser Person geführten Projekte übersteigen nie mehr als 5% des Budgets;
- arbeitet gut mit den Teammitgliedern zusammen.

Bedarf noch Verbesserungen

- beherrscht die Instrumente und Techniken eines erfolgreichen Projektmanagements nur zum Teil;
- Teammitglieder beklagen sich über zu späte bzw. zu wenige Informationen;
- neigt zu Budgetüberziehungen;
- die Zusammenarbeit mit externen Organisationseinheiten oder Personen spielt eine nur sehr geringe Rolle;
- die erforderlichen Ergebnisse kommen häufig nicht in der notwendigen Zeit und mit der geforderten Qualität.

Unakzeptables Verhalten

- hat Probleme bei der Auswahl der richtigen Teammitglieder;
- vergeudet sowohl Humanressourcen als auch Zeit auf Grund schlechter Projektplanung;
- gegen den Zeit- und den Budgetrahmen wird deutlich verstoßen;
- kann das Projektteam nicht führen.

Akquisitionsstärke

Hervorragend
- gehört zu den besten Akquisiteuren;
- ist im Willen, der Eigeninitiative und Belastbarkeit Vorbild für andere;
- kennt alle Produkte und Dienstleistungen des Unternehmens und vertritt diese in ihrer Breite sehr erfolgreich;
- übertrifft die Akquisitionsziele regelmäßig;
- ist sehr abschlussstark;
- erkennt die Kundenbedarfe klar und geht konsequent auf diese ein.

Übertrifft die Erwartungen
- unterhält sehr gute Beziehungen zu den Kunden;
- repräsentiert das Unternehmen sehr gut;
- schließt seine Akquisitionsvorhaben stets mit weiteren Geschäftsaussichten;
- durch die sehr guten Kundenkontakte werden weitere Kunden auf das Unternehmen aufmerksam;
- unterhält einen umfassenden Kontakt zu den Kunden – bis hin zu diversen Gratulationen.

Entspricht den Erwartungen
- ist ein engagierter Akquisiteur;
- macht verlässlich Verkaufsabschlüsse;
- erreicht in der Regel die angezielte Verkaufsquote;
- kann sich zu einer sehr guten Verkäuferpersönlichkeit entwickeln;
- bezieht das „Hinterland" im Unternehmen, insbesondere die Produkt-Spezialisten, aktiv ein;
- führt stets Angebots-Folder, Proben, Muster mit sich, um auf alle Eventualitäten vorbereitet zu sein;
- hat gute Produktkenntnisse, ist jedoch im Abschluss schwach.

Bedarf noch Verbesserungen
- bemüht sich um gute Kundenkontakte, kommt aber kaum zu Abschlüssen;
- ist noch unsicher hinsichtlich der Verkaufstechniken;
- hat persönlich große Probleme mit Abweisungen;
- kann in großen Gruppen von Menschen nicht gut präsentieren;
- muss die eigene Produktkenntnis erweitern.

Unakzeptabel
- erreicht nur max. 80% der geplanten Verkaufsquote;
- besitzt schwache Kundenbeziehungen und hat große Probleme beim Gewinnen von Neukunden;
- die Akquisitionsfähigkeit ist unzureichend ausgebildet;
- fehlendes Wissen und Erfahrungen beim Einsetzen von Verkaufstechniken.

6 Kompetenz-Sollprofile

Sobald die (16) Kompetenzanforderungen (Begriffe, Definitionen, Identifikations-/Beurteilungsmerkmale) im TOP-Team entschieden sind und der organisationsspezifische KompetenzAtlas vorliegt, werden nun Anforderungsprofile für die unterscheidbaren Job- und Funktionsgruppen entwickelt. Im TOP-Team werden als Maßstab für die nachfolgende Arbeit ein bis zwei *Soll*-Profile erarbeitet.

Zuerst ist zu prüfen, ob die Organisation überhaupt mit differenzierbaren Job- und Funktionsgruppen (ggf. auch Jobclustern und Job-families oder anders lautend) arbeitet. In großen Unternehmen gibt es in der Regel (veralterte) Stellenbeschreibungen, „Rollen"differenzierungen, Job-/Tätigkeitsgruppen- und Funktionsgruppen. Die Einordnung ist sehr unterschiedlich, ebenso die Art der Arbeit mit diesen im OE- und PE-Management. In kleineren Unternehmen fehlen nicht selten solche Unterscheidungen, und Organigramme etwa sind eher zufällig oder formale Ergebnisse einer Bankenforderung und Unternehmensberatung. In einer territorial großen Sparkasse mit rund 1.000 Beschäftigten gab es 212 „Stellenbeschreibungen". Auf unsere Frage, wonach die Stellen und Stellenbeschreibungen entstehen, wurde mitgeteilt, dass seit zwei Jahren bei jeder Neueinstellung eine neue Beschreibung „zu Papier gebracht" würde. Nach einer intensiven Diskussion in einem erweiterten Vorstandsworkshop konnten dann 31 unterschiedliche und auch vertretbare Job- und Funktionsgruppen als ausreichend praktikabel verwendbar befunden werden.

In einem Handelsunternehmen mit rund 900 Beschäftigten kamen wir auf 12 solcher Gruppen. In einem weltweit agierenden Unternehmen mit rund 35.000 Beschäftigten konnten im Vertriebsbereich mit rund 2.400 Mitarbeitern – auch unter Berücksichtigung nationaler Besonderheiten – 14 Job- und Funktionsgruppen unterschieden werden.

Zum A und O solcher Einteilungen führen insbesondere diese Fragen:

- Welche von anderen deutlich unterscheidbaren Job- und Funktionsgruppen benötigen wir aus Sicht unserer Unternehmensstrategie und insbesondere unserer strategischen Ziele der nächsten 18–24 Monate?
- Welche von anderen deutlich unterscheidbaren Job- und Funktionsgruppen benötigen wir unbedingt in unserer Wertschöpfungskette (Berechtigungsnachweis muss erbracht werden), wie müssen die „weichen Ränder" zu anderen Gruppen aussehen und was kann zukünftig zusammengezogen oder aufgelöst werden?
- Durch welche Gruppeneinteilung gelangen wir zu einem internationalen Transfer von Führungskräften und Spezialisten? Was ist künftig das Entscheidende: vorrangig oder ausschließlich das Fachwissen, die Sprachkenntnis o.Ä. oder das deutliche Vorhandensein strategisch erforderlicher überfachlicher Kompetenzen, gepaart mit solidem Fachwissen und der Bereitschaft, auf den verschiedensten Gebieten dazu zu lernen (letzteres ist selbst wieder eine Teilkompetenz)?

Das TOP-Team differenziert auf der Grundlage der herausgearbeiteten strategischen Ziele zwischen den herkömmlichen und den gegenwärtig und zukünftig erforderlichen Job- und Funktionsgruppen und wählt ein bis zwei der wichtigsten aus und erarbeitet zuerst individuell und sodann im Plenum die entsprechenden *Soll*-Profile. Während bislang die strategischen Ziele qualitativ beschrieben (in den zwingend folgenden Ableitungen von Maßnahmen müssen quantitative Aussagen folgen) und auf ihrer Grundlage qualitative Kompetenzanforderungen formuliert wurden, werden nun quantitative Forderungen – bezogen auf die unterschiedlichen Job- und Funktionsgruppen – erhoben. Das Allgemein-qualitative wird nun auf die konkrete Arbeits- und Prozessebene heruntergebrochen.

Für diese Aufgabe werden genutzt:
- die strategischen Ziele und daran gebundenen wichtigsten Aufgaben für die nächsten 18–24 Monate,
- die (bis zu 16) durch die anschließende Anforderungsanalyse abgeleiteten Teilkompetenzen,
- die erarbeiteten Identifikations- und Beurteilungsmerkmale innerhalb der (16) Kompetenzen.

Die Mitglieder des TOP-Teams erhalten eine 12-stufige Bewertungsskala, auf der sie zu jeder Teilkompetenz einen Kompetenz-Soll-Korridor entwickeln. Die Korridore haben eine Breite von mindestens drei und maximal fünf Skalenpunkten. Der linke Rand des Korridors kennzeichnet die für die jeweilige Job- oder Funktionsgruppe erforderliche Mindestausprägung, der rechte Rand die zulässige Maximalausprägung.

Das Profil wird unabhängig von den vorhandenen Mitarbeitern erarbeitet und richtet sich ausschließlich an den strategischen Zielen aus. Nach der Erarbeitung in wiederum kleinen Gruppen oder nach individuellen Vorlagen berät das TOP-Team im Plenum die Einzelergebnisse und einigt sich auf ein verbindliches Anforderungsprofil. Nach diesem Muster können nach dem TOP-Team-Workshop alle weiteren Anforderungsprofile durch den Personalbereich mit oder ohne externe Unterstützung entwickelt werden.

Mit diesem Ergebnis hat das TOP-Team innerhalb nur eines Tages ein ganzheitliches Organisations-/Personalentwicklungs-Konzept erarbeitet und instrumentell unterlegt. Es liegen folgende Ergebnisse vor:
- strategische Ziele
- daraus abgeleitete strategische Kompetenzanforderungen
- diese untersetzende Anforderungs- und Beurteilungsbögen
- KompetenzSoll-Profil(e) für konkrete *Soll-Ist*-Vergleiche.

Das Softwareprogramm der KODE GmbH für die Arbeit mit KODE®X stellt auf diesem Bearbeitungsniveau auch ein Beurteilungshandbuch zur Verfügung, in dem nicht nur die erarbeiteten Kompetenzanforderungen, Beurteilungsmerkmale und Einschätzungsbögen zusammengefasst sind, sondern auch die wichtigsten Hinweise zur Vorbereitung und Durchführung von Beurteilungen, zur Auswertung mit den Mitarbeitern und zu empfehlenswerten nachfolgenden Schritten.

Wichtig ist, dass das TOP-Team an dieser Stelle Maßnahmevorschläge für die Geschäftsleitung/denVorstand erarbeitet bzw. bei Anwesenheit der Geschäftsführer vor Ort Festlegungen zur Umsetzung der Workshop-Ergebnisse trifft:

- kurzfristige Information aller Führungskräfte über die strategischen Ziele und damit verbundenen Kompetenzanforderungen; Auswertung in allen Organisationseinheiten;
- kurzfristige Unterweisung aller Führungskräfte in der Anwendung der Kompetenzanforderungen und Beurteilungsmerkmale;
- zügige Erarbeitung aller Anforderungsprofile;
- Selbst- und Fremdeinschätzungen aller Führungskräfte, *Soll-Ist*-Vergleiche und diskrete Auswertung mit den Einzelnen;
- ggf. Leitbild-Workshop auf der Grundlage der lang- und mittelfristigen strategischen Ziele und Kompetenzanforderungen.

7 Soll-Ist-Vergleiche

Wenn Fremdeinschätzungen (und ggf. auch Selbsteinschätzungen) vorliegen, können diese sowohl ausführlich und auf der Grundlage der 16 mal 4 Einschätzungsmerkmale als auch in Form einer Liste mit auf-/abgerundeten Mittelwerten sowie als Vergleich von *Soll* und *Ist* ausgewertet werden.

Nachfolgend wird das an den Jobgruppen „EinkaufsassistentIn" und „EinkäuferIn" einer großen Handelsorganisation demonstriert. Herr Grohmann ist gegenwärtig als Einkaufsassistent erfolgreich und es ist beabsichtigt, ihn in den nächsten Jahren zum Einkäufer (international) zu entwickeln. Beim Vergleich der Einschätzung seiner vorgesetzten Führungskraft (Einkäufer) mit dem *Soll*-Profil des Einkaufsassistenten wird deutlich, dass Herr Grohmann die zukünftigen Anforderungen an einen Einkaufsassistenten gut erfüllt; er liegt bei allen 16 Teilkompetenzen im geforderten *Soll*-Korridor. Beim Vergleich mit dem *Soll*-Profil für Einkäufer hingegen liegt er noch in acht Fällen links außerhalb des Korridors. Hier sind ein differenziertes Entwicklungskonzept und dementsprechend geeignete Entwicklungsmaßnahmen gefordert.

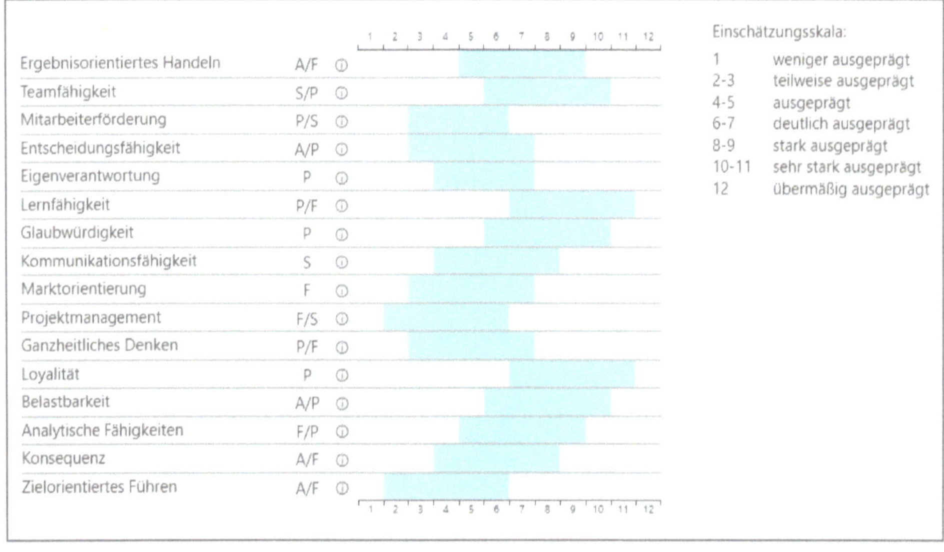

Abb. 34: Sollprofil Einkaufsassistent*in

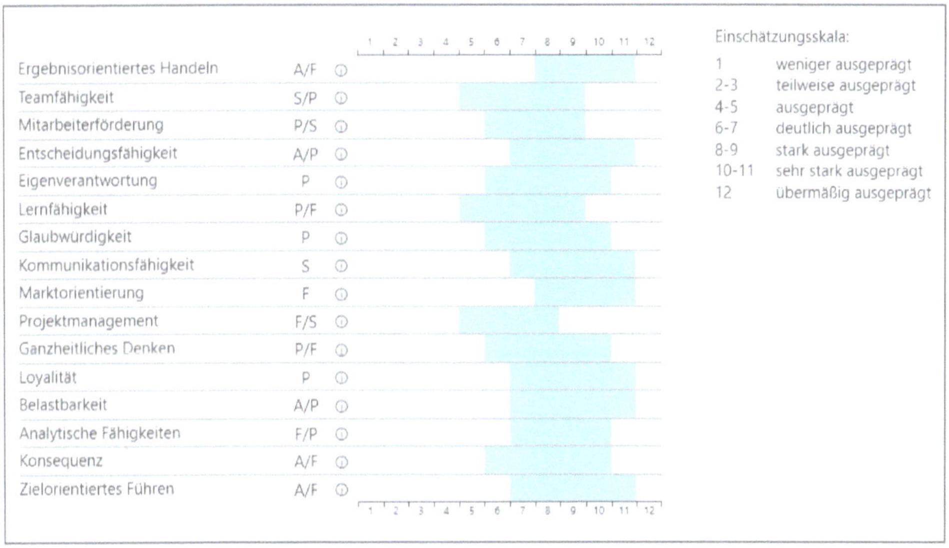

1 2 3 4 5 6 7 8 9 10 11 12

Ergebnisorientiertes Handeln A/F
Teamfähigkeit S/P
Mitarbeiterförderung P/S
Entscheidungsfähigkeit A/P
Eigenverantwortung P
Lernfähigkeit P/F
Glaubwürdigkeit P
Kommunikationsfähigkeit S
Marktorientierung F
Projektmanagement F/S
Ganzheitliches Denken P/F
Loyalität P
Belastbarkeit A/P
Analytische Fähigkeiten F/P
Konsequenz A/F
Zielorientiertes Führen A/F

1 2 3 4 5 6 7 8 9 10 11 12

Einschätzungsskala:

1 weniger ausgeprägt
2-3 teilweise ausgeprägt
4-5 ausgeprägt
6-7 deutlich ausgeprägt
8-9 stark ausgeprägt
10-11 sehr stark ausgeprägt
12 übermäßig ausgeprägt

Abb. 35: Sollprofil Einkäufer*in

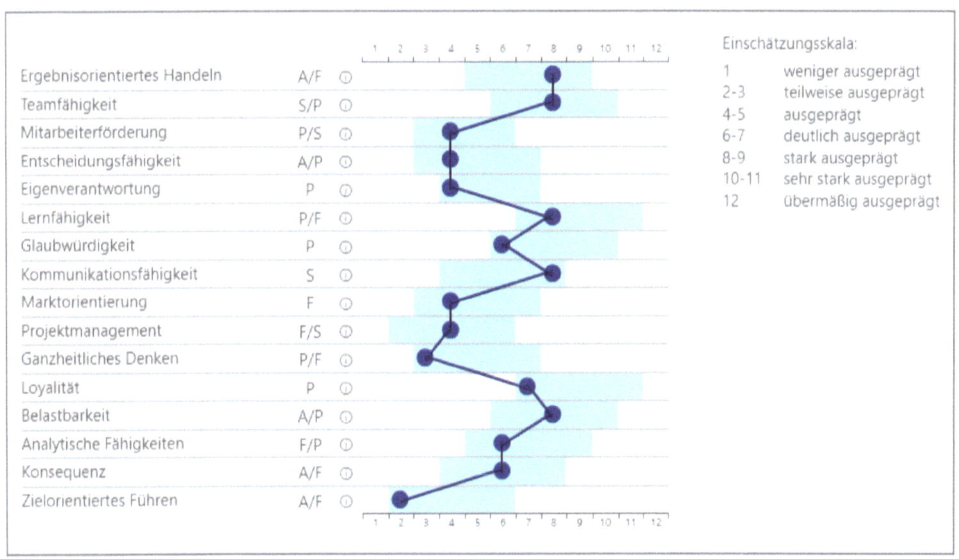

Abb. 36a: Grafische Darstellung Soll/Ist zwischen Einschätzung und Sollprofil Einkaufsassistent*in

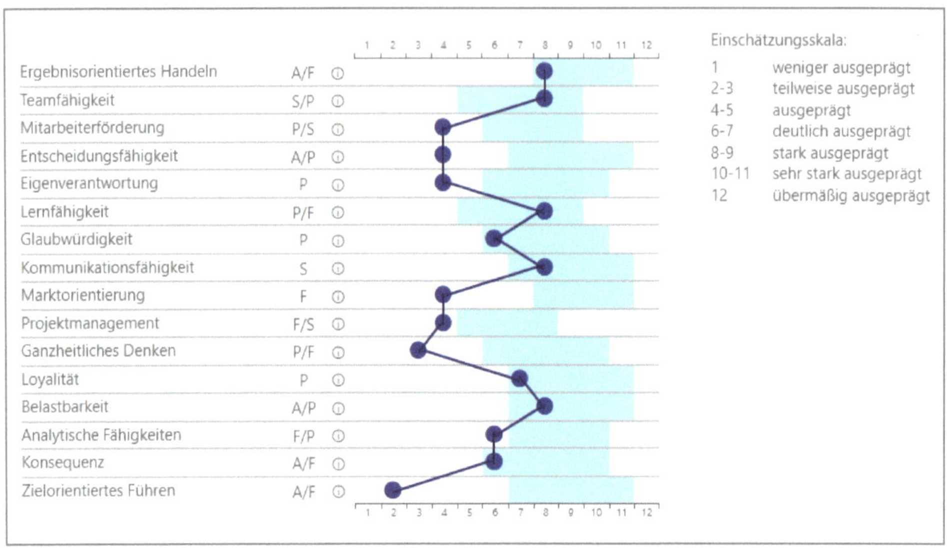

Abb. 36b: Grafische Darstellung Soll/Ist zwischen Einschätzung und Sollprofil Einkäufer*in

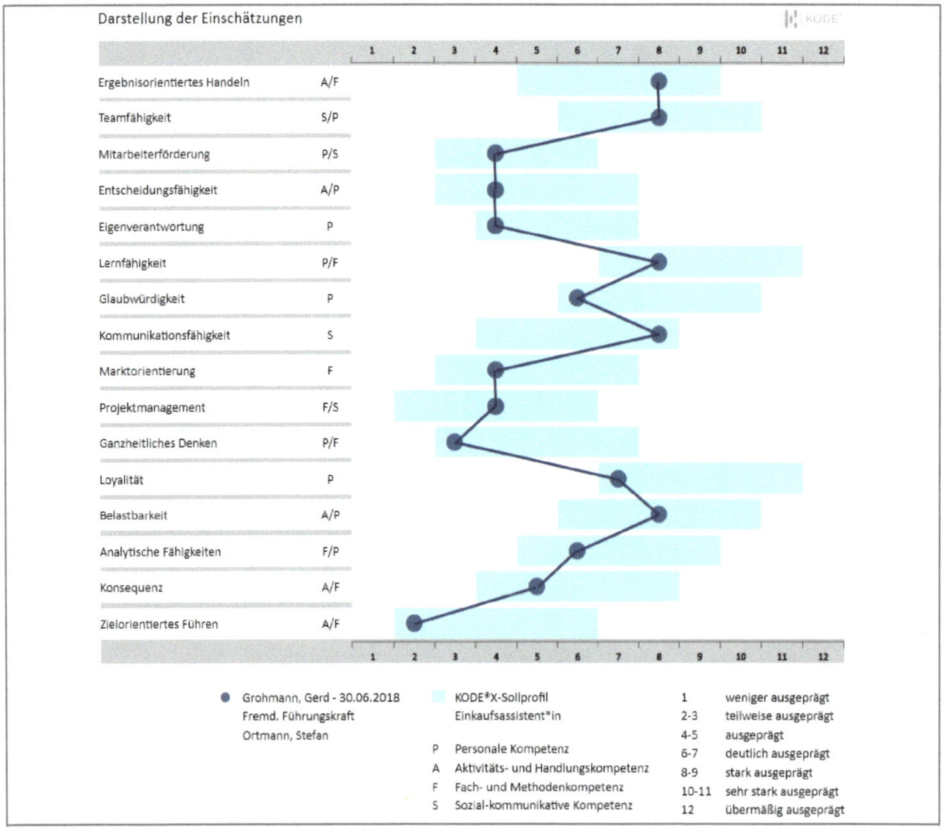

Darstellung der Einschätzungen
KODE
1 2 3 4 5 6 7 8 9 10 11 12
Ergebnisorientiertes Handeln A/F
Teamfähigkeit S/P
Mitarbeiterförderung P/S
Entscheidungsfähigkeit A/P
Eigenverantwortung P
Lernfähigkeit P/F
Glaubwürdigkeit P
Kommunikationsfähigkeit S
Marktorientierung F
Projektmanagement F/S
Ganzheitliches Denken P/F
Loyalität P
Belastbarkeit A/P
Analytische Fähigkeiten F/P
Konsequenz A/F
Zielorientiertes Führen A/F
1 2 3 4 5 6 7 8 9 10 11 12
Grohmann, Gerd - 30.06.2018
Fremd. Führungskraft
Ortmann, Stefan
KODE®X-Sollprofil
Einkaufsassistent*in
P Personale Kompetenz
A Aktivitäts- und Handlungskompetenz
F Fach- und Methodenkompetenz
S Sozial-kommunikative Kompetenz
1 weniger ausgeprägt
2-3 teilweise ausgeprägt
4-5 ausgeprägt
6-7 deutlich ausgeprägt
8-9 stark ausgeprägt
10-11 sehr stark ausgeprägt
12 übermäßig ausgeprägt

Abb. 37: Fremdeinschätzung Grohmann bzgl. Einkaufsassistent

Verteilung der Mittelwerte

		Außerhalb des SOLL-Korridors links	Am linken Rand des SOLL-Korridors	Trifft die SOLL-Korridor-Mitte	Am rechten Rand des SOLL-Korridors	Außerhalb des SOLL-Korridors rechts
Ergebnisorientiertes Handeln	A/F			■		
Teamfähigkeit	S/P			■		
Mitarbeiterförderung	P/S			■		
Entscheidungsfähigkeit	A/P			■		
Eigenverantwortung	P		■			
Lernfähigkeit	P/F			■		
Glaubwürdigkeit	P		■			
Kommunikationsfähigkeit	S				■	
Marktorientierung	F			■		
Projektmanagement	F/S			■		
Ganzheitliches Denken	P/F		■			
Loyalität	P		■			
Belastbarkeit	A/P			■		
Analytische Fähigkeiten	F/P			■		
Konsequenz	A/F			■		
Zielorientiertes Führen	A/F		■			
	Anzahl:	0	5	10	1	0
	Prozent:	0%	31,3%	62,5%	6,3%	0%

■ Ausprägung im KODE®X-Sollprofil Einkaufsassistent*in

P Personale Kompetenz
A Aktivitäts- und Handlungskompetenz
F Fach- und Methodenkompetenz
S Sozial-kommunikative Kompetenz

Herr Grohmann erfüllt die strategischen Kompetenzanforderungen.

Für den Erhalt und die Steigerung der Leistungsfähigkeit auch in Zukunft sollten folgende strategischen Kompetenzen durch Personalentwicklungsmaßnahmen gestärkt und entwickelt werden:

- Eigenverantwortung
- Glaubwürdigkeit
- Ganzheitliches Denken
- Loyalität

Abb. 38: Verteilung der Mittelwerte in Bezug auf Einkaufsassistent*in

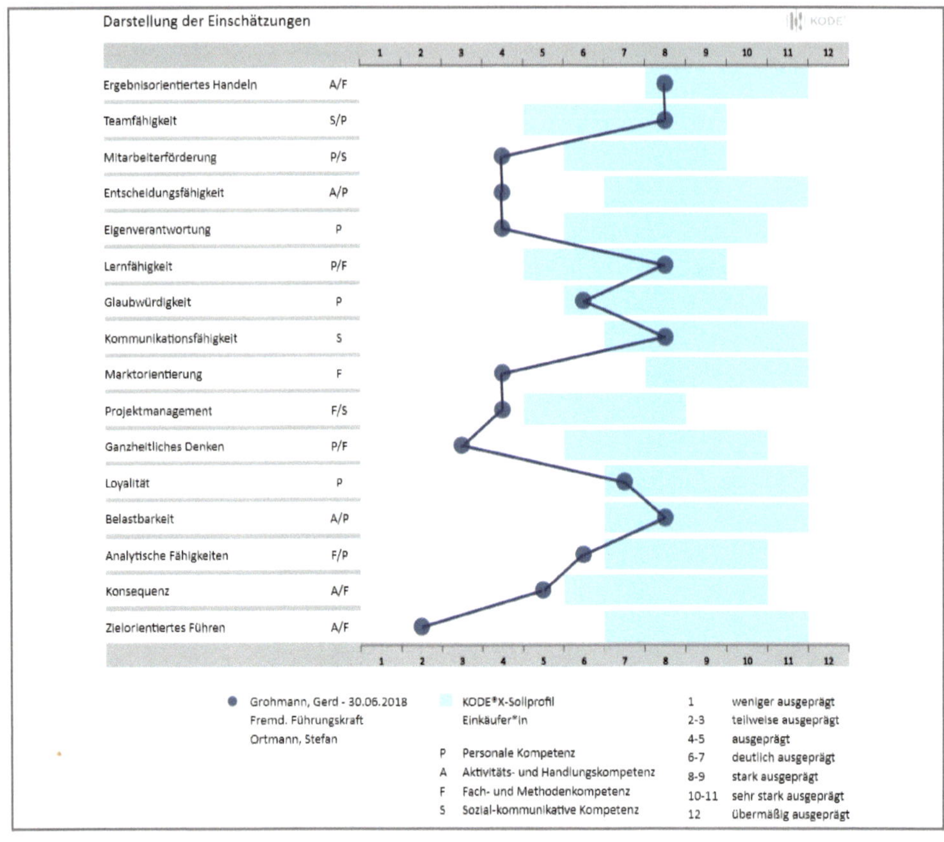

Abb. 39: Fremd-Einschätzung Grohmann bzgl. Einkäufer

Verteilung der Mittelwerte

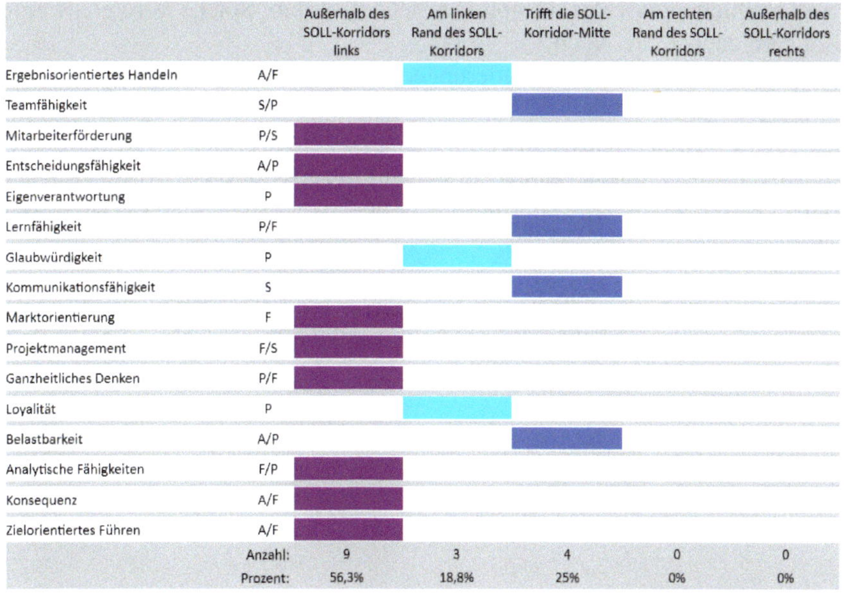

		Außerhalb des SOLL-Korridors links	Am linken Rand des SOLL-Korridors	Trifft die SOLL-Korridor-Mitte	Am rechten Rand des SOLL-Korridors	Außerhalb des SOLL-Korridors rechts
Ergebnisorientiertes Handeln	A/F					
Teamfähigkeit	S/P					
Mitarbeiterförderung	P/S					
Entscheidungsfähigkeit	A/P					
Eigenverantwortung	P					
Lernfähigkeit	P/F					
Glaubwürdigkeit	P					
Kommunikationsfähigkeit	S					
Marktorientierung	F					
Projektmanagement	F/S					
Ganzheitliches Denken	P/F					
Loyalität	P					
Belastbarkeit	A/P					
Analytische Fähigkeiten	F/P					
Konsequenz	A/F					
Zielorientiertes Führen	A/F					
	Anzahl:	9	3	4	0	0
	Prozent:	56,3%	18,8%	25%	0%	0%

Ausprägung im KODE®X-Sollprofil Einkäufer*in

P Personale Kompetenz
A Aktivitäts- und Handlungskompetenz
F Fach- und Methodenkompetenz
S Sozial-kommunikative Kompetenz

Mehrere besonders wichtige strategische Kompetenzanforderungen werden von Herrn Grohmann (noch) nicht erfüllt.
Das betrifft besonders die Anforderungen:

- Mitarbeiterförderung
- Entscheidungsfähigkeit
- Eigenverantwortung
- Marktorientierung
- Projektmanagement
- Ganzheitliches Denken
- Analytische Fähigkeiten
- Konsequenz
- Zielorientiertes Führen

Abb. 40: Verteilung der Mittelwerte

Liegen einmal die Kompetenzeinschätzungen einer Person vor, dann können diese mit allen *Soll*-Profilen einer Organisation verglichen werden. Solche Vergleiche ergeben insbesondere dann Sinn, wenn

- interne Ausschreibungen und Rekrutierungen vorgenommen werden,
- nach internen High potentials und Führungsnachwuchskräften gesucht wird,
- organisationelle Veränderungen und Umsetzungen geplant sind,
- differenzierte Entwicklungsabsichten bestehen (wie im Falle des Beispieles) und nach Gabs zwischen den *Soll*-Anforderungen und *Ist*-Ausprägungen gesucht werden soll.

Das Softwareprogramm für KODE®X lässt auf dieser Grundlage bis zu neun Fremdeinschätzungen zu und ermöglicht somit auch bis zu 360°-Feedbacks.

8 Anregungs- und Interventionsmöglichkeiten

Es ist relativ einfach zu sagen, *welche* Teilkompetenzen gestärkt und entwickelt werden sollen. Das wird – wie wir gesehen haben – besonders durch den Vergleich von *Soll-* und *Ist*-Profilen nahegelegt. Schwierig ist hingegen zu sagen, *wie* und *womit* diese Entwicklungsprozesse erfolgen können. Hierauf sind viele Führungskräfte nicht vorbereitet und finden auch in ihren vorgesetzten Führungskräften kein Vorbild.

Im Rahmen von KODE®X empfehlen sich insbesondere zwei Wege zur Stärkung der Führungskräfte beim Anregen und Initiieren von Kompetenz-Entwicklungsprozessen:

1. gemeinsames Herausarbeiten von Verhaltensankern und Anregungsformen,
2. modulare KompetenzEntwicklungsProgramme für gezielte Kompetenz-Selbsttrainings.

8.1 Verhaltensanker und Entwicklungsanregungen

In Unternehmen, in denen für den KODE®X-Workshop 1,5 bis 2 Tage zur Verfügung gestellt werden, kann das TOP-Team am zweiten Tag in Kleingruppen und im Plenum die kompetenzadäquaten Verhaltensanker und Anregungsformen herausarbeiten und in einem abschließenden Protokoll zum Führungsinstrument für alle Führungskräfte verdichten. In den darauf folgenden Wochen und Monaten der Umsetzung der KODE®X-Ergebnisse können seitens der Personalentwicklung begleitende Trainings und Foren des praktischen Erfahrungsaustausches angeboten werden.

Beispiel: Arbeitsfragen und Gruppenergebnisse – bezogen auf die beiden Kompetenzen „Ergebnisorientiertes Handeln“ und „Eigenverantwortung“ (Ausschnitte)

Erstens: Was sollte vermieden werden? Was widerspricht der jeweiligen Teilkompetenz? Was führt weg von der im TOP Team geforderten Kompetenz?

Ergebnisorientiertes Handeln

- blinder Gehorsam
- keine kompetenten Antworten geben
- ständige Veränderungen der Ziele
- „Über-Leichen-Gehen“

Eigenverantwortung

- trifft, fordert und steht nicht zu Entscheidungen
- ist nicht bereit, Fehlentwicklungen aufzuzeigen
- steht nicht zu Fehlern und bringt keine Lösungsvorschläge, um die Fehler nicht zu wiederholen
- schiebt die Eigenverantwortung auf andere Mitarbeiter ab

Zweitens: In welche Richtung sollen die Kompetenzen im Zeitraum 12/06–12/08 verstärkt werden?

Ergebnisorientiertes Handeln

- vereinbart klar gesteckte Ziele und zieht bei Abweichungen Konsequenzen
- behält die Ziele im Auge, kontrolliert sie laufend im Prozess
- übergibt und übernimmt Eigenverantwortung (räumt Bewegungsspielraum ein bzw. bittet um einen entsprechenden)
- arbeitet fachlich-methodisch bewusst
- fragt nach Schulungen, Weiterbildung und nimmt an solchen aktiv teil
- ist offen für Neues und befreit sich von Altlasten
- stattet andere mit ergebnisorientierten Kompetenzen aus

Eigenverantwortung

- trifft, fordert und steht zu Entscheidungen
- ist bereit, Fehlentwicklungen aufzuzeigen
- steht zu Fehlern und bringt Lösungsvorschläge, um diese nicht zu wiederholen
- schiebt die Eigenverantwortung nicht auf Dritte ab

Drittens: *Woran können wir erkennen, dass Herr/Frau ... im Sinne unserer Kompetenzanforderung „o.k." ist?*

Ergebnisorientiertes Handeln

- kennt die eigenen Arbeitsziele
- hat ein umfangreiches fachliches Wissen
- ist belastbar
- geht auch alternative Wege, um die angestrebten Ergebnisse zu erreichen
- ist ausdauernd und zielbeharrlich, gibt nicht auf
- bibt 150%, wenn notwendig
- vertritt überzeugend die Meinung: „Geht nicht – gibt es nicht"
- denkt lösungsorientiert
- verfügt über Willenstärke und Belastbarkeit
- stellt Gruppendenken vor Bereichsdenken
- erreicht gemeinsam definierte Ziele
- bei jeder Tätigkeit weiß der Mitarbeiter, warum er es macht (kein blinder Gehorsam) – Aufgaben sollen verstanden werden
- Mitarbeiter hinterfragt selbstständig

Eigenverantwortung

- übernimmt aktiv Verantwortung, bietet sich zuverlässig an
- verantwortet auch jede Entscheidung

Viertens: *Wie können die Führungskräfte die jeweilige Teilkompetenz der Mitarbeiterinnen und Mitarbeiter stärken? Und allgemeiner: Wie können auch Letztere die Teilkompetenz bewusster (selbst) entwickeln?*

Ergebnisorientiertes Handeln

- Schulungen, Weiterbildung
- Eigenverantwortung übergeben (Bewegungsspielraum einräumen)
- Wertschätzung
- führen durch MbO

Eigenverantwortung

- Mut machen
- Vorbildfunktion bewusst ausüben
- Freiraum für selbstständige Entscheidungen gewähren
- hinter Entscheidungen der Mitarbeiter stehen
- herausstellen guter Beispiele für Eigenverantwortung in der Abteilung/im Bereich/Unternehmen
- klare Mitteilung, was im Sinne der Eigenverantwortung von den Mitarbeitern verlangt wird und wann um Unterstützung gebeten werden kann
- auswerten mit den Mitarbeitern und konsequentes Unterbinden von Aufgaben- bzw. Lösungs-Rückdelegierungen, von unzureichenden Ergebnissen und Oberflächlichkeiten bei der Aufgabenbearbeitung.

Es ist immer wieder erstaunlich, was die Führungskräfte in kurzer Zeit in den Kleingruppen zusammentragen und mit positiven und negativen Beispielen belegen können. Dieses implizite Wissen wird häufig in den Unternehmen nicht abgerufen und kultiviert. Damit treten Verunsicherungen, Rollenkonflikte und Vernachlässigung wichtiger Personalentwicklungsaufgaben an die Stelle kompetenzorientierter Führung.

Kompetenzentwicklung: Unterstützung durch Kompetenzentwicklungsprogramme (KEP)

In Kapitel II, Abschnitt 5.3 wurde ausführlich über die auch für KODE®X nutzbaren modularen Kompetenzentwicklungsprogramme berichtet.

An dieser Stelle soll – beispielhaft für die anderen 79 KEP – das KEP „Lernfähigkeit“ abgebildet werden. Wie bereits zuvor erwähnt, ersetzten die 86 Kompetenzentwicklungsprogramme die ursprünglichen 80 Modularen Informations- und Trainingsprogramme.

KEP Lernfähigkeit (Beispiele)

Lernfähigkeit P/F (Führungskräfte)

Werner Sauter

Worum geht es?

Begriffsbestimmung

Lernfähigkeit kennzeichnet das Können, gerne und erfolgreich zu lernen. Dies setzt voraus, die Fähigkeit aufzubauen, sich in offenen und unüberschaubaren, komplexen und dynamischen Situationen, die wir heute oftmals noch gar nicht kennen, selbstorganisiert zu Recht zu finden, d.h. Kompetenzen zu entwickeln. Dieser Kompetenzaufbau erfolgt im Regelfall als Handlungs- und Erlebnisgewinn im privaten Umfeld, am Arbeitsplatz, beim Kunden oder im Netz, oftmals mit einem begleitenden Coaching. Teilweise findet der Kompetenzaufbau auch in Trainingsmaßnahmen statt, bei denen die Teilnehmer realitätsgleiche Herausforderungen bewältigen müssen.

Notwendige Voraussetzung dafür ist die Fähigkeit, das dafür erforderliche Wissen und evtl. Qualifikationen eigenverantwortlich, z.B. im Rahmen von Lehr-/Lernarrangements oder bei Bedarf z.B. mittels Fachliteratur oder E-Learning aufzunehmen und zu verarbeiten. Der Wissensaufbau konzentriert sich dabei immer weniger auf das „Vorratslernen" für Prüfungen („Bulimielernen"), sondern findet immer öfter situationsbezogen „on-demand" statt. Eine zunehmende Bedeutung gewinnen dabei der Austausch und die gemeinsame Weiterentwicklung von Erfahrungswissen durch die Lerner (kompetenzorientiertes Wissensmanagement).

Das Verständnis vom Lernen verändert sich radikal. Die klassischen Vorstellungen von einer „Wissens-vermittlung", bei der Wissen über herkömmliche (Rede) oder moderne (Netz) Kommunikationskanäle in die Köpfe der Nutzer übertragen wird, ist nachweislich falsch. Wissensaufbau ist eine konstruktive Leistung des Einzelnen, dem dieser Aufbau durch die Bereitstellung des notwendigen Wissens ermöglicht wird.

Kompetenzentwicklung lässt sich kaum verhindern. In der Arbeit, bei Spiel, beim Sport, in der Familie, im Verein, sogar in Schule, Berufsbildung und Universität erwerben wir „handelnd" Kompetenz. Daneben findet Kompetenzentwicklung zunehmend gezielt – intendiert – statt. Dies ist jedoch nicht in Seminaren möglich. Wir wissen aus den Untersuchungen von Kirkpatrick & Kirkpatrick (2005), dass gerade mal 7–8% von dem, was man in Seminaren hört, in der Praxis angewandt wird.

Die Menschen sind unbelehrbar, aber lernfähig, hat der Pädagoge Horst Siebert treffend postuliert. Autofahren lernen wir auch nicht in der Fahrschule, sondern indem wir uns selbst an das Steuer setzen. Gezielter Kompetenzaufbau erfordert deshalb eine Abkehr von der Fiktion, dass es genügt, Wissen zu „vermitteln", dann werden die Kompetenzen schon irgendwie entstehen. Es ist vielmehr notwendig, die Lernprozesse grundlegend neu zu gestalten. Es geht dabei darum, systematisch, vorhersagbar und bleibend Bedingungen zu schaffen, die die gewollte Kompetenzentwicklung ermöglichen.

Das Lernen wird dabei immer mehr personalisiert, also auf die spezifischen Bedürfnisse und Besonderheiten des einzelnen Lerners ausgerichtet. Dies bedeutet konkret

- individuelle, selbst formulierte Kompetenzziele auf Basis von Kompetenzmessungen anstatt vorgegebener Lernziele und -Inhalte,
- Lernarrangements, die es den Lernern ermöglichen, reale Herausforderungen zu bewältigen, evtl. mit Coaching durch einen Lernbegleiter,
- Lernen im Prozess der Arbeit, wenn herausfordernde Aufgaben zu bewältigen sind,
- Lernen von und mit Lernpartnern (Co-Coaching) und professionellen Lernbegleitern,
- Messung des Lernerfolgs anhand der Performanz, d.h. der Ergebnisse im Arbeitsprozess.

„Voneinander lernen" – Lernprozesse und -barrieren im Unternehmen

Die Belegschaft eines Unternehmens ist das Abbild verschiedener Charaktere, Interessen, Kompetenzen und Vorerfahrungen. Es ist insbesondere für Sie als Führungskraft wichtig, sich darüber bewusst zu sein, dass diese Tatsache ein Geschenk für das Unternehmen bedeutet, mit welchem sorgsam umgegangen werden sollte. Wissen ist eine Ressource, welche Innovationen hervorrufen kann. Dabei ist zunächst unwichtig, wie verstreut das Wissen innerhalb der Belegschaft ist und wie lange es bereits vorhanden ist. Viel bedeutsamer ist, dass eine Führungskraft in der Lage ist, ihren Mitarbeitern als Entwicklungspartner selbstorganisierte Lernprozesse zu ermöglichen.

Führungskräfte spielen an der Schnittstelle zwischen den Mitarbeitern und der oberen Führung eine zentrale Rolle. Ihre zentrale Aufgabe besteht darin, ihren Mitarbeitern und Teams Rahmbedingungen zu schaffen, in denen sie hoch motiviert und effizient selbstorganisierte Lösungen für die Herausforderungen in der Praxis entwickeln können. Dies werden die Führungskräfte nur dann erreichen, wenn sie eine zentrale Rolle in den Kompetenzentwicklungsprozessen der Mitarbeiter, aber auch in organisationalen Lernprozessen spielen.

Beispiel 1

Im Rahmen eines Kundengesprächs, in dem das neueste Produkt präsentiert und möglichst „an den Mann gebracht" werden soll, trifft ein junger Vertriebsmitarbeiter eines Software-Dienstleistungsunternehmens zum ersten Mal auf den Geschäftsführer eines Unternehmens, dessen Betreuung er ad hoc von einem langfristig erkrankten Kollegen übernommen hat.

Das erste Treffen läuft anders ab, als vom Berater erwartet, da er keine Informationen über die persönlichen Vorlieben des Kunden hatte: Er trifft auf einen sehr peniblen Kunden, der bis ins Detail technische Fragen stellt und die zugrundeliegende Programmierung erklärt haben will. Auf diesen Fall war der Berater nicht vorbereitet, da ein entsprechender Hinweis in den Unterlagen des Kollegen nicht auftaucht und er kann die Fragen nicht beantworten. Dementsprechend unzufrieden lässt sich der Kunde zwar noch auf ein weiteres Treffen ein, beendet den Termin jedoch mit der Drohung, sich bei einer weiteren Enttäuschung einen anderen Anbieter zu suchen.

Anders als der Berater selbst, war dessen erkrankter Kollege technisch sehr interessiert und kannte alle Details von Grund auf, sodass er bei Nachfragen darauf antworten konnte. Dies war für ihn selbstverständlich, so dass er zwar um die Vorliebe des Kunden wusste, dieses informelle Wissen aber nicht explizit niedergeschrieben oder weitergegeben hatte – ebenso wenig wie Hinweise zu dessen Interessen (z.B. der Lieblingsverein) oder Hobbies (Reisen), die eine gute Grundlage für Small Talk und den Aufbau einer guten persönlichen Beziehungsebene gewesen wären.

Der junge Vertriebsmitarbeiter wiederum war nicht auf diese unerwartete Wendung des Gespräches vorbereitet, weil er seine standardisierte Vorgehensweise 1:1 umsetzen wollte. Deshalb analysiert er im Gespräch mit seiner Führungskraft die Ursachen für den unglücklichen Verlauf dieses Gespräches. Er definiert seine Ziele für seine persönliche Kompetenzentwicklung, entwickelt unter dem Coaching seiner Führungskraft eine bedarfsgerechte Gesprächsstrategie und setzt diese Vorgehensweise in weiteren Kundengesprächen um. Regelmäßig reflektiert er mit Lernpartnern und seinen Führungskräften über seine Erfahrungen und baut dabei seine Kompetenzen nach und nach in der Praxis auf.

Beispiel 2

In einem Unternehmen, das Systeme und Lösungen im Bereich der Elektrotechnik herstellt, wurden vor einigen Jahren sämtliche Maschinen auf eine automatische Produktion umgestellt. Nun steht – anders als in der gesamten Unternehmensgeschichte zuvor – kein Mitarbeiter mehr am Band, um produzierte Teile auf ihre Qualität zu überprüfen. Deshalb wurden seit der Umstellung auch keinem der neu eingestellten Mitarbeiter mehr die Kriterien der Qualitätsüberprüfung bekannt gemacht.

Bei einem Stromausfall innerhalb der Produktionshalle führt ein Kurzschluss zu einem Ausfall der Maschine für die Qualitätsüberprüfung. Um einen Großauftrag rechtzeitig abschließen zu können, kann die Produktion jedoch unmöglich gestoppt werden. Nur durch den Einsatz eines langjährig erfahrenen Mitarbeiters konnte eine Produktionsunterbrechung verhindert werden.

Daraufhin wurde eine Kompetenzentwicklungsmaßnahme für neue Mitarbeiter konzipiert, in deren Rahmen definierte Qualitätsprüfungsprozesse eigenverantwortlich und mit Coaching eines erfahrenen Kollegen durchgeführt und so notwendige Kompetenzen aufgebaut werden sollten.

Zur erfolgreichen Bewältigung Ihrer Aufgaben im Arbeitsprozess benötigen Sie agile Kompetenzen, die Fähigkeit, Herausforderungen in der zunehmend digitalisierten Arbeits- und Lebenswelt, die zum großen Teil heute noch unbekannt sind, mit Hilfe agiler Arbeitsmethoden selbstorganisiert und kreativ lösen zu können.

Diese Fähigkeiten können nicht in tradierten Lehrsystemen, z.B. in Seminaren oder Workshops „vermittelt" werden, auch wenn dies immer wieder behauptet wird. Die Kompetenzforschung zeigt uns klar auf, dass diese Kompetenzen und die erforderlichen Werte nur bei der Bewältigung von realen Herausforderungen im Arbeitsprozess selbstorganisiert durch Sie selbst aufgebaut werden können.

Deshalb ist folgende Vorgehensweise zur Gestaltung Ihrer personalisierten Lernprozesse sinnvoll:

Personalisierte Lernplanung

- Überlegen Sie, welche strategischen Ziele den Rahmen Ihres Handelns bilden.
- Definieren Sie auf Basis der Kompetenzmessung Ihre individuellen Kompetenzziele. Konzentrieren Sie sich dabei auf zwei bis drei Kompetenzziele und nutzen Sie den Rat Ihres Kompetenzberaters.
- Bestimmen Sie in Abstimmung mit Ihrer Führungskraft die Praxisaufgaben oder -projekte, in denen Sie diese Kompetenzen gezielt aufbauen wollen.
- Holen Sie sich laufend Rückmeldungen von Kollegen, Partnern oder Kunden ein und überlegen Sie, wie Sie diese Hinweise verwerten können.
- Fassen Sie regelmäßig, z.B. in einem Lerntagebuch (Blog), Ihre Lern-Zwischenstände zusammen und reflektieren Sie mit Ihren Kollegen und evtl. einem professionellen Lernbegleiter Ihre Erfahrung. Passen Sie bei Bedarf Ihre Ziele und Lernmaßnahmen an.

Entwicklung der Lernkultur

Ihre Lernprozesse im Rahmen dieser Herausforderungen sollten durch folgende Werte bestimmt werden:

- Mut: Bereitschaft, Entscheidungen zu treffen und neue Wege selbstorganisiert zu gehen.
- Fokus: Konzentration auf die vereinbarten Praxisaufgaben und -projekte, um zielorientiert und kreativ zu arbeiten und zu lernen.
- Comittment: Im Rahmen verbindlicher Vereinbarungen Verantwortung übernehmen.
- Respekt: Sie achten Ihre Entwicklungspartner und betrachten sie als gleichwertig; Sie gehen auf Augenhöhe miteinander um.
- Offenheit: Bereitschaft, auf Veränderungen zu reagieren, sich mit Entwicklungspartnern offen auszutauschen und sein eigenes Wissen zu teilen.
- Wertschätzung: Sie geben Ihr Bestes im Sinne des Teams und der Organisation und vermitteln wertschätzendes Feedback.
- Vertrauen: Sie bringen grundsätzlich jedem Mitarbeiter Vertrauen entgegen.

Selbstorganisierte, agile Kompetenzentwicklung

- Sie sind für Ihren Kompetenzentwicklungserfolg selbst verantwortlich.
- Sie nutzen regelmäßig und aktiv die Erfahrungen eines professionellen Lernbegleiters oder erfahrener Kollegen („Co-Coaching").
- Sie fordern regelmäßige Kompetenzmessungen ein, um eigenverantwortlich Ihre Kompetenzziele zu definieren oder anzupassen.
- Sie besprechen Ihre Kompetenzentwicklung regelmäßig mit Ihrer Führungskraft, um geeignete Maßnahmen in realen Herausforderungen zu vereinbaren. Wählen Sie dabei Maßnahmen, in denen Sie schnell sichtbare Ergebnisse und Erfahrungen erzielen können.
- Die Führungskraft initiiert die Entwicklung der gemeinsamen Vision, priorisiert die Aufgaben und steht als Mentor oder Coach zur Verfügung. Ihr Führungshandeln ist inspirierend-sinnstiftend, authentisch, vertrauensvoll und kompetenzfördernd.
- Sie planen und gestalten Ihre personalisierten Entwicklungsprozesse in Abstimmung mit Ihrer Führungskraft und Ihrem Team selbst.
- Die Umsetzung Ihrer Lernplanung erfolgt mit einer hohen Planungsdisziplin.
- Dabei greifen Sie auf die unternehmensinternen und -externen Tools, Lernangebote oder kommunikations- und Kollaborationstools zurück, z.B. in der Lernplattform, aber auch im Intranet und Internet.
- Sie kommunizieren Ihre Lernerfahrungen offen und direkt, ohne Rücksicht auf Rang, Hierarchie und Formalismus. Wir empfehlen Ihnen, nachhaltige Lernpartnerschaften aufzubauen. Vereinbaren Sie mit Ihren Lernpartnern regelmäßige Jour fixe, in denen Sie offene Fragen gemeinsam bearbeiten. Dadurch wird die Verbindlichkeit Ihrer Lernprozesse deutlich gesteigert.
- Sie tauschen Ihr Erfahrungswissen, auch im Netz, laufend aus und entwickeln es gemeinsam weiter (Kompetenzorientiertes Wissensmanagement).
- Kontinuierliche Reflexion und laufende Anpassung der Entwicklungsschritte in agilen Prozessen im Team.

Agile Entwicklungsmethoden

Nutzen Sie die Möglichkeiten zur Optimierung Ihrer personalisierten Lernprozesse, indem Sie agile Entwicklungsmethoden anwenden.

Agile Methoden und Aspekte	Agile Entwicklungsmethoden
Design Thinking	– Kreative und kollaborative Entwicklungsprozesse mit den Kernelementen: – Repräsentative Entwicklungsteams: Die Teammitglieder bilden die Struktur der Mitarbeiter und Führungskräfte in der Organisation oder in Teams möglichst repräsentativ ab. Diese Teams bearbeiten komplexe Herausforderungen und werden durch einen Prozessbegleiter moderiert. – Variable Räumlichkeiten: Für kreative Prozesse sind flexible Raumkonzepte, z.B. bewegbare Möbel, Stehtische, Kissenlandschaften, Rückzugsorte, flexible Trennwände, Whiteboards, Präsentationsflächen sowie vielfältige Moderationsmedien erforderlich. – Alterativer Prozess: Die Lösungswege sind grundsätzlich offen und erfolgen nach den Prinzipien des Design Thinking.
Scrum	Ermöglichungsprozesse, die durch flache Hierarchie, Selbstorganisation, Sprints, Pragmatismus, Prototyping, rasches Feedback und Iteration geprägt sind. Die Rollenverteilung in diesem Prozess ist klar definiert: – Das Scrum-Team entspricht dem Werte- und Kompetenzmanagement-Team, das die selbstorganisierte Werte- und Kompetenzentwicklung in der Organisation über die dynamische Gestaltung des Ermöglichungsrahmens möglich macht. Mitglieder dieses Teams übernehmen die Rolle des Scrum Masters. – Das Entwicklungsteam, das sich jeweils für die Bewältigung von Herausforderungen bildet, arbeitet selbstorganisiert und ist dafür verantwortlich, dass die Ziele erreicht werden. Dabei lässt es sich von niemandem vorschreiben, wie es seine Aufgaben umsetzt. – Der Product Owner ist im Regelfall die Führungskraft, welche die Anforderungen nach den strategischen Vorgaben innerhalb des Werterahmens priorisiert. Regelmäßig ordnet, detailliert und aktualisiert sie das Product Backlog, eine priorisierte Liste von Aufgaben für das Entwicklungsteam, nach Nutzen, Risiko und Notwendigkeit. – Der Scrum Master begleitet das Entwicklungsteam als Coach, ist aber nicht Mitglied, sondern Prozessbegleiter. Er sorgt dafür, dass die erforderlichen Rahmenbedingungen für die Arbeit des Scrum-Teams sichergestellt sind. Er beseitigt Störungen und Hindernisse oder versucht, Konflikte zu lösen. Weiterhin sorgt er dafür, dass der Scrum-Prozess eingehalten wird, ohne aber weisungsbefugt zu sein. – Die Kunden und Anwender sind alle Mitarbeiter und Führungskräfte der Organisation. – Die Entwicklungsprozesse werden nach den Scrum-Prinzipien gestaltet.

Kanban	Laufende Kompetenzentwicklung im Arbeitsprozess und im Netz, reduzierter Aufwand durch Nutzung des Ermöglichungsrahmens für die Bewältigung akuter Herausforderungen mit Lernpartnern und regelmäßigem Feedback. Der Entwicklungsprozess wird klar gegliedert: 1. Visualisierung der Lernplanung – Veröffentlichung im Kurs 2. Ressourcengerechte Planung 3. Regelmäßiges Feedback, Reflexion und Optimierung 4. Festlegung der Regeln und verbindliche Vereinbarungen 5. Selbstorganisierte Planung der Entwicklungsprozesse 6. Kollaboratives Arbeiten und Lernen in herausfordernden Problemstellungen in der Praxis und in Projekten 7. Laufende Evaluation

Pulse	Einstellungen und Regeln
	– Wir sind offen und ehrlich zueinander
	– Wir suchen Lösungen, keine Schuldigen
	– Wir wollen alle das Beste für unsere Projekte
	– Wir wollen die ganzheitlich besten Entscheidungen
	– Wir begegnen uns auf Augenhöhe und jede Meinung zählt
	– Abweichungen helfen uns zu lernen und unsere Probleme zu lösen
	– Verinnerlichung von Einstellungen und Regeln für eine agile Entwicklungskultur. Dies zeigt sich insbesondere in den Workshops, bei denen die jeweiligen Führungskräfte mit anwesend sind:
	  – Präsentation der Projektergebnisse durch die Mitarbeiter, jeweils 60 sec.
	  – Bei rotem, blauem oder gelbem Status kann der Mitarbeiter eine Diskussion nach dem Pulse Meeting fordern
	  – Jeder anwesende Manager kann eine Table Discussion zu jedem Status eines Projektes fordern
	  – Am Board wird nur der Status aufgezeigt – Table Discussions finden nach dem Pulse Meeting statt

Co-Working Space	Coworking ist eine im Silicon Valley entstandene innovative Arbeitsform, bei der meist Startups, Freelancer und Kreative einen zeitlich flexiblen Arbeitsplatz in einem offenen gestalteten Büro nutzen und die Vorteile des kollaborativen Arbeitens (Co-Working) erfahren. Überträgt man diesen Ansatz auf den Lernbereich ergibt sich die Idee des Ermöglichungsrahmens. Der Ermöglichungsrahmen ist ein planvoll hergestelltes Lernarrangement, das didaktische, methodische, materielle und mediale Aspekte so anordnet, dass selbstorganisierte, kollaborative und informelle Lernprozesse möglich werden. Dabei werden Ansätze des Micro-Learning mit relativ kleinen, digitalen Lerneinheiten und kurzfristigen Lernaktivitäten bei Bedarf sowie Mobile-Learning für problemorientiertes Lernen unabhängig von Ort und Zeit genutzt. Der Ermöglichungsrahmen basiert auf einer Sozialen Kompetenzentwicklungs-Plattform, die formelles Lernen und kollaboratives Arbeiten und Lernen im Netz mit folgenden Elementen ermöglicht: – Planungstools – Kommunikations- und Kollaborations-Tools – formelle und informelle Inhalte (kompetenzorientiertes Wissensmanagement) – Dokumentations-Tools – Feedback-Tools – E-Portfolio – Development App

Peer Working	– Vereinbarung von Lerntandems mit wöchentlichem Jour fixe und Lerngruppen mit gemeinsamen Aufgaben – kollaboratives Arbeiten und Lernen mit Co-Coaching – gegenseitige, überwiegend gleichberechtigte und für die effektive Werte- und Kompetenzentwicklung der Coaching-Partner förderliche Kommunikations- und Kollaborationsbeziehung aufbauen, z.B. in Communities of Practice
Mentoring	– Prozessbegleiter (Coach): Entwicklung werte- und kompetenzförderlicher Lernarrangements, Gestaltung und laufende Optimierung des Ermöglichungsrahmens, Moderation der Workshops und Begleitung selbstorganisierter Lernprozesse – Entwicklungspartner (Mentor): Die Führungskraft berät und begleitet ihre Mitarbeiter in ihren personalisierten Entwicklungsprozessen
Profilierung	Jeder Mitarbeiter stellt im Netz in seinem Profil seine Interessen, Kompetenzen, Themen etc. dar, um Lernpartnerschaften, -gruppen und -Teams bilden zu können.
Meetups	– offene Kommunikationsräume zum selbstorganisierten Aufbau von Communities of Practice
Barcamps und Webcamps	– Unkonferenzen, in denen die Mitarbeiter („Teilgeber") die Themen festlegen und deren Bearbeitung gestalten
Wissensmarkt	– Vereinbarung verbindlicher Projekttagebücher (Blogs) – kompetenzorientiertes Wissensmanagement „bottom up" in jedem Entwicklungsprozess – Identifikation von Mitarbeitern und Experten zu bestimmten Fragestellungen
Working Out Loud (WOL)	– offene und vernetzte Entwicklungsprozesse im Rahmen des Social Learning – offener Austausch in Lerntandems und -gruppen – kompetenzorientiertes Wissensmanagement mit folgenden Prinzipien (Stepper 2015): 1. *Die Arbeit sichtbar machen* – Arbeitsergebnisse veröffentlichen, auch Zwischenergebnisse, 2. *Die Arbeit verbessern* – Querverbindungen und Rückmeldungen helfen, Ergebnisse kontinuierlich zu verbessern, 3. *großzügige Beiträge leisten* – Hilfe anbieten, statt die eigene Person selbst darzustellen, 4. *ein soziales Netzwerk aufbauen* – so entstehen breite interdisziplinäre Beziehungen, die alle weiterbringen, 5. *zielgerichtet zusammenarbeiten* – um das volle Potenzial der Gemeinschaft auszuschöpfen. Diese Methode wird in *Working Out Loud Circles* erlernt, in denen sich 4–5 Personen für 12 Wochen jeweils eine Stunde treffen und dabei die jeweils vereinbarte Agenda abarbeiten. Ein Teilnehmer übernimmt dabei die Rolle des WOL Circle Koordinators. Diese Kulturveränderung wurde bisher in einer Reihe von Unternehmen umgesetzt.[1]
Effizientere Meetings im TED Talks Format	– max. 18 Minuten Präsentation – inspirierend, Teilen von Emotionen – Darstellung einer Idee mit einer guten Geschichte – visuell unterstützt

Freiräume und Erfahrungsräume schaffen	– einmal im Quartal erhalten Mitarbeiter einen Tag – ShipIT Day – frei, um sich mit einem Thema ihrer Wahl zu beschäftigen. Nach 24 Std. berichten sie im Team über ihre Ergebnisse – Brown Bag Meetings zur Mittagszeit, in denen Mitarbeiter ihre Erfahrungen zur Diskussion stellen – Teams tauschen einmal im Monat Mitarbeiter aus, um die gewonnen Erfahrungen und Eindrücke zu diskutieren (Rotation Days)

1 https://wiki.cogneon.de/Working_Out_Loud

Herausforderungen für Führungskräfte

„Ich halte es für ein Phantasiegebilde, dass Leadership im Vorlesungssaal vermittelt oder gelernt werden kann. Lernen kann ich Managementtechniken wie Ziele setzen, Delegieren, Controlling und Marketing - aber nicht Leadership. Da kommt es darauf an, Zukunftsbilder zu schaffen, schwierigste Geschäftsprobleme zu meistern und Menschen emotional und nachhaltig für neue Strategien und Veränderungsprozesse zu gewinnen. Das kann man nicht kopflastig antrainieren. Man lernt es nur, wenn man im rauen Wasser der Realität Verantwortung trägt. Nicht in Fallstudienarbeit".
(Thomas Sattelberger, 2013)

Die moderne Führungsforschung zeigt, dass sich erfolgreiche Führung in einer zunehmend komplexeren und digitalisierten Welt durch ein inspirierend-sinnstiftendes, authentisches, vertrauensvolles und kompetenzförderndes Führungshandeln auszeichnet.

In der Organisation entwickelt sich eine Organisationskultur auf Augenhöhe, in die sich die Mitarbeiter individuell einbringen können, ohne auf Hierarchie, formale Rollen oder politische Spiele achten zu müssen. Dies bedeutet auch, dass die Führungskräfte ihre „Elternrolle" abgeben und die Mitarbeiter als ebenbürtige Partner anerkennen müssen. Damit bewegen sich die Mitarbeiter aus ihrer Komfortzone hinein in eine Entwicklungszone, die durch Sicherheit, Offenheit und konstruktives Feedback geprägt ist und so zu ständigem Hinterfragen und kontinuierlicher Veränderung einlädt. Die Organisation kann sich damit den ständigen Veränderungen immer wieder aufs Neue anpassen und sich über die kontinuierliche Weiterentwicklung der Mitarbeiter immer wieder neu erfinden.

In den meisten Unternehmen werden wir noch viele Jahre lang eine hybride Lernkultur vorfinden, so dass die Mitarbeiter mit beiden Ausprägungsformen umgehen können müssen.

Kompetenzentwicklung erfordert ein Zusammenwachsen von Arbeiten und Lernen, das folgende Anforderungen an die Führungskräfte stellt:

1. Leiten Sie Ihren kompetenzorientierten Auftrag zur Entwicklung Ihrer Mitarbeiter aus der Strategie des Unternehmens ab.
2. Behandeln Sie dabei strategische Gesichtspunkte und solche der Werte- und Kompetenzentwicklung immer gleichberechtigt. Denn jeder zukünftige Wettbewerb, ob auf dem Markt oder in Ranking-Listen, ist auch ein Kompetenzwettbewerb.

3. Schätzen Sie Ihren persönlichen Entwicklungsprozess als auch die Entwicklungsprozesse Ihrer Mitarbeiter als Bestandteil des gemeinsamen Veränderungsprozesses, den Sie maßgeblich mitgestalten.
4. Gestalten Sie, evtl. unter Beratung professioneller Lernbegleiter, Entwicklungsrahmen, die eine selbstorganisierte, kollaborative und agile Entwicklung Ihrer Mitarbeiter im Prozess der Arbeit und im Netz möglich machen. Verknüpfen Sie dabei Arbeits- und Entwicklungsprozesse konsequent miteinander.
5. Ermöglichen Sie es Ihren Mitarbeitern, ihre Werte- und Kompetenzziele auf Basis der Profile und Messungen in Abstimmung mit Ihnen selbstorganisiert zu definieren und ihre Entwicklungsprozesse im Prozess der Arbeit selbst zu planen und umzusetzen.
6. Nutzen Sie innovative Lernlösungen, wie E-Learning und Blended Learning Lösungen, Podcasts oder interaktive Lernvideos zum Aufbau des formellen Wissens sowie Wissensmanagement-Tools zur Dokumentation, Nutzung und Entwicklung von Erfahrungswissen. Initiieren Sie bei Bedarf die Einführung dieser Angebote für selbstorganisiertes Lernen.
7. Fördern Sie agiles und kollaboratives Arbeiten und die Entwicklung sowie eine Netzwerkbildung aller Beteiligten durch geeignete Systeme und Initiativen; dabei wird es sich meist, aber keineswegs ausschließlich, um digitale Netzwerke handeln.

Sie können Werte und Kompetenzen nicht lehren. Sie können aber viel für die Kompetenzentwicklung tun, sie ermöglichen, fördern, antreiben, verstetigen, wenn Sie sich vor Augen führen, was Wissensweitergabe und Kompetenzentwicklung fundamental unterscheidet. Dies setzt eine Unternehmenskultur voraus, in der Führungs- und Lernkultur eine Einheit bilden.

Selbstcheck

Ein Blick auf die eigenen Kompetenzen kann dazu verhelfen, sich über die eigenen Stärken bewusst zu werden und mögliche Hindernisse im eigenen Handeln offen zu legen. Vor dem Hintergrund der eigenen Kompetenzen bietet es sich in Bezug auf „Lernfähigkeit" an, sich folgende Fragen zu stellen:

1. Was tue ich bereits, um meine Kompetenzen gezielt geplant weiter zu entwickeln?

____

____

____

____

____

2. Was sind meine wesentlichen Motive, um meine Kompetenzen laufend weiter zu entwickeln?

3. Wie gestalte ich meine Kompetenzentwicklungs-Prozesse?

4. Wie baue ich bei der Bewältigung von realen Herausforderungen mein erforderliches Fach- und Erfahrungswissen auf?

5. Bei welchen Herausforderungen dominiert das informelle Lernen?

6. Warum ist in meiner beruflichen Situation das lebenslange Lernen notwendig?

7. Welche Rolle spielt das kollaborative Arbeiten und Lernen, also die Kompetenzentwicklung, bei der gemeinsamen Bewältigung von Praxisaufgaben mit Kollegen, für meine eigene Kompetenzentwicklung?

8. Welche Bedeutung haben die Rückmeldungen meiner Mitarbeiter für meine persönliche Kompetenzentwicklung?

9. Bin ich in meiner Führungspraxis tatsächlich ein Entwicklungspartner (Mentor) meiner Mitarbeiter?

10. Was sollte ich in meinem Führungshandeln verändern, um diese Rolle als Entwicklungspartner optimal auszufüllen?

11. In welcher Weise fördere ich die Kompetenzentwicklung meiner Mitarbeiter im Team?

12. Wie beschreibe ich die Lernkultur in meinem Verantwortungsbereich?

13. Mit welchen Maßnahmen kann ich die Entwicklung der Lernkultur in meinem Verantwortungsbereich gezielt fördern?

Nutzen Sie den Selbstcheck für eine Bestandsaufnahme der *Ist*-Situation.

Nehmen Sie sich einen Moment Zeit, um die vorangegangenen Fragen für sich persönlich zu beantworten. Nutzen Sie die nachfolgende Grafik zur Visualisierung Ihrer Antworten.

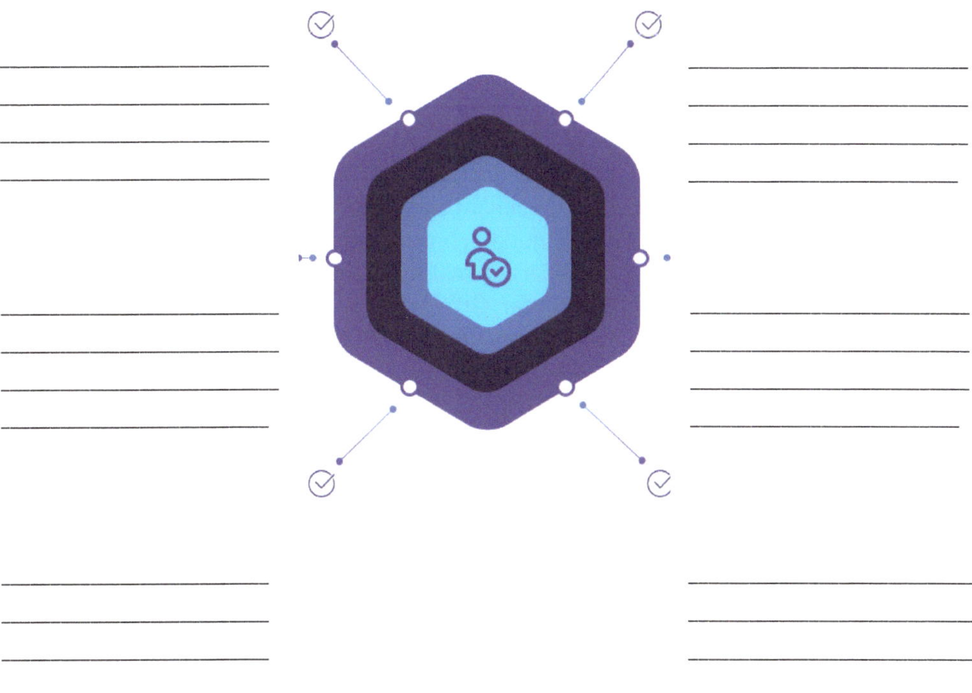

Kompetenzentwicklung

Führungskompetenzen können nicht in Seminaren trainiert werden, weil auch komplexe Fallstudien nicht die emotionalen Herausforderungen widerspiegeln können, mit denen Sie in der Praxis konfrontiert sind. Deshalb findet Ihre Kompetenzentwicklung in Ihrer Führungspraxis statt.

Um Ihre Kompetenz „Lernfähigkeit" in der Praxis weiter auszubauen, empfehlen wir Ihnen folgenden Kompetenzentwicklungsprozess:

- *Workplace Learning:* Wichtigster Lernort für Ihren Kompetenzaufbau ist der Arbeitsplatz. Dort findet Ihr Lernen individuell und primär statt. Das notwendige Wissen und die erforderlichen Qualifikationslösungen sowie die Lernbegleitung nutzen Sie innerhalb des Ermöglichungsrahmens bei Bedarf.
- *Kompetenzorientiertes Lernen:* Die regelmäßigen Kompetenzmessungen werden systematisch ausgewertet. Auf dieser Grundlage werden die Lernprozesse in einem dynamischen Prozess durch die Lerner in Abstimmung mit ihren Lernpartnern und der Führungskraft laufend angepasst.
- *Entwicklung der Praxiskompetenz in der Praxis:* Die mit Ihrer Führungskraft vereinbarten Herausforderungen in der Praxis ermöglichen Ihre selbstorganisierten Kompetenzentwicklungsprozesse. Diese werden regelmäßig anhand von Kompetenzmessungen mit den Lernpartnern und der Führungskraft, evtl. auch einem professionellen Lernbegleiter, analysiert und bewertet.
- *Social Learning:* Ihre Kompetenzentwicklung findet vor allem im Netzwerk mit Lernpartnern sowie in Communities of Practice statt. Nutzen Sie dabei folgende Möglichkeiten:
  - Erfahrungsberichte, Best Practices ...,
  - gemeinsame Bearbeitung von Erfahrungsberichten, z.B. aus Projekten,
  - gemeinsamer Aufbau und Weiterentwicklung eines Wissenspools mit Erfahrungswissen, Dokumenten, Links ...,
  - Erarbeitung von Arbeitshilfen, z.B. Checklisten.

Maßnahmenplan

Dieses Kapitel bietet Ihnen verschiedene Möglichkeiten, die im Kapitel 3 „Training“ erwähnten Schritte umzusetzen. Um dies so konkret wie möglich anzugehen, finden Sie eine Reihe von Fragen. Es ist also eine gut investierte Zeit, diese zu beantworten.

Den Fragen liegt das im Folgenden abgebildete Modell zugrunde, welches die Stationen hin zur Umsetzung beschreibt:

1. Ziel (SMART+)
(S = Spezifisch; M = Messbar, A = Anspruchsvoll,
R = Realistisch, T = Terminiert, + = Positiv)

2. MOTIVATION

3. VISION

4. AKTION

5. UNTERSTÜTZUNG

1. Warum lerne ich?

2. Welche konkreten (2–3) Kompetenzziele verfolge ich?

3. Welche Emotionen bewirken eine erfolgreiche Kompetenzentwicklung bei mir?

4. Was erhoffe ich mir nachhaltig als Folge meiner Kompetenzentwicklung?

5. Welche individuellen Handlungsweisen kennzeichnen meinen Lernprozess?

6. Um meine Lerntechniken auszubauen, möchte ich agile Methoden zur Problemlösung anwenden, z.B. Design Thinking, Scrum, Pulse ...

7. Ganz konkret: Was sind meine nächsten drei Schritte, um meine Lernfähigkeit zu stärken?

1.

2.

3.

8. Überlegen Sie im nächsten Schritt: Wie lange benötige ich, um die von mir bei Frage 7 geplanten Handlungsschritte umzusetzen? Beachten Sie dabei, dass private oder berufliche Ereignisse Ihr Vorhaben positiv sowie negativ beeinflussen können. Machen Sie dabei einen „Realitätscheck“: Ist Ihre Planung zur Steigerung der Lernfähigkeit realistisch?

9. Welche Hindernisse können bei der Umsetzung auftreten? Wie kann ich diese meistern?

10. Um meine Rolle als Entwicklungspartner der Mitarbeiter zu optimieren, habe ich folgende konkrete Schritte geplant.

____

____

____

____

____

11. Mit welchen konkreten Maßnahmen fördere ich die Lernkultur im Sinne kompetenzorientierten, selbstorganisierten Lernens?

____

____

____

____

____

Nachdem der von Ihnen festgelegte Zeitraum (Frage 8) abgelaufen ist, füllen Sie den Selbstcheck und die Leitfragen dieses Abschnitts noch einmal aus.

Fragen zur Reflexion

Was war Ihr Ziel?

Wie genau hatten Sie Ihr Ziel formuliert (SMART+)?

Was haben Sie gemacht/nicht gemacht?

Welche Schritte und Maßnahmen waren erfolgreich? Was hilft mir, meine Lernfähigkeit zu stärken?

Was hat sich verändert?

Was haben Sie erreicht/nicht erreicht?

Kann ich bereits Fortschritte oder möglicherweise sogar neue Gewohnheiten feststellen? Wenn ja, welche?

Welche Hindernisse sind aufgetaucht? Wie bin ich mit diesen umgegangen?

Was tun Sie weiter?

Wie gehe ich weiter vor? Welche Schritte behalte ich bei? Welche weiteren Maßnahmen setze ich als Nächstes um?

Suche ich mir einen neuen Weg? Oder setzte ich mir ggf. sogar ein neues Ziel (SMART+)?

Buchempfehlungen/vertiefende Literatur

Erpenbeck, J.; Sauter, S.; Sauter, W.: Social Workplace Learning. Kompetenzentwicklung im Arbeitsprozess und im Netz. Wiesbaden 2015

Geelink, J.: Was Hänschen nicht lernt, lernt Hans nimmermehr. Springer-Verlag. Berlin/Heidelberg 2017

Hackl, B.: Lernen. Wie wir werden, was wir sind. Bad Heilbrunn 2017

Herde, A.: Perspektivwechsel für Führungskräfte – interdisziplinäre und intersektorale Lern- und Erfahrungswelten in CSR und neue Arbeitswelten. Gabler Verlag. Berlin/Heidelberg 2017

Loos, J.: Lebenslanges Lernen im demografischen Wandel. Gabler Verlag, Wiesbaden 2017

Loos, J.: Tool B Lernkompetenztraining. Gabler Verlag. Wiesbaden 2017

Metzig, W.; Schuster, M.: Lernen zu lernen – Lernstrategien wirkungsvoll einsetzen. Springer-Verlag. Berlin/Heidelberg 2016

Miebach, B.: Personalentwicklung, Training und Weiterbildung. Springer-Verlag. Wiesbaden 2017

Müller, R.; Jürgens, M.; Krebs, K.; von Priwitz, J.: 30 Minuten Selbstlerntechniken. GABAL Verlag. Offenbach 2012

Rinck, M.: Lernen. Ein Lehrbuch für Studium und Praxis. Stuttgart 2016

Sauter, S.M.; Sauter, W.: Workplace Learning. Integrierte Kompetenzentwicklung mit kooperativen und kollaborativen Lernsystemen. Berlin. Heidelberg 2014

Sauter, W.; Sauter, R.; Wolfig, R.: Agile Werte- und Kompetenzentwicklung. Wege in eine neue Arbeitswelt. Heidelberg, Berlin 2018 in Vorber.

Schäfer, E.: Lebenslanges Lernen. Erkenntnisse und Mythen über das Lernen im Erwachsenenalter. Springer. Heidelberg, Berlin 2017

Siebert, H.: Selbstgesteuertes Lernen und Lernberatung. Konstruktivistische Perspektiven. Neuwied 2011

Tauber, P.: Viel zu lernen du noch hast – Medienkompetenz frei nach Yoda. In: Digitale Souveränität. Springer Fachmedien. Wiesbaden 2016

9 KODE® Interview (KI)

Volker Heyse

Wie können wir etwas über die impliziten Erfahrungen von Menschen, über deren wahre Kompetenzen und Stärken erfahren? Diese Frage treibt alle Personalentwickler, Trainer und Berater um, die Kompetenzen, Eignungen für anspruchsvolle Aufgaben und individuelle, differenzierte Personalentwicklungsmöglichkeiten suchen.

Insbesondere sind Personalleiter und Personalberater, die sich schon am Telefon einen ersten und nach Möglichkeit trennscharfen Eignungseindruck über die unbekannte Person gegenüber verschaffen müssen, an dieser Frage interessiert. Sie suchen nach hocheffizienten Interviewformen – im Wissen um die Täuschungsmöglichkeiten in den traditionellen Interviews. Es gibt genügend Literatur, mit der sich ein durchschnittlich begabter Mitteleuropäer erfolgreich auf Assessment-Interviews vorbereiten und hohe Qualifikationen vortäuschen kann.

9.1 Traditionelle Interviews

Viele traditionelle Interviews folgen noch heute Frageklischees wie:

- Was sind Ihre größten Stärken und Schwächen?
- Wie würden Sie sich als Person beschreiben?
- Welche Art Bücher und Zeitschriften bevorzugen Sie?
- Was möchten Sie in fünf Jahren arbeiten, was könnte eines Ihrer Ziele sein?
- Wer ist für Sie ein konkretes Vorbild und warum?

Der Vorzug solcher Fragen mag einerseits in der hohen Verständlichkeit liegen. Andererseits lassen sie scheinbar konkrete, kurze Antworten zu. Die Interviews sind zudem recht einfach zu handhaben.

Die Nachteile sind hingegen:

- Die Fragen sind sehr allgemein und lassen kaum eine Aussage über die tatsächlichen Erfahrungen einer Person in Bezug auf die ausgeschriebene oder einzuschätzende Tätigkeit, den Job zu.
- Die Antworten können brillant einstudiert und relativ abgehoben-theoretisch beantwortet werden. Über die Person erfährt man wenig oder gar nichts, eher über die rhetorischen Fähigkeiten und Präsentationstechniken.

9.2 Situationsgebundenes Interview

In anderen Interviews oder auch in kombinierten Interviews werden Fragen nach bestimmten Situationen gestellt, und es wird erwartet, dass die Person die eigenen Erfahrungen in die Beantwortung einbringt und bewerten lässt. Die Befragten sollen

angeben, wie sie in wichtigen Situationen in und außerhalb der Arbeit handeln „würden“: „Wie würden Sie sich verhalten, wenn plötzlich ...?“ Die Fragen können mit kleinen Fallstudien verbunden werden.
Typische Fragen sind hier zum Beispiel:

- Wie würden Sie in Situationen handeln, in denen Sie eine schnelle Entscheidung treffen müssen, aber nur über sehr vage und widersprüchliche Informationen verfügen?
- Was würden Sie machen, wenn Sie ein Vorgesetzter zu etwas nötigt, das Sie als nicht legal einschätzten?
- Stellen Sie sich vor, Sie arbeiten mit einem zweiten Mitarbeiter an einem Projekt. Sie haben die Zielstellung und eine Zeit- und Ergebnisplanung gemeinsam erstellt sowie die jeweiligen Verantwortungen festgelegt. Sie merken, dass Ihr zweiter Mann sich aber nicht an Ihre Absprachen hält und kommen nun schon das zweite Mal in Verzug. Was unternehmen Sie in dieser Situation?

Der Vorteil dieser Fragen gegenüber dem traditionellen Interview ist der klare Bezug auf unterschiedliche Situationen. Und so können hinter die abgefragten Situationen unterschiedliche Anforderungs- und Bewältigungsstufen gestellt werden. Von einem Spitzenverkäufer werden andere Antworten erwartet als von einem Junior-Verkäufer, von einem Manager andere als von einem hoch spezialisierten Fachmann.

Andererseits suggerieren diese Fragen eine hohe Korrelation zu dem erlebten (Bewährungs-)Alltag, bringen jedoch in der Regel keine brauchbaren Antworten. Der Konjunktiv in der Frage („Was würden Sie ... machen ...?“) führt zu abstrakten, erwünschten und leicht trainierbaren Antworten. Zwischen der „Ideal“-Aussage und dem tatsächlichen Verhalten gibt es maximal mittlere Korrelationen, aus denen sich keine Vorhersagen auf eine reale Verhaltensweise ableiten lassen.

9.3 Problemlöseinterviews

Eine weitere Interviewmethode basiert auf ungewöhnlichen Fragen, die ein beobachtbares Problemlöseverhalten auslösen sollen und insbesondere Aufschluss geben sollen zur

- Intelligenz einer Person,
- Reaktion auf untypische und indifferente Probleme,
- Belastbarkeit unter Stress,
- analytischen Fähigkeit und zu
- kreativen oder innovativen Problemlöseversuchen.

Solcherart Interviews sind ein Übergang zu oder ein Teil von Testsituationen in Assessments und sind sicher für spezielle Anforderungen angebracht, zum Beispiel wenn man die Fähigkeit eines Programmierers erkunden will, Fehler oder fehlerhafte Informationen in einem sehr komplexen Gebilde zu erkennen. Sie können jedoch nicht auf die Breite der Interviews erforderlichen Situationen übertragen werden.

Daneben gibt es weitere Nachteile:

- Die individuellen Ergebnisse dieser Testsituationen können, wenn überhaupt, dann nur sehr eingeschränkt auf das Verhalten in realen Problemlösesituationen übertragen werden.
- Ein Versagen unter anstrengenden Testsituationen muss kein Indikator für ein Versagen in Realsituationen sein.
- Es kann häufig geraten und geschätzt werden, und eine so entstandene „richtige" Antwort vermag nichts auszusagen über das tatsächliche Problemlöseverhalten und die Intelligenz der Person im Alltag.

Wie kommen wir aus diesem Dilemma herkömmlicher Interviews am besten heraus?

9.4 KODE® Interview

Eine wirkliche Alternative zu den aufgezeigten Interviewformen ist das Arbeitsbasierte KompetenzInterview (KI). Was ist das Neue beim KI? In aller Kürze sind das:

Erstens: KI enthält 568 Fragen – bezogen auf 64 Teilkompetenzen des KODE®X KompetenzAtlas. Die Interviewfragen basieren auf der Kompetenztheorie von Erpenbeck/Heyse und der ihr zugrunde liegenden Selbstorganisationstheorie. Die Fragegruppen sind also theoretisch abgesichert.

Zweitens: Alle Interviewfragen orientieren auf tatsächlich durchlaufene und damit auf konkret erlebte Anforderungssituationen, die erfolgreich oder weniger erfolgreich bewältigt und entsprechend reflektiert wurden.

Während die traditionellen Interviewfragen etwa so lauten: „Wie arbeiten Sie unter Druck? Können Sie im Allgemeinen gut mit Druck umgehen?", fragt KI nach einer konkreten Situation und der individuellen nachhaltigen Erfahrung, zum Beispiel: „Berichten Sie von einer konkreten Situation, in der Sie durch Stress richtig belastet waren und in der Ihre Fähigkeit, damit fertig zu werden, getestet wurde."

„Berichten Sie von einem konkret erlebten Fall in Ihrem Berufsleben, bei dem Sie mit Stress nicht gut umgehen konnten. Erinnern Sie sich an eine konkrete Situation. Diese kann schon länger zurückliegen oder auch in jüngster Zeit von Ihnen erlebt worden sein."

Ein zweites Beispiel mag den Unterschied in den Interviews verdeutlichen. In traditionellen Interviews wird oft gefragt: „Wenn Sie Ihr Leben noch einmal leben könnten, was würden Sie dann anders machen?" Diese Frage kann nur sehr allgemein beantwortet werden und drängt auch noch sozial erwünschte Antworten auf, um in einem „guten Licht" zu erscheinen. KI hingegen bezieht konkrete Arbeitssituationen ein, z.B.: „Berichten Sie über eine Arbeitssituation, in der Sie eine Entscheidung treffen mussten, die Sie heute, wenn Sie noch einmal vor dieser Situation stünden, anders treffen würden. Wie war diese Situation damals? Wie entschieden Sie sich damals? Wie würden Sie heute anders entscheiden und warum?"

Diese KI-spezifische Fragegruppe bohrt nach, möchte das Erfahrungslevel so genau wie möglich erkunden. Natürlich können auch bei diesen Fragen durch intelligente Personen Täuschungen erfolgen, jedoch ist die Wahrscheinlichkeit gegenüber den anderen Interviewformen bedeutend geringer. Ferner wird schnell offensichtlich, ob die befragte Person überhaupt schon solche Situation erlebt hat und wenn ja, auf welchem Level sie diese bewältigt hat. Dazu gibt es beim KI eine siebenstufige Bewertungsskala, die der Interviewer entsprechend der Schilderungen des Befragten ausfüllt.

Drittens: KI orientiert auf eine differenzierte Analyse realer Anforderungssituationen und deren individuelle Bewältigung (vgl. Kapitel II, Abschnitt 3.2). Die Fragen werden der Fragensammlung zum KompetenzAtlas entnommen. Ohne mögliche Verkürzungen sieht KI die Befragung auf fünf Ebenen vor:

Ebene 1: *Situationsbeschreibung.*
Frage nach der Anforderungssituation; Einschätzung des Schwierigkeitsgrades. Der Interviewer lässt sich – ausgehend von seiner KI-spezifischen Frage die Anforderungssituation genau beschreiben (Womit war die Person konfrontiert, was wurde von ihr verlangt, wie waren die äußeren Umstände, erhielt sie Hilfe ...?) Welche Aufgabe sollte die Person konkret in diese Situation lösen?). Bei der Aufgabenbeschreibung werden „wir“ oder „man“ nicht zugelassen, und es wird nach dem Eigenanteil gefragt.

Ebene 2: *Beabsichtigste Handlung* = Handlungserwartung (HE)
Frage nach der Absicht der Person. Was nahm sich die Person vor? Was wollte sie erreichen, welche Resultate (maximal, minimal) wollte sie erreichen? Wofür wollte sie sich willentlich einsetzen? Mit welcher Willensstärke wollte sie das erreichen?

Ebene 3: *Ebene des Handelns* = Handlungsvollzug (HV)
Frage nach dem real erfolgten Verhalten. Was tat die Person, um ihre Ziele zu erreichen, um ihren Lösungsanspruch zu realisieren? Was waren die Aktivitäten im Einzelnen? Fühlte sich die Person unter Zwang handelnd? Fühlte sich die Person über- oder unterfordert? Auf dieser Frageebene muss auf die Genauigkeit von Beschreibungen geachtet werden und Allgemeinplätze ausgeschlossen werden: zum Beispiel nicht „wir“, „man“, „Wir machten“. Manche Personen sagen „Wir regten an ...“, zeigten aber tatsächlich keine Aktivitäten.

Ebene 4: *Realisierung des Erwartung* = Handlungsresultat (HR)
Was hat die Person erreicht? Welche Resultate und welche Wirkungen wurden erreicht? Welche Folgen? Wurden die Aufgaben aus der Sicht der Organisation gelöst? Wie war die Reaktion Dritter? Was lernte die Person aus dieser Anforderungssituation?

Ebene 5: *Idealebene* = Handlungsideal (HI)
Wie hätte die Person die Situation noch besser lösen können? Was hätte sie noch mehr beachten, sich noch vornehmen müssen? Würde sie sich aus heutiger Sicht anders verhalten? Hätte sich die Person zur damaligen Zeit gern anders verhalten, konnte das jedoch auf Grund der Umstände nicht? Welche Ideale hätte sie damals gern umsetzen wollen?

Zweifellos ist die fünfte Ebene die schwierigste Interviewebene. Sie setzt eine hohe individuelle Fähigkeit zur Selbstreflexion und eine hohe Lernbereitschaft voraus.

Nach Möglichkeit sollten die Antworten jeder dieser Befragungsebenen mittels der siebenstufigen Bewertungsskala eingeschätzt werden. Aus den fünf Werten wird sodann ein Gesamtwert gebildet.

Protokoll

Frage ( )

Einzelwerte

Sit:	_
HE:	_
HV:	_
HR:	_
HI:	_

1	2	3	4	5	6	7
Nicht überzeugend		Passt fast. Bedarf für Verbesserungen		Gut bis sehr gut passend		Hervorragend. Führungsniveau

Beschreibung der Bewertungskriterien		
1:	o	Der Kandidat hat kaum ersichtliche Kompetenzen hinsichtlich ...
	o	Die als positiv beschriebene Situationsbewältigung steht im Widerspruch zu der vom Unternehmen erwarteten.
	o	Es überwiegt eine Negativkennzeichnung mit ausbleibendem Bewältigungserfolg für das Unternehmen.
	o	Es erfolgte kein Lernprozess und Aufbau von Idealvorstellungen.
	o	Dem Kandidat fehlen allem Anschein nach die Voraussetzungen, an den eigenen Herausforderungen zu wachsen bzw. die Mitarbeiter zu fördern. Seine Darstellungen zeugen von unzureichenden Entwicklungsschritten bzw. waren zu negativ.
2:	o	Der Kandidat konnte kein Beispiel für seine Kompetenz bzw. zur Entwicklung der Kompetenzen seiner Mitarbeiter nennen. Es fehlen entsprechende Erfahrungen.
	o	Das Beispiel war auf einem sehr niedrigen Niveau.
	o	Der Kandidat war nicht in der Lage, sich bzw. seine Mitarbeiter auf diesem Gebiet zu entwickeln.
3:	o	Der Kandidat hat in der richtigen Richtung gedacht und agiert. Allerdings unterliefen ihm einige Fehler.
	o	Er erkennt seine Fehler und lernt aus ihnen. Eine Entwicklung ist erkennbar. Er hat durchaus Entwicklungspotenzial.

4:	o	Der Kandidat zeigt eine gute Performance, allerdings fehlen ihm noch Erfahrungen im Umgang mit sehr schwierigen Situationen.
	o	Das Beispiel ist akzeptabel. Durch konkrete PE-Maßnahmen kann seine Kompetenz weiterentwickelt werden.
5:	o	Der Kandidat hat die umfassenden Kompetenzen (Wertvorstellungen, Erfahrungen, Wissen, Fähigkeiten ...), um die Anforderungen erfolgreich zu meistern.
	o	Er kann aus der Sicht des Unternehmens anspruchsvolle Situationen erfolgreich bewältigen.
6:	o	Der Kandidat bewältigt die Situation über die Erwartungen des Unternehmens hinaus.
	o	Er kann mit komplizierten Situationen sehr gut umgehen, ist sehr kompetent.
	o	Er reflektiert Situationen sowie **A/V/W/I** sehr prägnant und lernt aus problematischen Situationen.
7:	o	Der Kandidat hat sehr stark ausgebildete und vielfach in der Praxis bestätigte Kompetenzen auf diesem Gebiet.
	o	Er kann in der Bewältigung solcher Situationen als Vorbild für andere gelten.
	o	Der Kandidat ist imstande zu führen. Er kann als Mentor, Promoter, Trainer, Coach andere motivieren und entwickeln.
	o	Der Kandidat kann zu den High potentials und zu den Exzellenten des Unternehmens gezählt werden. Die gezeigten Kompetenzen übertreffen die allgemeinen Erwartungen.
	o	Die individuelle Kompetenzbilanz (A:V:W) ist optimal.

Viertens: KI baut auf der KODE®X-Ableitung der strategischen Unternehmensziele und der daraufhin erfolgenden Ableitung der zwölf bis 16 wichtigsten Kompetenzanforderungen für die nächsten 18 bis 24 Monate auf. Den definierten und durch mögliche Beurteilungsmerkmale untersetzten 64 Kompetenzen des KompetenzAtlas sind insgesamt 512 KI-Fragegruppen zugeordnet, also im Durchschnitt acht pro Kompetenz. Insofern ist der Bezug zum betrieblichen Alltag und zur notwendigen betrieblichen Entwicklung mehrfach gegeben und klar strategieorientiert.

9.4.1 Einfache KI-Vorgehensweise

Der Einsatz von AKI im Rahmen von Rekrutierungsmaßnahmen, Assessments, Personalgruppierung für spezielle Förderwege, Potenzialanalysen, Personalkompasserstellungen usw. ist einfach:

1. Schritt: Erarbeitung der strategischen Unternehmensziele

2. Schritt: Ableitung von zwölf bis 16 Schlüsselkompetenz-Anforderungen

3. Schritt: Präjudizierung von zwei bis vier Kompetenzen für spezielle Interviews. Auswahl von jeweils einer Frage/Fragegruppe je Kompetenz und Aufnahme dieser in das Interviewarsenal. Bei zwei bis vier Kompetenzen, die ausschnittsweise geprüft werden, stehen dem Interviewer zwei bis vier KI-Fragen zur Verfügung.

4. Schritt: Erfragen konkreterer Anforderungssituationen/Bewerten dieser Situation.
Hinterfragen der persönlichen Absichten, des Verhaltens, des Ergebnisses und des persönlichen Ideals.

5. Schritt: Vergleich von Handlungserwartung (HE) und Handlungsresultat (HR): War die Person mit dem Ergebnis zufrieden? Entsprach es den ursprünglichen Erwartungen der Person? Wenn nicht, warum nicht? Wurden hohe Erwartungen auch mit hohen Ergebnissen realisiert?
Vergleich von Absicht, Verhalten und Resultat: Rechtfertigte der Zeit- und Krafteinsatz die Erwartung sowie das Ergebnis?
Prüfen des Ideals: Was hat die Person aus der Situation gelernt? Was wäre aus heutiger Sicht die Ideallösung (gewesen)? Hat die Person aus der Situation gelernt?
Das Ergebnis dieser Analyse drückt sich in Bewertungsziffern gemäß der sieben Bewertungsvorgaben aus. Es ist sinnvoll, auf den fünf verschiedenen Interviewebenen zu unterscheiden; auf jeden Fall muss aber eine Gesamtbewertung erfolgen, in die alle Einzelbewertungen einfließen. Diese Gesamtbewertungsziffer wird auch in den Personalkompass aufgenommen.

9.4.2 KompetenzInterview-Fragen (Beispiele)

568 Fragen – bezogen auf 64 Teilkompetenzen: Nachfolgend werden Auszüge aus dem KODE®X-AKI wiedergegeben:

Akquisitionsstärke

- Geben Sie ein nachvollziehbares Beispiel dafür, wie Sie die Nähe zu Kunden suchen und sich auf ihre Besonderheiten einstellen können.
- Wie unterstützen Sie den bestehenden Kundenstamm und auch potenzielle Neukunden durch Beratung und Lösungsvorschläge? Was tun Sie in dieser Hinsicht?
- Wie nehmen (nahmen) Sie in Ihrem Arbeitsumfeld Einfluss auf die Mitarbeiter und Kollegen, die Akquisitionsziele aktiv und beharrlich zu verfolgen, unternehmerisch zu handeln und sich nicht vor klaren Entscheidungen zu scheuen? Erläutern Sie ihre Einflussnahme an konkreten Fällen.

Beharrlichkeit

- Setzen Sie sich klare kurz- und langfristige Ziele. Inwieweit gelingt es Ihnen, dann all Ihre Energie und Konzentration auf die Verwirklichung dieser Ziele zu richten? Beschreiben Sie ein solches Ziel und Ihre Umsetzung.
- Haben Sie bei Aufgaben, die schier unlösbar waren und die Sie dann doch gepackt haben, das Gefühl gehabt, über sich hinausgewachsen zu sein und das vor allem auf Grund großer Willensanstrengung und Beharrlichkeit? Geben Sie ein konkretes Beispiel.
- Beschreiben Sie eine Situation, in der Sie weiterhin Ihre Ziele und Aufgaben verfolgt haben, obwohl andere diese in Frage gestellt hatten, von deren Wichtigkeit Sie aber weiterhin überzeugt waren? Wie haben Sie reagiert? Widersetzten Sie sich den Angriffen und Blockaden? Wie? Was haben Sie erreicht?

Beziehungsmanagement

- Fällt es Ihnen leicht, soziale Kontakte zu knüpfen? Fällt es Ihnen leicht, diese dann auch zu pflegen und zu erhalten? Demonstrieren Sie das an einem Beispiel.
- Können Sie sich in Ihren Stärken wie auch Schwächen annehmen und dieses auch bei Ihren Mitmenschen? Geben Sie hierzu Beispiele.
- Wie nehmen Sie im Alltag Ihrer Organisation Einfluss auf ein warmes, erfolgreiches Miteinander? Schildern Sie das an einem Fall aus der letzten Zeit. Wie weit sehen Sie auch andere als beziehungsstiftend und integrierend?

10 Kernpositionen und Kernpersonen (KeP) erkennen und entwickeln

KODE®X gewährleistet zusammen mit KODE® auch eine ausgewogene Betrachtung des Verhältnisses von Kernpositionen einer Organisation und vorhandenen bzw. notwendigen Kernpersonen – unter Berücksichtigung der fachlichen Kompetenzen, der Führungsfähigkeit und umfassender überfachlicher Kompetenzen.

In die Unternehmensbilanzen gehen neben den Substanzwerten immer mehr Wertungen solcher Beiträge ein. z.B.:

- fachliche und überfachliche Kompetenzen der Mitarbeiter, Engagement von Mitarbeitern und Teams,
- Kundenkreis und Langfristigkeit der Kundenbeziehungen,
- Beiträge der Organisation an die natürliche, soziale und kulturelle Umwelt und das Verhältnis gegenüber den Eigentümern.

Die vielfältige Verflechtung und wechselseitige Abhängigkeit unterschiedlichster Aspekte des Funktionierens einer Organisation zeigt die Abbildung 41.

Der Mehwert einer Organisation wird heute sehr viel breiter definiert. Die Kompetenzen der Mitarbeiter, die Qualifikation, Wissen, Fähigkeiten, Fertigkeiten sowie die vielfältigen impliziten Erfahrungen, sind das wichtigste Kapital einer Organisation. 70–80% der heute angewandten Techniken sind bereits in drei Jahren wieder veraltet, aber rund 80% der heutigen Berufstätigen werden noch im Arbeitsleben stehen.

Weitet man den Begriff Mitarbeiter, dann schließt dieser die Führungskräfte als Kern mit ein. Führungskräfte sind in einer Organisation Schlüssel- oder Kernpersonen. Gute Führungskräfte produzieren auf Dauer gute Organisationen und gute Führungssysteme. Und: Gute Führungskräfte werden von guten Führungskräften hervorgebracht und geformt. Entscheidend für den langfristigen Erfolg einer Organisation sind also die Qualität der Führungskräfte an entscheidenden Stellen über die Zeit hinweg und ihr anregend-fördernder Einfluss auf die motivierten Mitarbeiter.

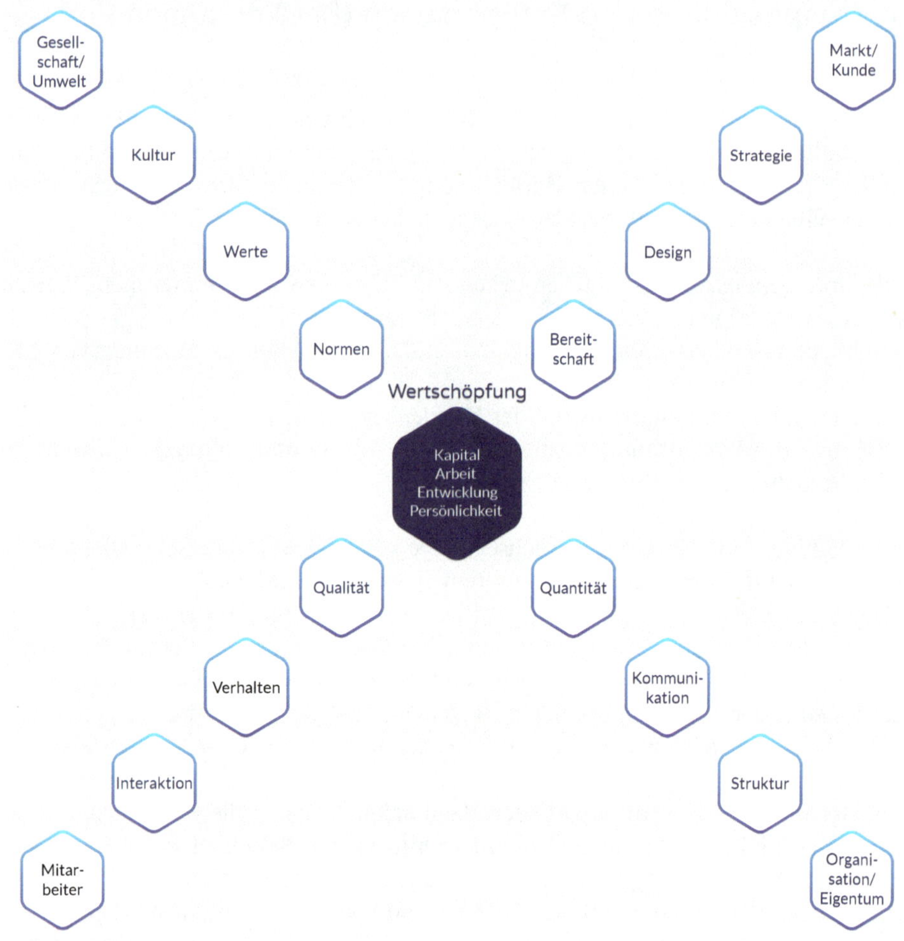

Abb. 41: Verflechtungen und Abhängigkeiten in einer Organisation

Analyse der Kernpersonen (modifiziert und erweitert nach Schmid, 1990)

Eine Organisation mit nur schwachen, weniger kompetenten Kernpersonen ist auf Dauer von sich heraus nicht überlebensfähig. Wie erkennt man aber die (starken oder schwachen) Kernpersonen? Das Organigramm allein gibt dazu nur eine begrenzte Auskunft. Die Analyse der Kernpersonen eines Unternehmens umfasst folgende Schritte:

1. Bestimmen der Kern*positionen* in einer Organisation
2. Die Beurteilung der Kern*personen*, also der Inhaber der Kernpositionen
3. Soll-Ist-Vergleich und Analyse der Konsequenzen bei Differenzen

4. Analyse der Handlungsalternativen auf der Grundlage differenzierter Aussagen zur Person
5. Planung und Umsetzung von Maßnahmen zur Umsetzung, Stärkung, Entwicklung
6. Bewährungsanalyse und ggf. Präzisierung der Maßnahmen.

1. Bestimmen der Kernpositionen in einer Organisation
Zu den Kernpositionen zählen Funktionen und Jobs, die entweder einen mittleren bis großen Einfluss auf den Erfolg der Organisation haben und/oder sehr wichtig sind oder viele Mitarbeiter direkt (unterstellt) oder indirekt (durch Meinungsbildung) beeinflussen. Somit werden wichtige Führungs- *und* Spezialisten-Positionen ermittelt.

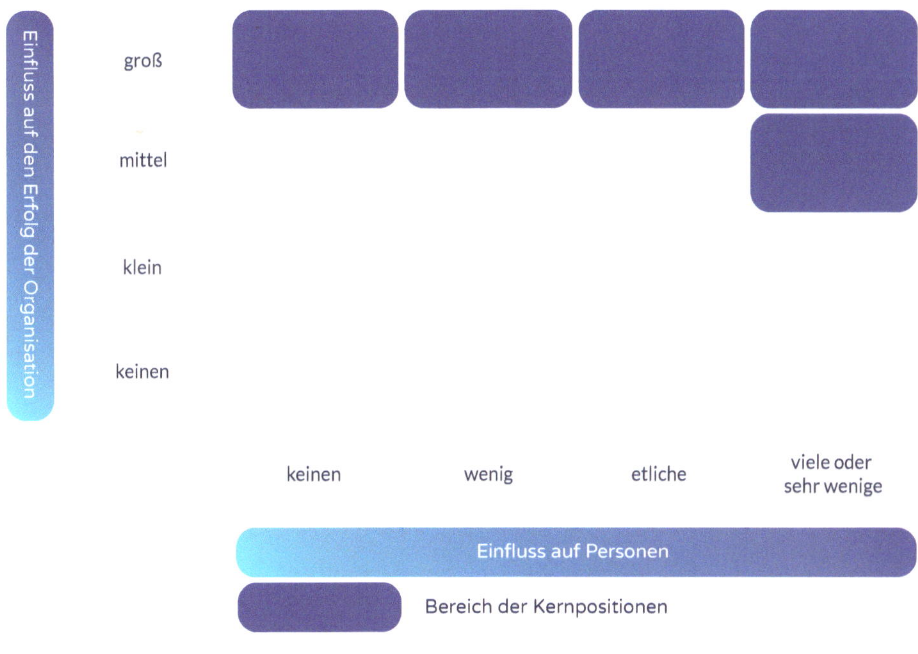

Abb. 42: Kernpositionen in einer Organisation

Die Kernpositionen werden jeweils mit der Geschäftsleitung zusammen ermittelt und können von Organisation zu Organisation qualitativ wie quantitativ unterschiedlich sein. Auf jeden Fall ist die Bestimmung der Kernpositionen ein Aspekt der strategischen Organisationsführung und eine wichtige Denkhilfe für die Geschäftsleitung. Und: Die Rangstufe in einem Organigramm ist nicht unbedingt sehr aussagefähig.

Kriterien für das Finden von Kernpositionen sind auf jeden Fall:

- viel Verantwortung für Zielbestimmungen der Organisation, Mittelverwendung, Auslösen von Aktivitäten Dritter, Qualität, Sicherheit;

- große Konsequenzen bei der Streichung oder schlechter Ausführung der Position für die Organisation, Einfluss auf Ablauforganisation und Motivation.

Die Anzahl der aufzunehmenden Kernpositionen sollte weder zu klein noch zu groß sein. Eine Verhältniszahl jedoch gibt es nicht. Bei größeren Unternehmen können auch Kategorien verwendet werden, wie beispielsweise „Regional-“ oder „Außendienstleiter“.

Kernpositionen können im Vergleich untereinander durchaus unterschiedlich bedeutsam sein. Das interessiert bei diesem Schritt noch nicht. Auch ist es möglich, dass mehrere Kernpersonen *einer* Kernposition zugeordnet sind, zum Beispiel im Rahmen nationaler oder internationaler (Teil-)Unternehmen oder im Mehrschichtbetrieb.

Wichtig ist, dass mehrere Personen über die Kernpositionen unabhängig voneinander nachdenken. In einer moderierten Diskussion werden dann die Einzelmeinungen zusammengetragen und eine Gruppenmeinung, der sich alle anschließen können, herausgearbeitet.

2. Die Beurteilung der Kernpersonen, also der Inhaber der Kernpositionen
Zur Einzeleinschätzung der Personen, die Kernpositionen innehaben, werden wiederum mehrere Personen hinzugezogen. Diese führen mittels eines einfachen Einstufungsrasters individuell die Beurteilung durch. In einem zweiten Schritt diskutieren sie die Einzelergebnisse in der Gruppe von Beurteilern und einigen sich auf eine

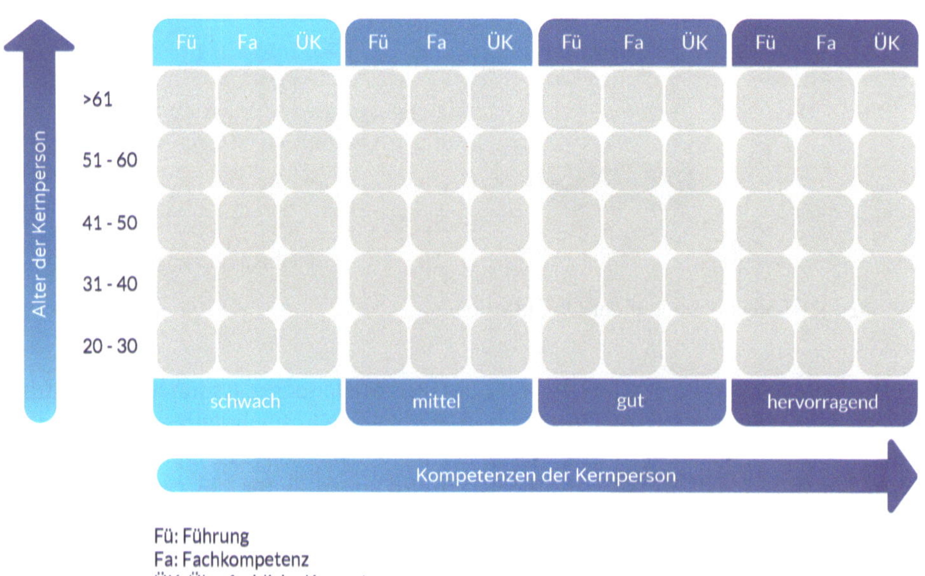

Abb. 43: Schema zur Erfassung der Kompetenzen der Kernperson

gemeinsame Kennzeichnung im Einstufungsraster. Die Gruppe sollte zwischen drei bis vier Personen umfassen. Diese können sein: Direkter Vorgesetzter, Personalleiter, Mitglied der Geschäftsführung usw.

Damit später altersspezifische Maßnahmen sowie eine differenzierte Nachfolgeplanung einsetzen können, muss das Einstufungsraster auch Altersgruppen enthalten.

Es ist wichtig, Führungskräfte und Fach-Spezialisten als getrennte Gruppen einzuschätzen. Oft liegen besondere Kompetenzen, Stärken und Schwächen nur in einem oder zwei Bereichen vor.

3. Soll-Ist-Vergleich und Analyse der Konsequenzen auf der Grundlage differenzierter Aussagen zur Person

Kernpersonen sollten im Einstufungsbereich „gut" bis „hervorragend" liegen. Nachfolgende Beispiele sind Interpretationsangebote und mit bestimmten Konsequenzen verbunden.

Beispiel 1

Führungskräfte und andere Kernpersonen, die Kernpositionen innehaben und im hier dunkelblauen Einstufungsbereich liegen, sind für diese Positionen nicht geeignet und sollten aus diesen herausgenommen werden. Die Besetzung dieser Position basiert wahrscheinlich auf einer früheren Fehleinschätzung, die nun korrigiert werden muss.

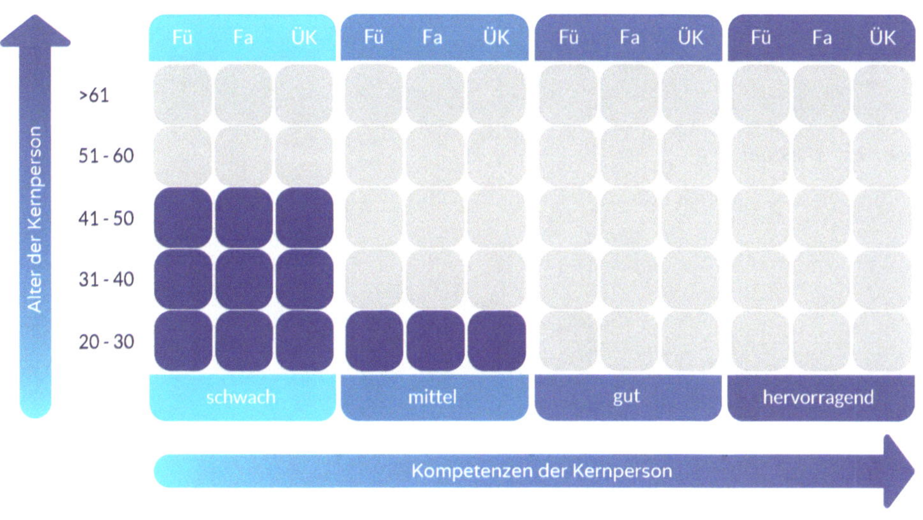

Abb. 44: Beispiel 1

Beispiel 2
Führungskräfte, die als führungsschwach eingestuft werden und fachlich sowie in Bezug auf ihre überfachlichen Kompetenzen nur als „mittel“ eingeschätzt werden und über 40 Jahre alt sind, sind ebenfalls für Kernpositionen ungeeignet.

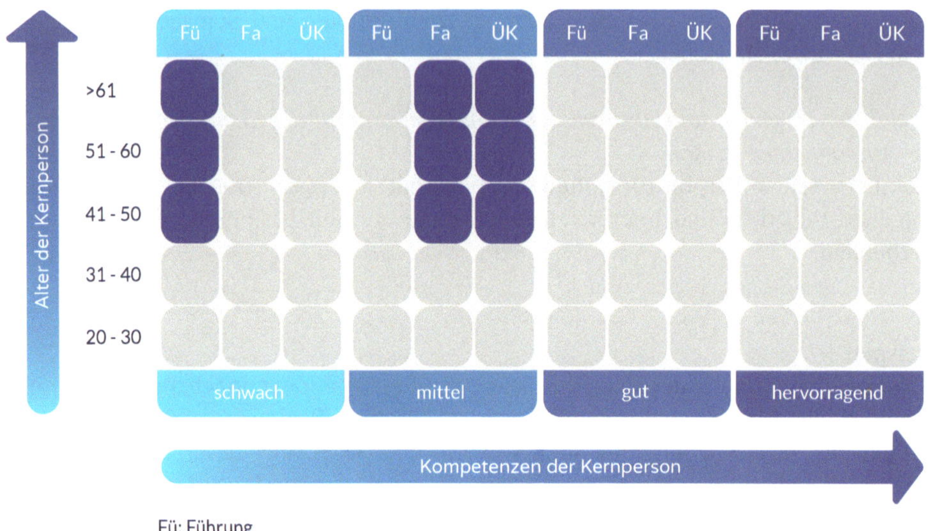

Abb. 45: Beispiel 2

Beispiel 3
Ist die Person über 35 Jahre alt und ist einerseits hinsichtlich der Führung sowie fachlich „schwach" zeigt aber an anderer Stelle mittlere überfachliche Kompetenzen, dann ist ein Wechsel der Aufgaben zu prüfen; der Einsatz sollte außerhalb von Kernpositionen auf einem der überfachlichen Kompetenzen gemäß Gebiet erfolgen.

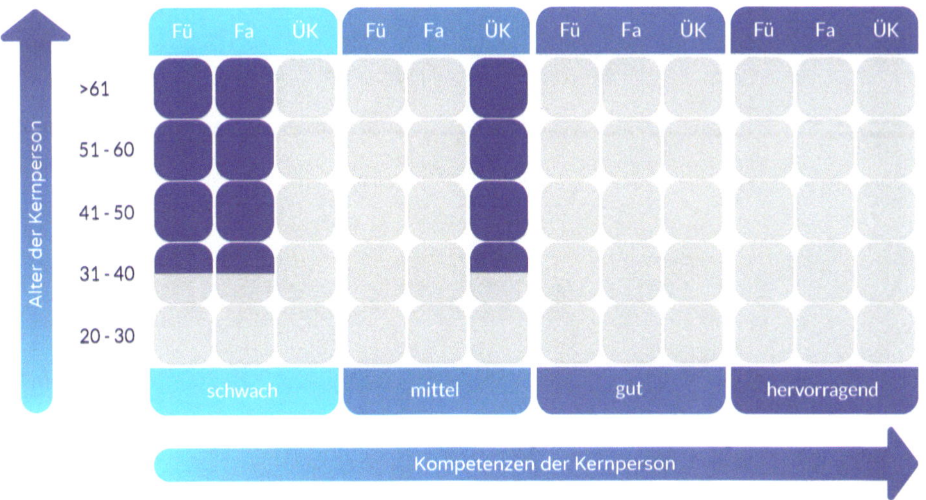

Abb. 46: Beispiel 3

Beispiel 4
Personen über 45 Jahre mit „schwacher“ Führung sollten aus der Kernposition genommen werden, da sie in der Regel ihre Schwäche nicht mehr überwinden können.

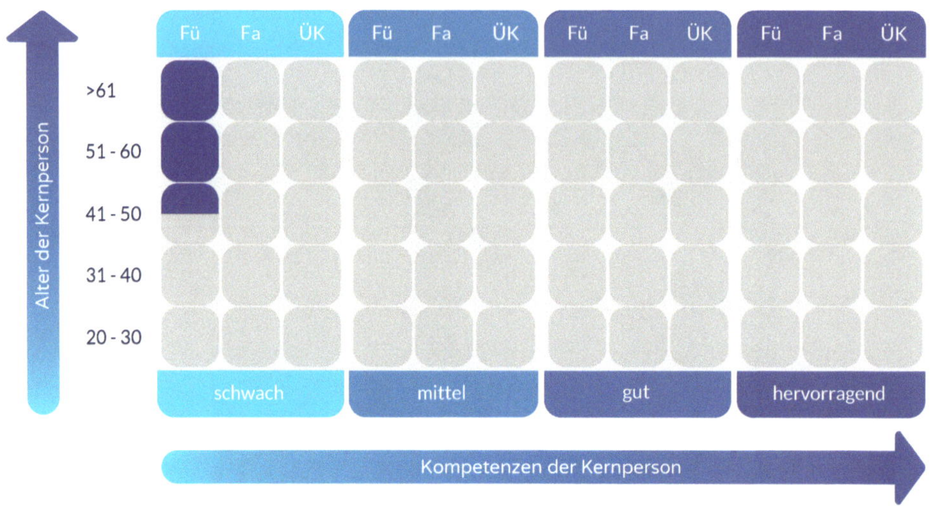

Abb. 47: Beispiel 4

Beispiel 5

Personen mit einem Alter über 45 Jahre, die fachlich als „schwach“ und deren überfachliche Kompetenzen als „mittel“ eingeschätzt wetden, sollten ebenfalls aus Kernpositionen herausgenommen werden.

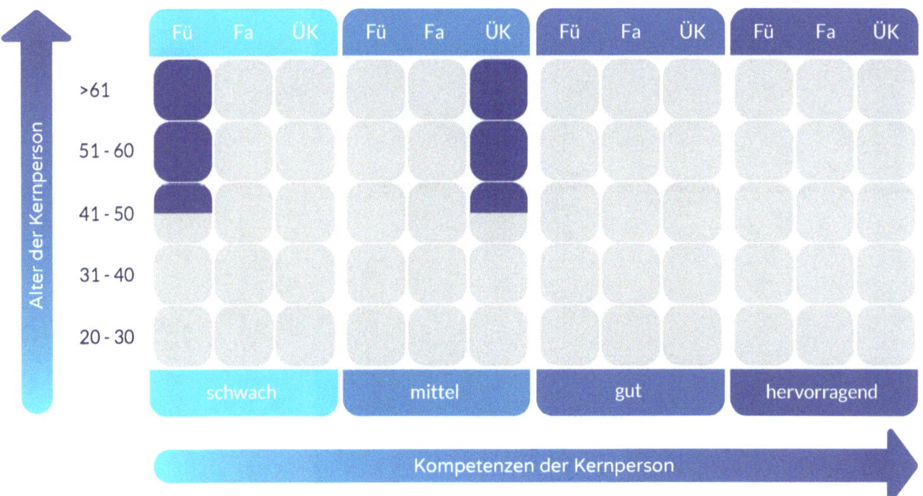

Abb. 48: Beispiel 5

Beispiel 6
Personen in Kernpositionen, die über 45 Jahre alt sind und in allen drei Einschätzungsbereichen mit „mittel“ bewertet werden, sollten nicht mehr befördert werden und nach Möglichkeit durch konsequente Nachwuchsförderung mittelfristig ersetzt werden.

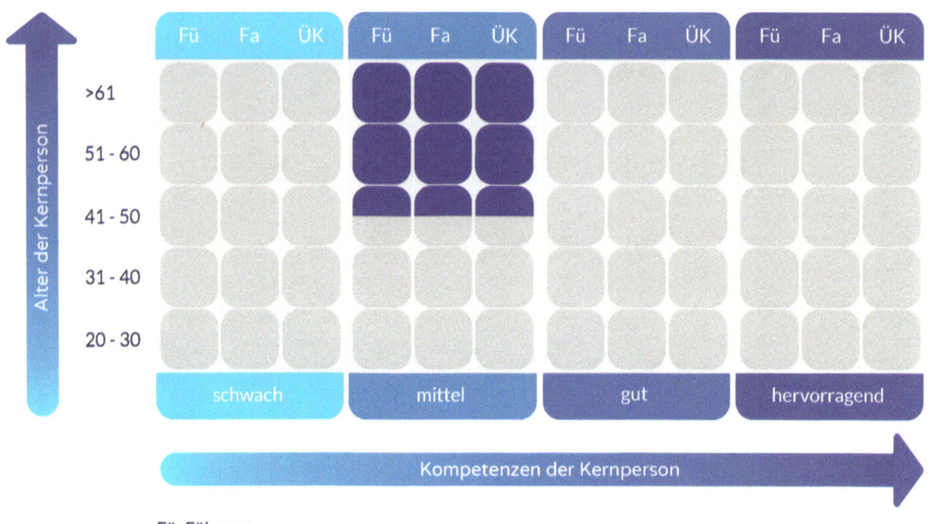

Abb. 49: Beispiel 6

Beispiel 7
Sind bei einer Person, die über 45 Jahre alt ist, die fachlichen und die überfachlichen Kompetenzen „gut bis hervorragend" ausgebildet, die Führung jedoch „schwach", dann empfiehlt es sich, diese Person von Führungsaufgaben zu entbinden und dafür als Spezialisten in anderen Kernpositionen einzusetzen.

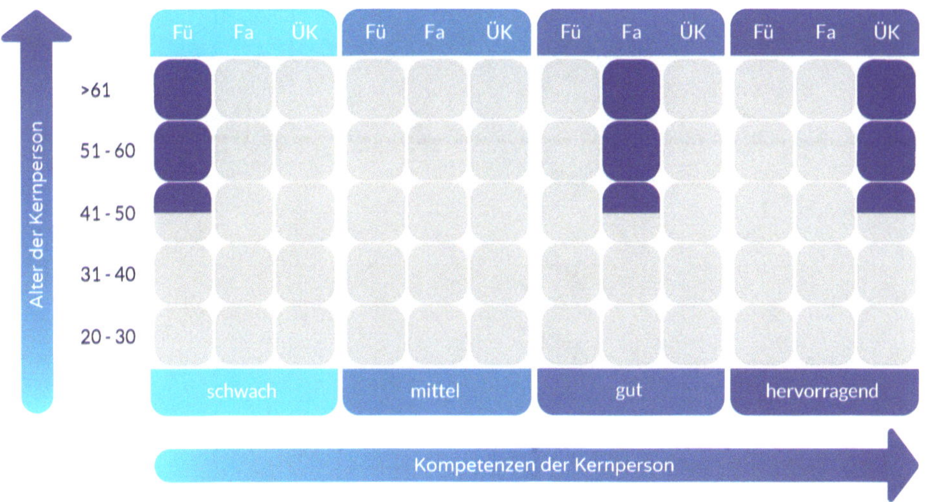

Abb. 50: Beispiel 7

Beispiel 8
Eine Darstellung unter Berücksichtigung des Alters ermöglicht eine frühzeitige Nachfolgeplanung und differenzierte Konsequenzen-Ketten. Der Ersatz höherer Kernpersonen erfolgt in der Regel durch Beförderung von Personen, die selbst schon in Kernpositionen sind. Eine solche Konsequenzen-Kette und rückwärts gerichtete Kettenreaktion verdeutlicht das folgende Beispiel:

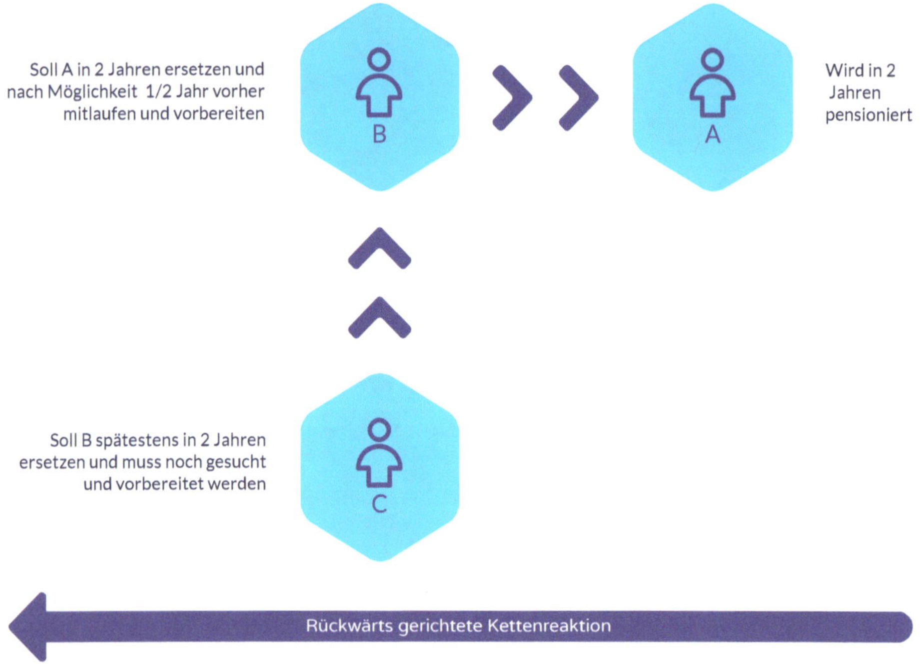

Abb. 51: Planungshorizont

Der Planungshorizont für die Besetzung von Kernpositionen liegt bei fünf Jahren. In der Praxis wird aber häufig noch improvisiert – kurz bevor es zu spät ist. Und die unteren Stufen von Kernpositionen sind häufig schwach oder falsch besetzt.

4. Analyse der Handlungsalternativen

Im Bereich der Kernpositionen müssen die Risiken einer Fehlentscheidung klein gehalten bleiben. In Vorbereitung von Personalentscheidungen und für die Herausarbeitung von Handlungsalternativen müssen im Zusammenhang mit der Analyse von Kernpersonen die nachfolgenden Fragen beantwortet werden.

Fragenliste:

1.) Erfüllt die Kernperson ihre Aufgaben fachlich anforderungsgemäß?

- ❑ ja
- ❑ teilweise
- ❑ mit größeren Abstrichen
- ❑ nein

2.) Hat die Person herausragende fachliche Stärken? Welche?

____

____

____

3.) Hat die Person besondere fachliche Schwächen? Welche?

____

____

____

4.) Welches sind die Ursachen der Schwächen?

- ❑ Persönlichkeit
- ❑ Erfahrung
- ❑ Wissen
- ❑ Andere

5.) Wie hoch ist die Übereinstimmung zwischen KODE®X-*Soll*-Profil und -*Ist*-Ausprägung der Person (nach Möglichkeit Vergleich von Fremd- und Selbsteinschätzungen)?

6.) Wie hoch ist der Übereinstimmungsgrad von Kompetenzanforderungen-Soll und Kompetenzausprägungs-*Ist* im Vergleich der über KODE®X und KODE® erfassten Einschätzungen? Gemäß der KODE®X-Brücke gibt es folgende Übereinstimmungen:

❑ Personale Kompetenz: %

❑ Aktivitäts-/Handlungskompetenz: %

❑ Fach- und Methodenkompetenz: %

❑ Sozial-kommunikative Kompetenz: %

7.) Wie stark sind die Schlüsselkompetenzen im Einzelnen gemäß Kompetenz-Atlas (KODE®) ausgeprägt, und ergeben sich aus diesem Vergleich Hinweise auf zu verstärkende Teilkompetenzen oder anderweitige Einsätze der Person?

8.) Mögliche Förderungsmaßnahmen zur Behebung der Schwächen und der Stärkung bzw. Entwicklung von Kompetenzen:

Organisierte Weiterbildung:

___

___

___

Selbstorganisierte Weiterbildung:

___

___

___

Coaching:

___

___

___

Mentoring:

Anderes:

9.) Schlussfolgerung/Maßnahmen

Planung und Umsetzung von Maßnahmen zur Umsetzung, Stärkung, Entwicklung

Jetzt können altersgruppenspezifische Handlungsempfehlungen in der Bandbreite „Differenzierte Förderung – mittelfristiger Ersatz und frühzeitiger Aufbau eines Nachfolgers – kurzfristige Umsetzung oder Trennung“ zur Geltung kommen.

11 KODE®X-Anwendung in der Praxis – ein Beispiel

In einem mittelständischen international tätigen Handelsunternehmen mit 2.300 Beschäftigten wurden in einem Zeitraum von 12 Monaten folgende acht Schritte auf der Grundlage des KODE®X-Verfahrens unternommen:

1. Schritt: Erarbeitung von 5 Strategischen Zielen für den Zeitraum von zwei Jahren auf der Grundlage der ein Jahr alten Balance Scorecards mit 26 Zielen in einer Vielzahl von Bereichen. Diese Arbeit fand in einem Top-Team mit beiden Geschäftsführern und weiteren 6 Führungskräften des Unternehmens statt.

2. Schritt: Ableitung von 16 Strategischen Kompetenzanforderungen im Top-Team.

3. Schritt: Inhaltliche Präzisierung der 16 Strategischen Kompetenzanforderungen, Erarbeitung von 16x4 Identifikationsmerkmalen, die als „strategieunterstützende Normen des alltäglichen Verhaltens“ formuliert und auch als Grundlage zur Überarbeitung des bestehenden Systems der Leistungseinschätzungen deklariert wurden.

4. Schritt: Erarbeitung von zwei („Muster“-)*Soll*-Profilen: a) für die Gruppe „Geschäftsführung“, b) für die Gruppe „Einkäufer“. Diese vier Schritte wurden innerhalb von sieben Stunden erfolgreich realisiert. Der Workshop endete mit folgenden Festlegungen:

1) Mündliche Informationen an alle Führungskräfte betr. der Strategischen Ziele und der erarbeiteten Personalmanagement-Normen und Ausrichtungen innerhalb von 14 Tagen durch einen Geschäftsführer und zwei weitere Mitglieder des Top-Teams.
2) Abklärung der Präzisierung des Leistungseinschätzungssystems mit dem Betriebsrat. Vorstellung und Begründung der Schritte 2 bis 4 vor dem Betriebsrat. Parallele Klärung des weiteren Vorgehens mit der Leiterin P.
3) Erarbeitung aller noch ausstehenden 25 *Soll*-Profile (einschließlich LKW-Fahrer) mit den zuständigen Bereichs- bzw. Abteilungsleitern innerhalb der nächsten drei Wochen.
4) Vorbereitung eines Wochenend-Workshops „Unser zukünftiges Leitbild“ mit 22 Teilnehmern (Führungskräfte, Vertreter Betriebsrat, besonders progressive Mitarbeitern) auf der Grundlage sowie zur Umsetzung der in den Schritten 1 bis 3 erarbeiteten Ergebnisse.
5) Das Top-Team trifft sich in drei Wochen halbtägig ein weiteres Mal und prüft die 25 neuen *Soll*-Profile – auch unter dem Aspekt einer möglichen Erweiterung oder Zusammenlegung von Job- und Funktionsgruppen. Des Weiteren soll das zukünftige Vorgehen für die Kompetenz- und Stärkenerfassung sowie für gezielte OE- und PE-Maßnahmen erörtert werden.

5. Schritt: Nach vier Wochen und der zwischenzeitlichen Umsetzung der fünf Festlegungen ließ die Geschäftsleitung durch den externen KODE®X-Berater prüfen, inwieweit die bisher üblichen Assessment Center den nun vorliegenden Strategischen

Kompetenzanforderungen entsprechen und inwieweit die Anforderungen bei allen Fragen der Rekrutierung neuer Mitarbeiter und Führungskräfte Berücksichtigung finden können. In diesem Zusammenhang wurde das AKI eingeführt und zum Teil neue AC-Übungen und -Elemente eingeführt. Der bisherige Aufwand für die AC-Vorbereitung und -Auswertungen wurde deutlich gesenkt.

Ferner wurde eine Analyse der im Unternehmen bestehenden Kernpositionen durchgeführt, um in einem nächsten Schritt das Verhältnis von Kernpositionen zu vorhandenen Kernpersonen festzustellen und wichtige Maßnahmen zur personellen Stärkung der Kernpositionen (einschließlich frühzeitige Nachfolgeplanung) ableiten zu können.

In der fünften Woche wurde ein halbtägiger Workshop mit 15 Führungskräften (darunter drei Mitglieder des Top-Teams) durchgeführt. Die Teilnehmer erarbeiteten in Kleingruppen sowie im Plenum wichtige Führungsinstrumente: a) Beobachtungskriterien für das Erkennen sowohl eingeschränkter als auch stark ausgeprägter Strategischer Teilkompetenzen; b) Kriterien, Formen und Mittel zur Entwicklung und Stärkung der Teilkompetenzen durch die Führungskräfte und die betreffenden Mitarbeitern selbst.

Zwei Monate nach dem Realisieren der Schritte 1 bis 4 wurden unter Anwendung des im Schritt 3 erarbeiteten Norm- und Beurteilungsbogens und im Schritt 4 und nachfolgend entwickelten *Soll*-Profile *Soll-Ist*-Vergleiche für alle Führungsnachwuchskräfte durchgeführt. Mit einem zusätzlichen Fragebogen und mit dem KODE® wurden zusätzlich die Kernpersonen beurteilt.

6. Schritt: Die Fremdeinschätzungen (jeweilige Führungskraft) und Selbsteinschätzungen wurden innerhalb der darauffolgenden zwei Wochen mit jeder bewerteten Person differenziert ausgewertet, und es wurden gemeinsam Ziele, Inhalte und Formen der individuellen Kompetenzentwicklung für den Zeitraum der kommenden zwei, vier und sechs Monate abgeleitet. Anonymisierte Gruppenergebnisse wurden sowohl mit der Geschäftsleitung als auch in einer Informationsveranstaltung mit allen eingeschätzten Personen und dem Betriebsrat strategieorientiert ausgewertet. Alle Teilnehmer erhielten einen individuellen Kompetenzkompass mit ausführlichen Kompetenzeinschätzungen und konkreten Anregungen zur eigenen Kompetenzentwicklung in schriftlicher Form – anonym gehalten gegenüber dritten Personen. Im gleichen Zeitraum fand der Leitbild-Workshop erfolgreich statt.

7. Schritt: Es folgten in weiteren sechs Monaten unterschiedliche PE-Maßnahmen, zum größten Teil gekoppelt an konkrete arbeitsbezogene Aufgaben mit Teil- und Endzielen – abgestimmt auf die strategische OE des Unternehmens –, deren Realisierung attestiert werden konnte.

8. Schritt: In Abstimmung mit dem Betriebsrat wurden nach Abschluss dieser konzertierten PE- und OE- Entwicklungsarbeit die *Soll-Ist*-Vergleiche für alle Mitarbeiter des Unternehmens zur Grundlage der Personalauswahl- und -Entwicklungsarbeit genommen, unterstützt durch die Software Competenzia. Darüber hinaus wurden die KODE®X-Entwicklungsdateien für den Aufbau eines „Talente-Pools“ genutzt. Beabsichtigt ist zur Zeit dieser Darstellung eine Kompetenzzertifizierung der Führungsnachwuchskräfte durch das Europäische Zentrum für Kompetenzzertifizierung.

Grundlage einer solchen Zertifizierung ist der Nachweis der Kompetenzbedarfsanalyse, einer differenzierten Kompetenz-*Ist*-Analyse, der Verminderung von Gaps aus einem *Soll-Ist*-Vergleich und dem Nachweis von Kompetenzentwicklungen durch gezielte PE-Interventionen. Die Geschäftsleitung plant weiterführend die Kompetenzzertifizierung ganzer Belegschaften und sieht darin auch über die innere Stärkung hinausgehende Effekte, insbesondere einen zusätzlichen öffentlichen Qualitätsnachweis des Unternehmens: Neutral bestätigte Kompetenzbilanzen und HR-Qualitätsnachweise.

12 Verbindung unterschiedlicher Verfahren im Rahmen des Kompetenzmanagements

Parallel zum KODE®X-System wurde KODE® entwickelt. KODE® ermittelt das Ausprägungsverhältnis der Grundkompetenzen einer Person (personale, aktivitätsbezogene, fachlich-methodische, sozial-kommunikative Kompetenzen) – einmal unter „normalen“, unproblematischen Arbeits- und/oder Lebensbedingungen, einmal unter besonders fordernden, auch belastenden Bedingungen wie Stress, Problemdruck, Konflikt. Beides kann in Form von Selbst- oder Fremdbeurteilungen geschehen. Kompetenzen werden dabei immer als etwas Positives betrachtet: Es gibt keine negativen Kompetenzen, sondern nur unterschiedlich positive Ausprägungsgrade.

Zusätzlich werden die Ausprägungen der Grundkompetenzen in Bezug auf – entweder selbst- oder fremdbeurteilte – ideale Ansprüche, reale Handlungsabsichten, konkrete Handlungsweisen und verwirklichte Handlungsresultate verglichen.

Damit ermöglicht KODE®

- die schnelle und intensive Aufklärung eines individuellen Kompetenzspektrums,
- die Bestimmung von zu fördernden, aber auch von übertrieben starken Kompetenzbereichen,
- die Überprüfung der Belastungsfähigkeit des individuellen Kompetenzgefüges unter Problembedingungen,
- die Ermittlung von Umsetzungsproblemen der Selbstorganisationsdispositionen in geistige oder gegenständliche Handlungsergebnisse, insbesondere bei Differenzen zwischen Handlungsidealen und -absichten einerseits und den Prozessen und Resultaten ihrer Verwirklichung andererseits,
- die Weiterentwicklung vorhandener, die Entwicklung neuer, den Ausgleich stark differierender und die Dämpfung „überzogener“ Kompetenzen.

13 Software-gestützte Arbeit mit KODE®X

Stefan Ortmann

Da bereits umfangreich an anderer Stelle in diesem Buch sowie in der Reihe *Kompetenzmanagement in der Praxis*[1] die Inhalte des KODE®X-Verfahren beschrieben wurden, soll nachfolgend nicht erneut auf die einzelnen Bausteine des KODE®X-Verfahrens, sondern ausschließlich auf ihre Anwendung innerhalb der KODE® Software eingegangen werden. Dabei kann aufgrund des Umfangs an dieser Stelle nur ein Ein- bzw. Überblick gegeben werden. Zur Beantwortung bzw. Darstellung weitergehender Funktionen sei die interessierte Leserschaft an die KODE® GmbH[2] verwiesen.

Die KODE®X-Systematik beginnt zunächst mit Aktivitäten, deren Ziel es ist, die für eine Organisation oder Organisationseinheit zur Strategie-Erreichung relevanten Schlüsselkompetenzen zu identifizieren. Dieser Prozess – im KODE® Sprachgebrauch „Anforderungsanalyse" genannt – kann moderiert an einem gemeinsamen Ort oder auch online-gestützt ortsunabhängig unter Anwendung der KODE® Software durchgeführt werden.

Zur Durchführung der Anforderungsanalyse wird das in der KODE® Software hinterlegte Kompetenzkompendium verwendet, das für alle 64 in dem Kompetenz-Atlas enthaltenen Schlüsselkompetenzen umfangreiche Kompetenzdefinitionen bereitstellt. Das Kompetenzkompendium ist notwendig um ein einheitliches Begriffsverständnis zu schaffen, welches notwendig ist, um ein reliables Set an Schlüsselkompetenzen zu identifizieren.

Die Ergebnisse der Fragebögen der teilnehmenden Personen werden in der KODE® Software zusammengeführt. In einem anschließenden Diskussions- und Entscheidungsprozess erfolgt dann die Beschlussfassung und der Abschluss des Findungsprozesses.

---

1 www.waxmann.com/reiheKomp_idP
2 www.kodekonzept.de

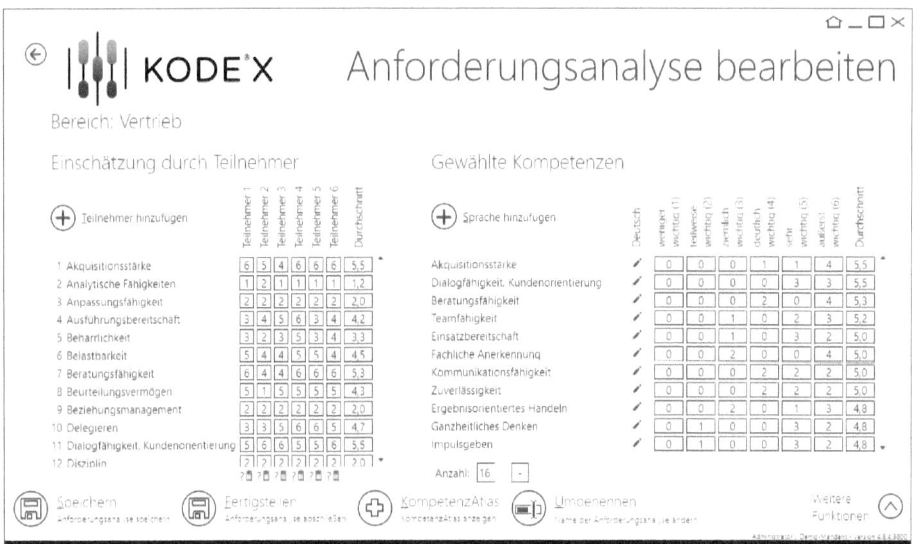

Abb. 52: Zusammenführen der Fragebögen in der KODE® Software

Nachdem eine Einigung auf zwölf bis 16 Schlüsselkompetenzen stattgefunden hat, muss definiert werden, mit welchen Fragestellungen diese Schlüsselkompetenzen erhoben bzw. identifiziert werden können. Dazu stellt die KODE® Software ebenfalls eine Textbibliothek mit beobachtbaren Verhaltensmerkmalen (sogenannte „Identifikationsmerkmale“ oder „Indikatoren“) zur Verfügung. Es ist selbstverständlich, dass die vorgeschlagenen Identifikationsmerkmale nicht fix sind, sondern organisationsspezifisch konkretisiert werden können. Die Identifikationsmerkmale werden später in den Selbst- und Fremdeinschätzungen sowie zur Ergebnisdiskussion verwendet. Sie sollten daher – wie in der Fragebogentechnik üblich – gut verständlich, eher kurz und prägnant, eindeutig, nicht suggestiv, eindimensional, kontextspezifisch usw. formuliert sein.

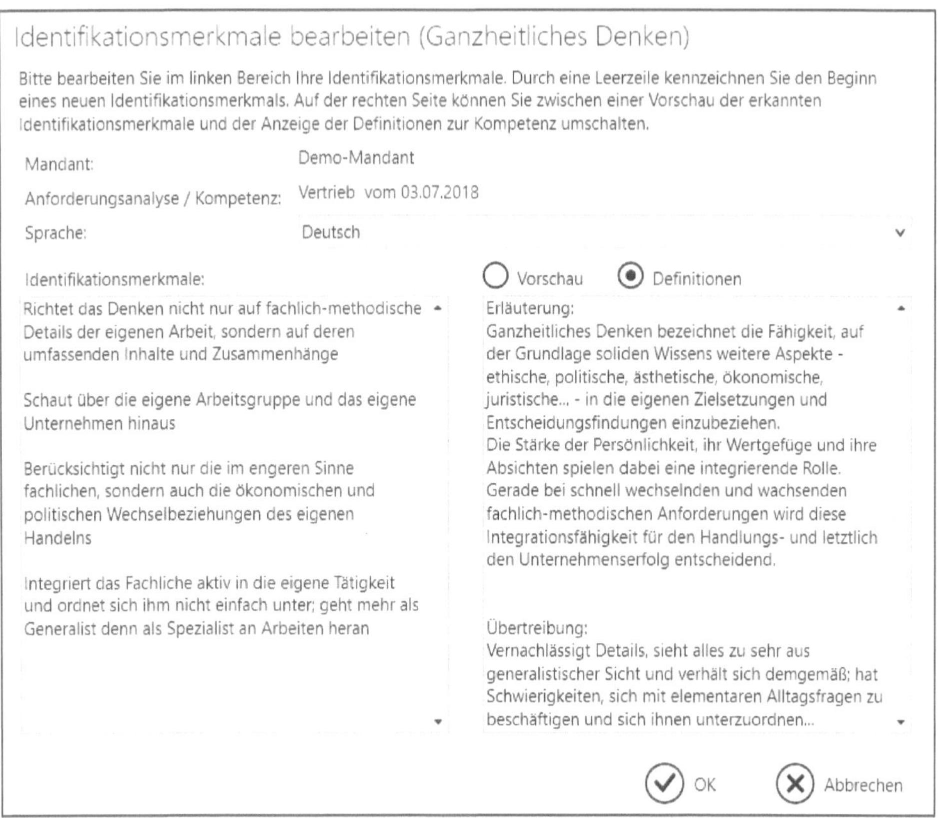

Abb. 53: Bearbeitung der vorhandenen Identifikationsmerkmale

Ein weiterer wichtiger Bestandteil der KODE®X-Systematik sind die Kompetenzsollprofile. Kompetenzsollprofile stellen die gewünschte Ausprägung der in der Anforderungsanalyse ausgewählten Schlüsselkompetenzen dar, die für die Ausführung einer konkreten Tätigkeit erfüllt sein sollen. Exemplarisch soll dies anhand des Kompetenzsollprofils „Außendienstmitarbeiter*in" in der KODE® Software dargestellt werden.

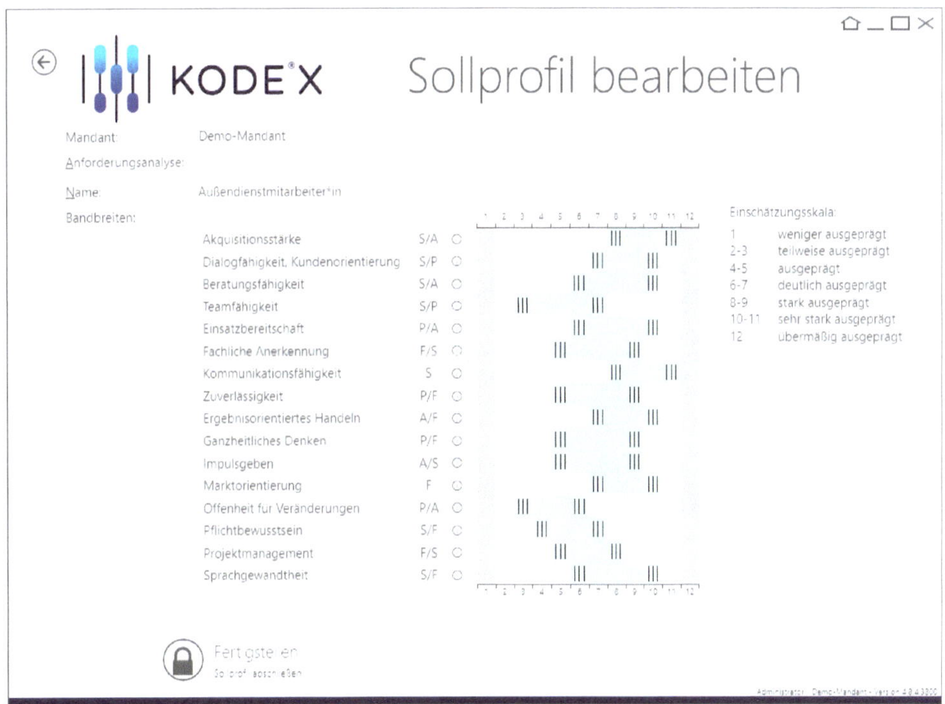

Abb. 54: Exemplarisches Kompetenzsollprofil

In den Sollprofilen sind die Schlüsselkompetenzen, die in der Anforderungsanalyse identifiziert wurden, enthalten. Diese sind linksstehend, beginnend mit „Akquisitionsstärke" bis zu „Sprachgewandtheit", aufgeführt.

Die angestrebten Soll-Ausprägungen sind als Bereiche („Soll-Korridore") rechts zu jeder Schlüsselkompetenz dargestellt. Je weiter rechts ein Soll-Korridor festgelegt wurde, um so höher dessen erwünschte Ausprägung für die Stelleninhaber.

Das KODE®X-Verfahren verwendet fünf Skalenbereiche als Soll-Vorgabe:

Bezeichnung	Skalenwert(e)
teilweise ausgeprägt	2–3
ausgeprägt	4–5
deutlich ausgeprägt	6–7
stark ausgeprägt	8–9
sehr stark ausgeprägt	10–11

Die Skalenwerte 1 und 12 sind für die Ist-Einschätzung vorbehalten, in der Sollvorgabe aber nicht einstellbar. Beispielsweise kann die (Ist-)Einschätzung „übermäßig ausgeprägt" tatsächlich aus Sicht einer Führungskraft für eine mitarbeitende Person zutreffen, als Soll-Vorgabe ist eine „Übersteigerung" jedoch nicht sinnvoll.

In der nachfolgenden Abbildung wird der Zusammenhang zwischen Anforderungsanalyse, ausgewählten Kompetenzen, Identifikationsmerkmalen und Kompetenzsollprofilen für den Bereich „Vertrieb“ in der KODE® Software verdeutlicht.

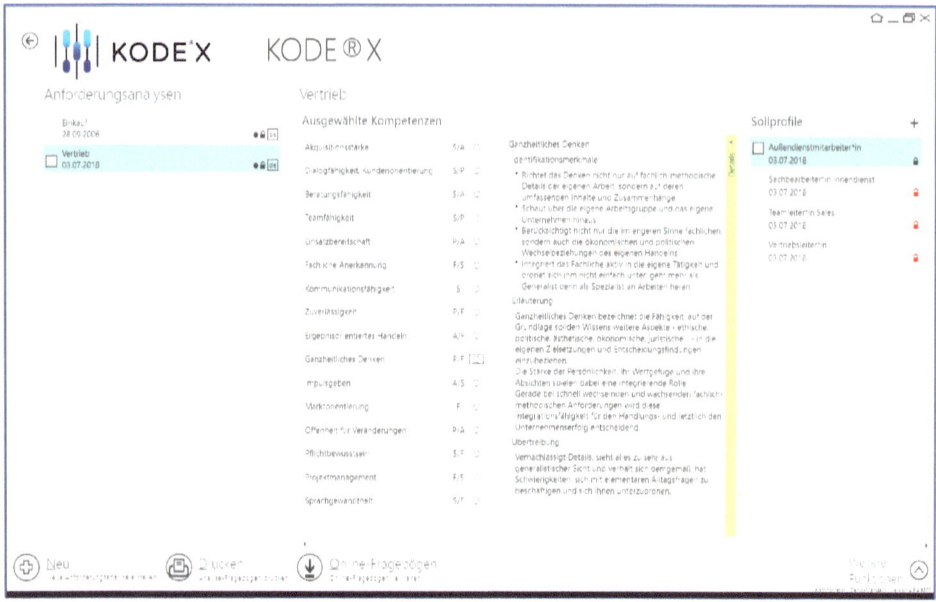

Abb. 55: Kompetenzmodell-Auszug „Vertriebsbereich“

Insgesamt ist die Anzahl der Kompetenzsollprofile nicht limitiert. Es sollte aber bedacht werden, dass es sich bei den Kompetenzsollprofilen nicht um die operationalisierte Beschreibung einer jeden einzelnen Stelle im Sinne einer Stellenbeschreibung handelt, sondern um die strategische Ausrichtung. Daraus leitet sich ab, dass eher Jobfamilien über Kompetenzsollprofile abgebildet werden, da sich nicht für jede funktionsspezifische Rolle/Tätigkeit eine individuelle Kompetenzausstattung benötigt wird.

Nachdem das Kompetenzmodell definiert ist, können die Einschätzungen durchgeführt werden. Die KODE® Software ist als 360°-Feedbacksystem ausgelegt, es stehen somit Fragebögen zur Selbsteinschätzung, zur Einschätzung durch die Führungskraft, durch Gleichgestellte, durch Mitarbeiter und Einschätzungen aus Kundensicht zur Verfügung.

Aus ökonomischen Gründen werden die Einschätzungen zunehmend online durchgeführt. Unter Berücksichtigung der Vorgaben der EU-Datenschutz-Grundverordnung (EU-DSGVO) wurde in der KODE® Software besonderen Wert auf Datenminimalismus, Datenverschlüsselung, Pseudonymisierung, Anonymisierung usw. gelegt um einerseit den rechtlichen Rahmenbedingungen zu genügen. Andererseits erhöht dies die Akzeptanz bei den am Verfahren teilnehmenden Personen sowie den beteiligten Entscheidungsinstanzen.

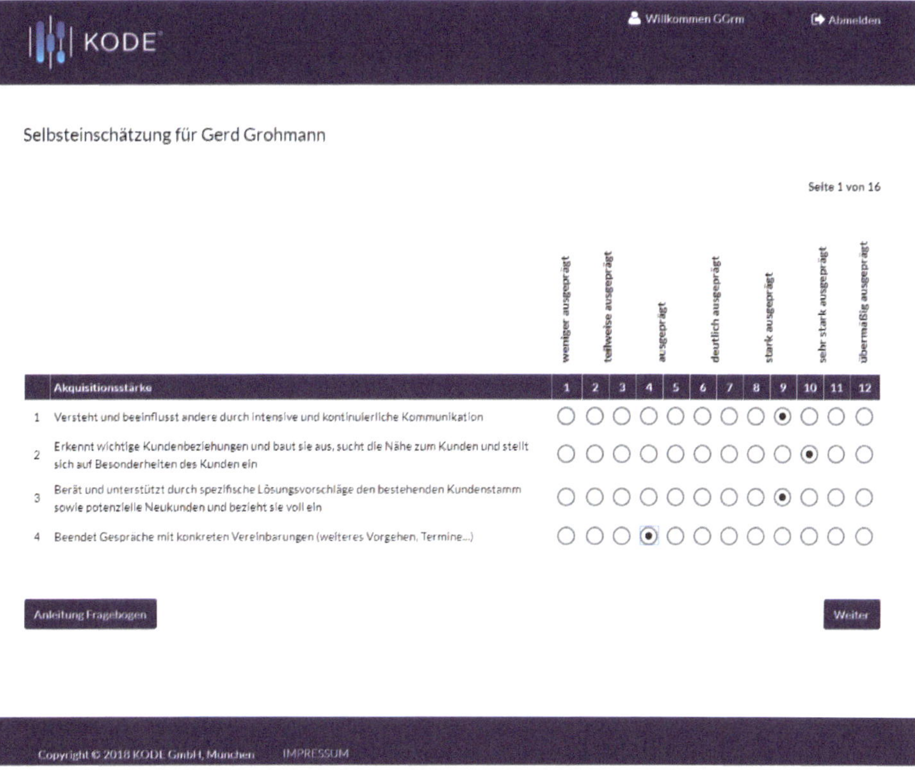

Abb. 56: KODE®X-Onlinefragebogen

Ausgehend davon, dass für ein 180°-Feedback eine Selbst- und Führungskraft-Einschätzung zu einer Person erfasst wurden, können in der KODE® Software die Ergebnisse – wie nachfolgend beschrieben – ausgewertet werden.

Zunächst ist in der exemplarischen Auswertung (Abb. 57) erkennbar, dass zwei Einschätzungen vorliegen:

- Selbsteinschätzung durch Gerd Grohmann (Name geändert)
- Fremdeinschätzung durch die Führungskraft Hartmut Hartmann (Name geändert)

Die beiden Einschätzungen werden in Bezug auf den das Kompetenzsollprofil „Außendienstmitarbeiter*in" betrachtet.

Als erstes kann konstatiert werden, dass in den meisten Bereichen beide Einschätzungen innerhalb des erwünschten Soll-Bereichs liegen. Die Musterperson Grohmann erfüllt somit die strategischen Kompetenzanforderungen bei über 80% der strategisch relevanten Schlüsselkompetenzen.

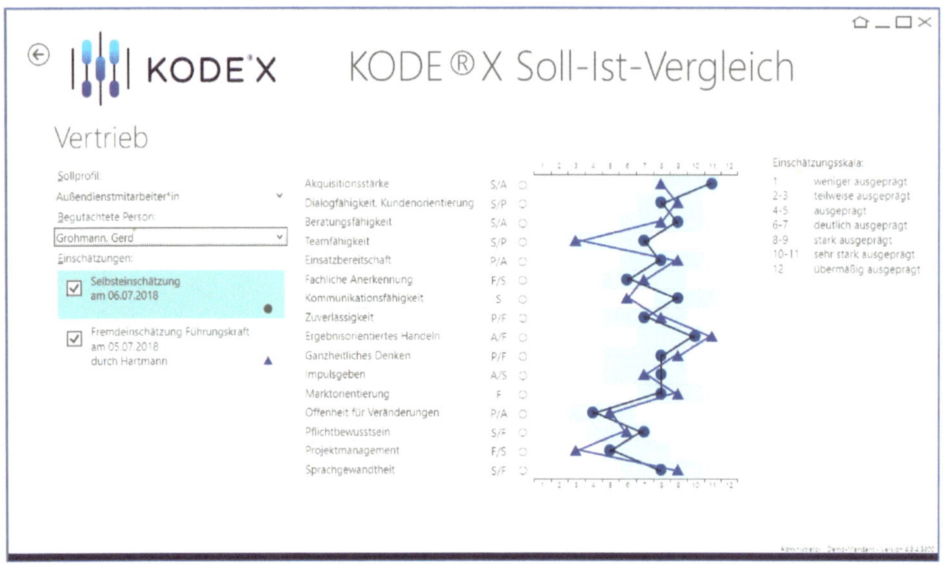

Abb. 57: 180°-Vergleich in Bezug auf ein Kompetenzsollprofil

In Bezug auf den Entwicklungsbedarf kann zweitens festgestellt werden, dass

- für die Schlüsselkompetenzen „Kommunikationsfähigkeit" und „Projektmanagement" aus Sicht der Führungskraft Entwicklungsbedarf besteht.
- aus Sicht der Führungskraft die Schlüsselkompetenzen „Akquisitionsstärke" und „Teamfähigkeit" in Bezug auf die jeweiligen Soll-Korridore ebenso entwickelt werden könnten bzw. sollten.

Drittens kann diagnostiziert werden, dass bei den Schlüsselkompetenzen „Akquisitionsstärke" und „Teamfähigkeit" signifikante Unterschiede zwischen der Selbst- und der Führungskraft-Einschätzung bestehen. Die Gründe dafür können im Feedbackgespräch eruiert werden.

Über die KODE® Software können die Details der Einschätzungen eingesehen werden. Da jede Schlüsselkompetenz mit mehreren Identifikationsmerkmalen abgefragt wurde, können auch dort Unterschiedliche Ausprägungen der Antworten vorliegen.

Im Beispiel liegen die Einschätzungen der ersten drei Identifikatonsmerkmale relativ nah zusammen, das vierte Identifikationsmerkmal weicht signifikant ab und führt möglicherweise dazu, dass über die Entwicklung „Wie können Vertragsabschlüsse besser erfolgen" im Feedbackgespräch eingegangen und eine Zielvereinbarung formuliert wird.

Die KODE® Software bietet diverse Auswertungsinhalte im Modul KODE®X, die in einem Ergebnisbericht aufbereitet werden können. Stellvertretend soll hier die „Verteilung der Einschätzungen" aufgeführt werden.

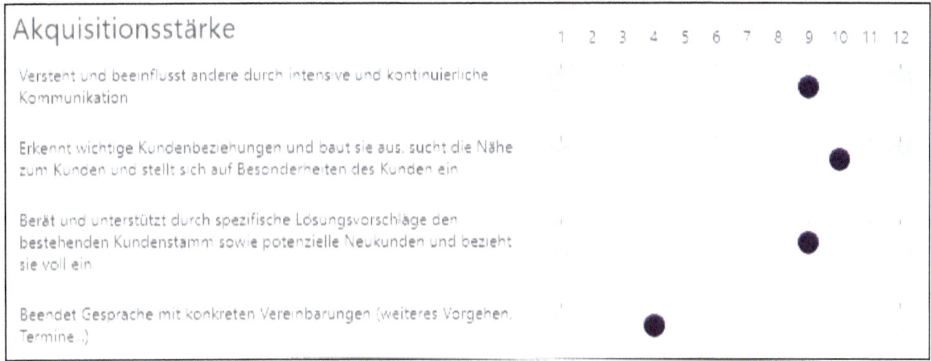

Abb. 58: Detailanalyse

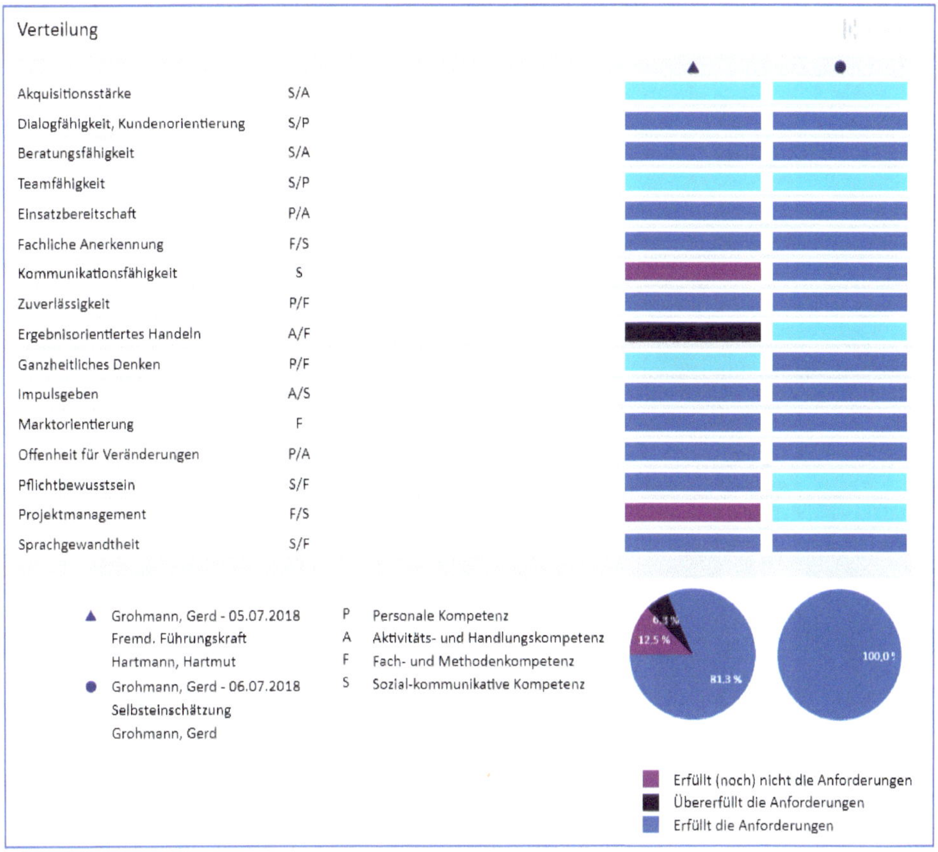

Verteilung

		▲	●
Akquisitionsstärke	S/A		
Dialogfähigkeit, Kundenorientierung	S/P		
Beratungsfähigkeit	S/A		
Teamfähigkeit	S/P		
Einsatzbereitschaft	P/A		
Fachliche Anerkennung	F/S		
Kommunikationsfähigkeit	S		
Zuverlässigkeit	P/F		
Ergebnisorientiertes Handeln	A/F		
Ganzheitliches Denken	P/F		
Impulsgeben	A/S		
Marktorientierung	F		
Offenheit für Veränderungen	P/A		
Pflichtbewusstsein	S/F		
Projektmanagement	F/S		
Sprachgewandtheit	S/F		

▲ Grohmann, Gerd - 05.07.2018
Fremd. Führungskraft
Hartmann, Hartmut

● Grohmann, Gerd - 06.07.2018
Selbsteinschätzung
Grohmann, Gerd

P Personale Kompetenz
A Aktivitäts- und Handlungskompetenz
F Fach- und Methodenkompetenz
S Sozial-kommunikative Kompetenz

6,3 %
12,5 %
81,3 %
100,0 %

Erfüllt (noch) nicht die Anforderungen
Übererfüllt die Anforderungen
Erfüllt die Anforderungen

Abb. 59: Auswertungbeispiel „Verteilung der Einschätzungen“

Die Auswertungen sind in der Regel nicht auf zwei Einschätzungen begrenzt; in vielen Auswertungsdarstellungen kann eine (fast) beliebige Anzahl an Einschätzungen einfließen. Diese Flexibiliät in der KODE® Software bietet die Möglichkeit, z.B. Teams gesamtheitlich zu diagnostizieren, Top-Personen aus einem Talentpool zu wählen oder geeignete Nachfolger in Bezug auf die Erfüllung strategischer Potenziale zu finden.

Der Umfang des Ergebnisberichtes kann im Druckdialog bedarfsweise eingestellt werden. Neben der Festlegung der Inhalte kann auch die Reihenfolge je Auswertungsblock verändert werden.

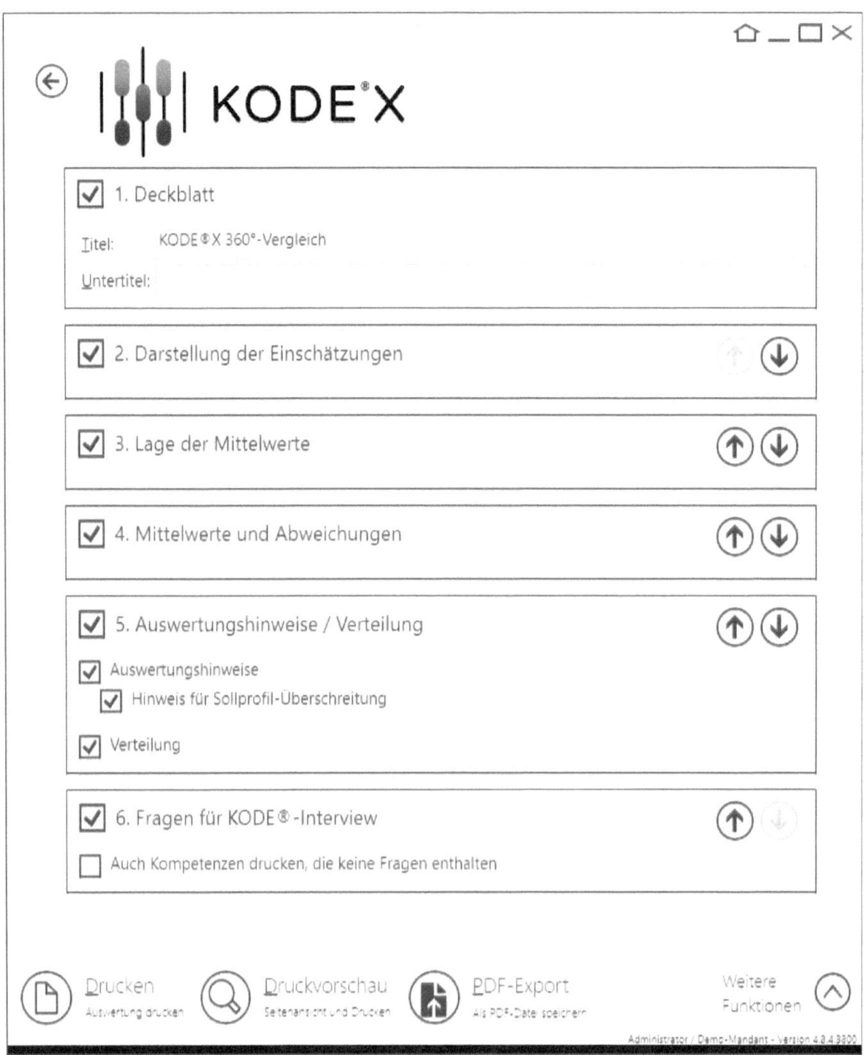

Abb. 60: KODE®X-Druckdialog

Die KODE®X-Auswertung wird durch eine Kompetenzpotenzial-Portfolio-Darstellung abgerundet. Jede Selbst- bzw. Fremdeinschätzung kann in diesem Portfolio visualisiert werden. Das Portfolio ist in 16 Entwicklungsgruppen (z.B. Leistungsträger mit Entwicklungspotenzial) aufgeteilt. Je nach Passfähigkeit auf das betrachtete Kompetenzprofil und das Potenzial einer Person für die Zukunft wird eine Kennzahl im Bereich 1 (noch nicht ausreichend) bis 16 (Top-Performer) ermittelt.

Die Bedienung der KODE® Software ist nahezu selbserklärend, so dass kaum Einarbeitungsaufwand entsteht. Dennoch stehen zu Übungs- bzw. Simulationszwecken ein KODE®X-Musterdatenbestand und ein „Demo-Modus“ zur Verfügung, um Anforderungsanalyse und Kompetenzsollprofile zu erstellen.

Literatur

Altmann, A.: Gesagt, getan! Business-Strategien und Pläne erfolgreich umsetzen. Redline Wirtschaft. Heidelberg 2006

Arbeitsgemeinschaft QUEM (Hrsg.): Kompetenzen bilanzieren. Auf dem Weg zu einer europaweiten Kompetenzerfassung. Waxmann. Münster 2006

Arbeitsgemeinschaft QUEM (Hrsg.): Kompetenzentwicklung '96–2006, 11. Bde. Waxmann. Münster 1996–2007

Arnold, R: Bildungsberatung im Dialog. Verlag Schneider. Hohengehren 2009

Arnold, R.; Erpenbeck, J.: Wissen ist keine Kompetenz. Schneider Verlag Hohengehren. Baltmannsweiler 2014

Arnold, R.; Schüssler, I.: Ermöglichungsdidaktik: Erwachsenenpädagogische Grundlagen und Erfahrungen. Verlag Schneider. Hohengehren 2010

Arnold, R.; Siebert, H.: Konstruktivistische Erwachsenenbildung. Von der Deutung zur Konstruktion von Wirklichkeit. Schneider Verlag. Baltmannsweiler 2006

Arnold, U.: Beschaffungsmanagement. Schäffer-Poeschel, Stuttgart 2000

Bailom, F.; Matzler, K.; Tschermernjak, D.: Was TOP-Unternehmen anders machen. LINDE international. Wien 2006

Baran, P.: Werte. In: Sandkühler, H. J. (Hrsg.): Europäische Enzyklopädie zu Philosophie und Wissenschaften. Hamburg 1990

BCG/EAPM-Analyse: The Future of HR in Europe. Key Challenges Through 2015. Web-Survey in 27 Ländern mit 1.355 Teilnehmern. Düsseldorf 2007.

Beckschäfer, J.: Konstruktivistische Ansätze in der Unternehmensberatung. Der Kompetenzbegriff als Beispiel für ein Konstrukt im Rahmen personaldiagnostischer Verfahren. Universität Potsdam 2006 (Diplomarbeit)

Beinhauer, R.: Vergleich von Verfahren zur Ermittlung von individuellen Führungsvoraussetzungen. Studie, Universität Graz 2008/Vortrag ACT-Brush up. Nürnberg Oktober 2008

Bornträger, W.; Moukouli, V.: Individuelle Kompetenzentwicklung für geflüchtete Menschen. In: Heyse, V.; Erpenbeck, J.; Ortmann, S.: Intelligente Integration von Flüchtlingen und Migranten. Waxmann. Münster 2016

Brezowar, G.: Kompetenzdiagnostik als Bestandteil des Auswahlverfahrens für StudienbewerberInnen (FH Wien). In: Heyse, V.; Erpenbeck, J.; Max, H.: Kompetenzen erkennen, bilanzieren und entwickeln. Waxmann. Münster 2004

Brezowar, G.; Mair, M.: Kompetenzanforderungen an Studierende des Studienganges „Touristenmanagement". FHW. Wien 2004

Brezowar, G.; Mair, M.: Kompetenzbasierte FH-Ausbildung. Längsschnittuntersuchung. FHW. Wien 2008

Brooks, D.: Das soziale Tier: Wie Beziehungen, Gefühle und Intuitionen unser Leben formen. München 2014

Brooks, D.: Charakter – Die Kunst, Haltung zu zeigen. Kösel-Verlag, München 2015

Buhr, S.; Ortmann, S.: KomBilanz – Software zur Kompetenzdiagnostik und -entwicklung. In: Heyse, V.; Erpenbeck, J.; Max, H. (Hrsg.): Kompetenzen erkennen, bilanzieren und entwickeln. Waxmann. Münster 2004

Burger, A.: Bausteine einer zukunftsorientierten Karriereentwicklung. Die Reaktion der Hochschulen auf die veränderten Anforderungen seitens der Unternehmen und Absolventen (KODE® und KODE®X als Instrumente zur Evaluation von Kompetenzen …). Berlin 2007 (FHW Berlin, Institute of Management, Diplomarbeit)

Charles, T.; Lehner, F.: Competition and Change. Council of Competitiveness Report: Competitiveness and employment: A strategic dilemma for economic policy. Washington 1998
Chomsky, N.: Explanatory Models in Linguistics. In: E. Nagel; P. Suppes; A. Tarski (Hrsg.): Logic, Methodology and Philosophy of Science. Stanford; Calif. 1960
Coester, S.: Wachstumskompetenzen mittelständischer Unternehmen in den globalen Transformationen unserer Zeit. In: Heyse, V.; Erpenbeck, J.; Ortmann, S.; Coester, S. (Hrsg.): Mittelstand 4.0 – eine digitale Herausforderung. Waxmann. Münster 2018
ComputingDESS (2016): Shift Happens 3.0 updated. Online unter https://www.youtube.com/watch?v=wT2D-6-7kSk&feature=youtu.be
Corssen, J.: Der Selbst-Entwickler. Beust. München 2004
Diekmann, A.: Empirische Sozialforschung. Reinbek bei Hamburg 2007 (18. Auflage)
Erpenbeck, J. (Hrsg.): Der Königsweg zur Kompetenz. Waxmann. Münster 2011. Kompetenzmanagement in der Praxis, Bd. 6
Erpenbeck, J. (Hrsg.): Der Königsweg zur Kompetenz. Waxmann. Münster 2012a
Erpenbeck, J.: Siegeszug trotz Kritik: Warum Kompetenzdenken notwendig ist. In: Wirtschaftspsychologie aktuell, Heft 1, S. 19–22, Berlin 2012b
Erpenbeck, J.: Zum Dilemma notwendiger technischer Gütekriterien von Auswahl- und Beurteilungsverfahren. In: Heyse, V., Erpenbeck, J.: Qualitätsanforderungen KODE®. ACT-Studie. Regensburg/Berlin 2007
Erpenbeck, J.: Wertungen, Werte – Das Buch der Grundlagen für Bildung und Organisationsentwicklung. Berlin 2018
Erpenbeck, J.; Faix, W.G.; Keim, S.: Der Poffenberger_KODE®X – die Entwicklung des Kompetenzmessverfahrens KODE®X an der School of International Business and Entrepreneurship (SIBE). In: Erpenbeck, J. (Hrsg.): Der Königsweg zur Kompetenz. Waxmann. Münster 2012
Erpenbeck, J., Hasebrook, H.-J.: Sind Kompetenzen Persönlichkeitseigenschaften? In: Faix, W., Auer, M.: Talent. Kompetenz. Persönlichkeit. Bd.3. Stuttgart 2011
Erpenbeck, J.; Heyse, V.: Berufliche Weiterbildung und Kompetenzentwicklung. In: Kompetenzentwicklung '96. Waxmann. Münster 1996
Erpenbeck, J.; Heyse, V.: Die Kompetenzbiographie. Strategien der Kompetenzentwicklung durch selbstorganisiertes Lernen und multimediale Kommunikation. Waxmann. Münster 1999
Erpenbeck, J.; Heyse, V.: Die Kompetenzbiographie. Wege der Kompetenzentwicklung. Waxmann. Münster 2007 (2. Auflage)
Erpenbeck, J.; Heyse, V.: Broschüre „Qualitätsanforderungen an KODE®“. Regensburg/Berlin 2014
Erpenbeck, J.; v. Rosenstiel, L. (Hrsg.): Handbuch Kompetenzmessung. Schäffer-Poeschel. Stuttgart 2007 (2. Auflage)
Erpenbeck, J.; v. Rosenstiel, L.; Grote, S.: Kompetenzmodelle von Unternehmen. Stuttgart 2013
Erpenbeck, J.; v. Rosenstiel, L.; Grote, S.; Sauter, W. (Hrsg.): Handbuch Kompetenzmessung. Schäffer-Poeschel. Stuttgart 2009
Erpenbeck, J.; Sauter, W.: Kompetenzentwicklung im Netz. Luchterhand. Köln 2007
Erpenbeck, J.; Sauter, W.: Stoppt die Kompetenzkatastrophe. Springer Verlag. Heidelberg 2015
Erpenbeck, J.; Sauter, W.: Stoppt die Kompetenz-Katastrophe! Wege in eine neue Bildungswelt. Springer Verlag. Berlin/Heidelberg 2016
Erpenbeck, J., Sauter, W.: Wertungen, Werte – Das Fieldbook für ein erfolgreiches Wertemanagement. Berlin 2018

Erpenbeck, J.; Sauter, W.: Wertungen, Werte – Das Buch der Grundlagen für Bildung und Organisationsentwicklung. Berlin 2018

Erpenbeck, J.; Scharnhorst, A.: Modellierung von Kompetenzen im Licht der Selbstorganisation. In: Meynhardt, T.; Brunner, E.J. (Hrsg.): Selbstorganisation managen. Waxmann. Münster 2005

Erpenbeck, J.; Weinberg, J.: Menschenbild und Menschenbilder. Waxmann. Münster 1993

Faix, W.G.: Kompetenz. Festschrift Prof. Dr. John Erpenbeck. SIBE. Stuttgart 2012

Falcone, P.: 2.600 phrases for performance reviews. AMACON. New York 2005

Garcia, S.: Gefahren und Probleme der Kompetenzbilanzierung. Zürich 2003 (Uni Zürich, Inst. für betriebswirtschaftliche Forschung, Diplomarbeit)

Geffroy, B.: Auf der Suche nach dem richtigen Mitarbeiter. GABAL. Offenbach 2002

Grawe, K.: Neuropsychotherapie. Hogrefe Verlag, Göttingen 2004 (1. Auflage)

Grothe, A.; Ankele, K.; Teller, M.: Kompetenz-Perspektiven – Kompetenz-Aufstellung für die Digitalisierung im Mittelstand. In: Heyse, V., Erpenbeck, J.; Ortmann, S.; Coester, S. (Hrsg.): Mittelstand 4.0 – eine digitale Herausforderung. Waxmann. Münster 2018

Grothe, A.; Fröbel, A.: Die Vermittlung von Gestaltungskompetenz für ein Nachhaltigkeitsmanagement unter Einsatz der Systeme KODE® und KODE®X zur hybriden Kompetenzerfassung. In: Erpenbeck, J. (Hrsg.): Der Königsweg zur Kompetenz. Waxmann. Münster 2012

Hacker, W.; Skell, W.: Lernen in der Arbeit. Bertelsmann W. Berlin/Bonn 1993

Haken, H.: Synergetik. Eine Einführung. Nichtgleichgewichts-Phasenübergänge und Selbstorganisation in Physik, Chemie und Biologie (3. Auflage), Berlin, Heidelberg, New York 1990.

Haken, H.: Die Selbstorganisation komplexer Systeme – Ergebnisse aus der Werkstatt der Chaostheorie. Picus Verlag. Wien 2004

Haken, H.: Synergetik: Eine Einführung. Nichtgleichgewichts-Phasenübergänge und Selbstorganisation in Physik, Chemie und Biologie (German Edition, Taschenbuchausgabe). Berlin/Heidelberg/New York 2014

Haken, H.; Wunderlin, A.: Strukturbildung in Flüssigkeiten und Gasen. In: Wunderlin, A.: Die Selbststrukturierung der Materie. Vieweg+Teubner Verlag. Wiesbaden 1991

Hasebrook, J.; Zawacki-Richter, O.; Erpenbeck, J. (Hrsg.): Kompetenzkapital. Verbindungen zwischen Kompetenzbilanzen und Humankapital. Bankakademie. Frankfurt am Main 2004

Heckhausen, J.; Heckhausen, H.: Motivation und Handeln (Springer-Lehrbuch). Springer, Berlin Heidelberg 2018 (5., überarb. u. erw. Aufl.)

Heyse, V.: KODE-Revision (2), Studie zur Wiederholungsreliabilität. ACT. Regensburg 2005

Heyse, V.: Kompetenzbiographische Auswertung der Interviewtexte, Beispiel Artur Fischer. In: Erpenbeck, J.; Heyse, V.: Die Kompetenzbiographie. Wege der Kompetenzentwicklung. Waxmann, Münster 2007 (2. Auflage)

Heyse, V.: Analysen zur KODE Fremdeinschätzer-Reliabilität. ACT. Regensburg 2008

Heyse, V.: Hybride Kompetenzerfassung und -entwicklung. In: Erpenbeck, J. (Hrsg.): Der Königsweg zur Kompetenz. Waxmann. Münster 2012

Heyse, V.: Online-Selbsttrainingsprogramm „Kompetenzmanager". TfP. Regensburg 2012

Heyse, V. (Hrsg.): Aufbruch in die Zukunft. Erfolgreiche Entwicklungen von Schlüsselkompetenzen in Schulen und Hochschulen. Aktuelle persönliche Erfahrungen aus Deutschland, Österreich und der Schweiz. Waxmann. Münster 2014

Heyse, V.: Aktualisierte Online-Kompetenztrainer-Programme. Heyse Stiftung. Regensburg 2015

Heyse, V.: KODE® und KODE®X – Kompetenzen erkennen, um Kompetenzen zu entwickeln und zu bestärken. In: Erpenbeck, J.; v. Rosenstiel, L.; Grothe, S.; Sauter, W.

(Hrsg.): Handbuch Kompetenzmessung. Erkennen, verstehen und bewerten von Kompetenzen in der betrieblichen, pädagogischen und psychologischen Praxis. Schäffer-Poeschel. Stuttgart 2017

Heyse, V.; Erpenbeck, J.: Der Sprung über die Kompetenzbarriere. W. Bertelsmann Verlag. Bielefeld 1997

Heyse, V.; Erpenbeck, J.: Kompetenztraining. 64 Informations- und Trainingsprogramme. Schäffer-Poeschel. Stuttgart 2004 (2. erw. Auflage 2009)

Heyse, V.; Erpenbeck, J. (Hrsg.): KompetenzManagement. Waxmann. Münster 2007. Kompetenzmanagement in der Praxis, Bd. 1

Heyse, V.; Erpenbeck, J.: Kompetenztraining. 80 Informations- und Trainingsprogramme. Schäffer-Poeschel, Stuttgart 2009 (2. Auflage)

Heyse, V.; Erpenbeck, J.; Max, H. (Hrsg.): Kompetenzen erkennen, bilanzieren und entwickeln. Waxmann. Münster 2004

Heyse, V.; Erpenbeck, J.; Michel, L.: Kompetenzprofiling. Waxmann. Münster 2002

Heyse, V.; Erpenbeck, J.; Ortmann, S. (Hrsg.): Grundstrukturen menschlicher Kompetenzen. Waxmann. Münster 2010. Kompetenzmanagement in der Praxis, Bd. 5

Heyse, V.; Erpenbeck, J.; Ortmann, S. (Hrsg.): Kompetenz ist viel mehr. Erfassung und Entwicklung von fachlichen und überfachlichen Kompetenzen in der Praxis. Waxmann. Münster 2015. Kompetenzmanagement in der Praxis, Bd. 9

Heyse, V.; Erpenbeck, J.; Ortmann, S. (Hrsg.): Intelligente Integration von Flüchtlingen und Migranten. Aktuelle Erfahrungen, Konzepte und kritische Anregungen. Waxmann. Münster 2016. Kompetenzmanagement in der Praxis, Bd. 10

Heyse, V.; Erpenbeck, J.; Ortmann, S. (Hrsg.): Kompetenzen voll entfaltet. Waxmann. Münster 2019. Kompetenzmanagement in der Praxis, Bd. 12

Heyse, V.; Erpenbeck, J.; Ortmann, S.; Coester, S. (Hrsg.): Mittelstand 4.0 – eine digitale Herausforderung. Führung und Kompetenz im Spannungsfeld des digitalen Wandels. Waxmann. Münster 2018. Kompetenzmanagement in der Praxis, Bd. 11

Heyse, V.; Giger, M. (Hrsg.): Erfolgreich in die Zukunft: Schlüsselkompetenzen in Medizinal-, Gesundheits- und Pflegeberufen. Konzepte für die Aus-, Weiter- und Fortbildung in Deutschland, Österreich und der Schweiz. medhochzwei Verlag. Heidelberg 2014

Heyse, V.; Mair, M.; Pejrimovsky, G.: Kompetenzprofile und Kompetenzentwicklung im Tourismus. facultas.wuv. Wien 2008

Heyse, V.; Metzler, H.: Die Veränderung managen, das Management verändern. Waxmann. Münster 1995

Heyse, V.; Ortmann, S.: TalentManagement in der Praxis. Waxmann. Münster 2008. Kompetenzmanagement in der Praxis, Bd. 2

Heyse, V.; Ortmann, S.: Kompetente Integration von Flüchtlingen. In: Heyse, V.; Erpenbeck, J.; Ortmann, S.: Intelligente Integration von Flüchtlingen und Migranten. Aktuelle Erfahrungen, Konzepte und kritische Anregungen. Waxmann. Münster 2016

Heyse, V.; Ortmann, S.: Kompetenzentwicklung 4.0 als Voraussetzung einer erfolgreichen Umsetzung von Digitalisierungsstrategien im Mittelstand 4.0. In: Heyse, V.; Erpenbeck, J.; Ortmann, S.; Coester, S. (Hrsg.): Mittelstand 4.0 – eine digitale Herausforderung. Waxmann. Münster 2018

Heyse, V.; Schircks, A.D. (Hrsg.): Kompetenzprofile in der Humanmedizin. Konzepte und Instrumente für die Ausrichtung von Aus- und Weiterbildung auf Schlüsselkompetenzen. KompetenzAtlas Humanmedizin (Schweiz). Waxmann. Münster 2012

Hunziker, D.: Hokuspokus Kompetenz? Kompetenzorientiertes Lehren und Lernen ist keine Zauberei. hep der Bildungsverlag. Bern 2016 (2. Auflage)

Hoevemeyer, V.A.: High-impact interview questions. AMACOM. New York 2006

Hofmann, L.M.: Selbstorganisierte Kompetenzerweiterung (Fallbeispiel). In: Heyse, V.; Erpenbeck, J.; Ortmann, S.; Coester, S.: (Hrsg.): Mittelstand 4.0 – eine digitale Herausforderung. Waxmann. Münster 2018

Hossiep, R., Mühlhaus, O.: Personalauswahl und -entwicklung mit Persönlichkeitstests. Göttingen/Bern/Wien/Toronto/Seattle/Oxford/Prag 2005

Hossiep, R., Mühlhaus, O.: Personalauswahl und -entwicklung mit Persönlichkeitstests. Hogrefe Verlag 2015 (2., vollständig überarbeitete und erweiterte Auflage)

Ifrah, G.: Universalgeschichte der Zahlen. Avus 1998

Jun, G.: Unsere inneren Ressourcen. Mit eigenen Stärken und Schwächen richtig umgehen. Vandenhoeck & Ruprecht 2006

Kälin, K.; Müri, P.: Sich und andere führen. Verlag Ott. Thun (CH) 1990

Kallenbach, I.: Führen in der Gesunden Organisation. Schäffer Poeschel, Stuttgart 2016 (1. Auflage)

Kappelhoff, P.: Kompetenzentwicklung in Netzwerken. Die Sicht der Komplexitäts- und allgemeinen Evolutionstheorie. Berlin 2004

Kirkpatrick, D.L.; Kirkpatrick, J.D.: Evaluating training programs. The four levels. San Francisco 2005

Kliebisch, U.W.: Lehrer Ziele. Kompetenzen haben – Kompetenzen vermitteln. Schneider Verlag. Hohengehren 2011

Krause, F.; Storch, M.: Ressourcen aktivieren mit dem Unbewussten. Hogrefe AG, Göttingen 7. September 2011 (1. Auflage)

Kreuser, K.; Heyse, V.; Robrecht, T. (Hrsg.): Mediationskompetenz. Waxmann. Münster 2012. Kompetenzmanagement in der Praxis, Bd. 7

Kruse, P.: next practice. Erfolgreiches Management von Instabilität. GABAL management. Offenbach 2004

Kuhl, J.: Motivation und Persönlichkeit: Interaktionen psychischer Systeme. Hogrefe Verlag, Göttingen 2001

Kühn, M.; Niemann, S.: Professionalisierung der kompetenzorientierten Personalentwicklung bei der Bundesagentur für Arbeit. In: Heyse, V.; Erpenbeck, J.; Ortmann, S.: Kompetenz ist viel mehr. Erfassung und Entwicklung von fachlichen und überfachlichen Kompetenzen in der Praxis. Waxmann. Münster 2015

Leonhard, G.: Digital transformation: Are you ready for exponential change? Futurist Gerd Leonhard, TFAStudios, 2016

Lompscher, J.: Ausgewählte Schriften II. Arbeiten zur psychischen Entwicklung der Persönlichkeit. Pahl-Rugenstein, Köln 1991a

Lompscher , J.: Fähigkeit. In: Hörz, H. u.a. (Hrsg.): Philosophie und Naturwissenschaften. Wörterbuch. Berlin 1991b

Luhmann, N.: Soziale Systeme: Grundriss einer allgemeinen Theorie. Suhrkamp Verlag. Berlin, 1987 (1. Auflage)

Luhmann, N.: Soziale Systeme. Suhrkamp Verlag. Frankfurt am Main 2008

Mair, M.: Auswertung der Effizienz von KODE®X und KODE® im Rahmen der Auswahl und Betreuung von Studenten. Wien 2008

Malik, F.: M.A.S.H.-Management. In: trend 9/2005

Marston, W.M.: Emotions of Normal People. Kegan Paul Trench Trubner And Company. New York, 1928

Maturana, H.; Varela, F.: Der Baum der Erkenntnis. Bernd, München, Wien 1987.

Max, D.; Bacal, R.: Perfect Phrases for performance review. McGraw-Hill. New York 2003

Max, D.; Bacal, R.: Perfect phrases for setting performance goals. McGraw-Hill. New York 2004

Mitchell, S.: Komplexitäten: Warum wir erst anfangen, die Welt zu verstehen. Suhrkamp Verlag, Berlin 2008 (Originalausgabe)
Moukouli, V.: KODE® im multikulturellen Kontext – Kompetenzentwicklung und Migration. In: Heyse, V.; Erpenbeck, J.; Ortmann, S.: Intelligente Integration von Flüchtlingen und Migranten. Waxmann. Münster 2016
Mühlbacher, J.M.: Kompetenzmanagement als Grundlage strategischer Wettbewerbsvorteile. Wien 2006 (Wirtschaftsuniversität Wien, Dissertation)
Mühlbacher, J.M.: Kompetenzmanagement als Grundlage strategischer Wettbewerbsvorteile. Fachbuch Wirtschaft. Linde Verlag. Wien 2007
Mutzl, J.: KODE® als Teil der „Wertschätzenden Organisation". In: Heyse, V.; Erpenbeck, J.; Ortmann, S.: Intelligente Integration von Flüchtlingen und Migranten. Waxmann. Münster 2016
Muuß-Merholz, J.: Kooperatives netzbasiertes Lernen und Kompetenzentwicklung: strukturelle Äquivalenzen und Kompatibilitäten. Lüneburg 2003 (Universität Lüneburg, Inst. für Erziehungswissenschaft, Diplomarbeit)
National Council of Competitiveness: Annual Competitives Report: Winning the Skills Race. Washington 1998.
Niemeier, W.: Kompetenzprofile erfolgreicher selbstständiger mittelständischer Unternehmer. Bielefeld 2007 (Uni Bielefeld, Dissertation)
Peters, B.; Glasmacher, B.: Einsatz von KODE®/KODE®X in Kopplung mit anderen Verfahren. In: Heyse, V.; Erpenbeck, J.; Max, H. (Hrsg.): Kompetenzen erkennen, bilanzieren und entwickeln. Waxmann. Münster 2004
Prigogine, I.: Vom Sein zum Werden. München 1979.
Proske, S.: Entwicklung eines Systems integrierter Kompetenzdimensionen für verantwortliche Flugzeugführer (Kapitäne) ... am Beispiel der Deutschen Lufthansa. Hannover 2006 (Universität Hannover, Dissertation)
Reinhardt, R.: Das Management von Wissenskapital. In: Pawlowsky, P. (Hrsg.): Wissensmanagement. Gabler Verlag. Wiesbaden 1998
Rhein, R.: Reliabilitätsuntersuchung zu KODE®. Hannover 2005 (Arbeitsbericht Universität Hannover)
Rödel, J.: Testtheoretische Analyse des Verfahrens KODE®: Kompetenz, Diagnostik und Entwicklung. München 2004 (LMU, Inst. für Organisations und Wirtschaftspsychologie, Diplomarbeit)
Röseberg, Simon J.E.: Quiz-Box Querdenken. Moses Verlag. Kempen 1991
Sattelberger, T.: Innovative Personalentwicklung. Gabler Verlag. Wiesbaden 2013
Sauter, R.; Sauter, W.; Wolfig, R.: Agile Werte- und Kompetenzentwicklung, Springer Verlag. Berlin/Heidelberg/New York 2018
Schäffner, L. (Hrsg.): Kompetentes Kompetenzmanagement. Festschrift für Volker Heyse. Waxmann. Münster 2014
Schäffner, L.; Bahrenburg, I.: Kompetenzorientierte Teamentwicklung. Waxmann. Münster 2008. Kompetenzmanagement in der Praxis, Bd. 4
Schmidt, E.W.: Key-People-Analysis: Ein Mittel zur strategischen Unternehmensführung. In: Kälin, K.; Müri P.: Sich und andere führen. Psychologie für Führungskräfte und Mitarbeiter. Ott. Thun 1990
Schuler, H.: Psychologische Personalauswahl. Eignungsdiagnostik für Personalentscheidungen und Berufsberatung. Göttingen 2014 (4. Auflage)
Schuler, H.; Frintrup, A.: Das Leistungsmotivationsinventar (LMI). In: Wirtschaftspsychologie, 9 (2), S. 78–82, 2002

Schwarz, B.: Aspekte der Reliabilität und Validität des KODE®-Verfahrens. In: Heyse, V., Erpenbeck, J.; Max, H.: Kompetenzen erkennen, bilanzieren und entwickeln. Waxmann. Münster 2004

Schwarz, B.: Aspekte der Reliabilität und Validität des KODE®-Verfahrens. In: Siemann, A.: Kompetenzdiagnostik bei der Auswahl von Führungsnachwuchskräften eines großen deutschen Automobilkonzerns. München 2005 (LMU, Inst. für Organisations- und Wirtschaftspsychologie, Diplomarbeit)

Siemann, A.: Kompetenzdiagnostik bei der Auswahl von Führungsnachwuchskräften eines großen deutschen Automobilkonzerns. München 2005

Simon, W.: Persönlichkeitsmodelle und Persönlichkeitstests. 15 Persönlichkeitsmodelle für Personalauswahl, Persönlichkeitsentwicklung, Training und Coaching. Offenbach 2006

Slabon, S.: Balance*. Transformation. Change. Den Herausforderungen von Führungshandeln 4.0 konsequent mit Kompetenz begegnen. Strategiebasiertes Kompetenzmanagement. In: Heyse, V.; Erpenbeck, J.; Ortmann, S.; Coester, S.: (Hrsg.): Mittelstand 4.0 – eine digitale Herausforderung. Waxmann. Münster 2018

Steinweg, S.: Systematisches Talentmanagement. Stuttgart 2009

Stepper, J.: Working Out Loud: For a better career and life. Ikigai Press 10. Juni 2015.

Storch, M.; Krause, F.: Selbstmanagement – ressourcenorientiert. Bern 2011 (3. Auflage)

Storch, M., Kuhl, J.: Die Kraft aus dem Selbst. Sieben PsychoGyms für das Unbewusste. Hogrefe Verlag. Bern 2012

Trout, J.: Trout über Strategie. LINDE international. Wien 2004

Veeser, N.: Emotionale Kompetenz in der betrieblichen Weiterbildung. Würzburg 2003 (Universität Würzburg, Diplomarbeit)

Weber, H.-J.: Praxishandbuch Stellenbeschreibungen und Anforderungsprofile. Überreuter Verlag. Wien 1991

Weitz, A.: Einsatzszenarien für Selbst- und Fremdeinschätzungen zur Erfassung überfachlicher Kompetenzen. In: Erpenbeck, J. (Hrsg.): Der Königsweg zur Kompetenz. Waxmann. Münster 2012

Werner, E.P.; Riehl, M.; Osthagen, M.: Individuelles Kompetenzmanagement in der Praxis. In: Schäffner, L. (Hrsg.): Kompetentes Kompetenzmanagement. Waxmann. Münster 2014

Weuster, A.: Personalauswahl. Anforderungsprofil, Bewerbersuche, Vorauswahl und Vorstellungsgespräch. Gabler Verlag. Wiesbaden 2008

White, Roger W.: Motivation reconsidered. The concept of competence. In: Psychological Review (66), S. 297–333, 1959

Wirtschaftsuniversität Wien: Gutachten im Auftrag der Wirtschaftskammer Österreich (Abt. Personalentwicklung) 2007

Wucknitz, U.D.; Heyse, V.: RetentionManagement. Schlüsselkräfte entwickeln und binden. Waxmann. Münster 2008. Kompetenzmanagement in der Praxis, Bd. 3